车载光学遥测系统（DOAS）监测区域污染面源技术研究

国际欧亚科学研究院中国科学中心
北京市气候中心　著
中国科学院合肥物质科学研究院（安徽光学精密机械研究所）

中国建筑工业出版社

图书在版编目(CIP)数据

车载光学遥测系统（DOAS）监测区域污染面源技术研究/国际欧亚科学研究院中国科学中心，北京市气候中心，中国科学院合肥物质科学研究院（安徽光学精密机械研究所）著. —北京：中国建筑工业出版社，2020.2

ISBN 978-7-112-24757-8

Ⅰ. ①车… Ⅱ. ①国…②北…③中… Ⅲ. ①光学-遥测系统-应用-污染源监测-研究 Ⅳ. ①X830.7

中国版本图书馆 CIP 数据核字(2020)第 022242 号

本书是作者研究课题的总结。书中的数据翔实，资料丰富，内容可读性强。

本书共有 3 章内容，包括：绪论，基于车载差分吸收光谱技术的面源排放监测方法，京津冀大气面源污染分布及排放特征。

本书适合监测及相关专业研究部门人员阅读使用。

责任编辑：张伯熙
责任校对：李欣慰

车载光学遥测系统（DOAS）监测区域污染面源技术研究

国际欧亚科学研究院中国科学中心
北京市气候中心 著
中国科学院合肥物质科学研究院（安徽光学精密机械研究所）

*

中国建筑工业出版社出版、发行（北京海淀三里河路 9 号）
各地新华书店、建筑书店经销
北京科地亚盟排版公司制版
北京建筑工业印刷厂印刷

*

开本：787 毫米×1092 毫米 1/16 印张：12¼ 字数：240 千字
2020 年 12 月第一版 2020 年 12 月第一次印刷
定价：**50.00** 元
ISBN 978-7-112-24757-8
(34967)

序

中国大气环境污染呈现出区域性、复合型污染特征，京津冀地区作为经济发展最活跃的地区之一，大气污染问题尤为突出。要了解造成大气污染的前因后果并有效控制，需要对各类污染源，尤其是面源（区域）排放进行快速、动态、有效监测，从而建立大气主要污染物的区域面源排放清单。目前针对区域面源获取主要依靠污染源调查统计、卫星数据、模型计算等方法，但存在时间滞后、分辨率低等问题，使得区域面源排放清单的获取难题一直未得到有效解决。

由北京市建筑高能效与城市生态工程技术研究中心组成的研究团队，已在相关领域开展研究。该团队于2013年在北京市科委项目“生态城市建设的环境绩效评估研究”中提出了四大系统，即土地、水、局地气象和大气环境、生物多样性，建立了生态城建设的环境绩效评估方法，推动了生态城市的科学建设，推动了区域环境的持续改善，有关上述研究内容及研究成果，可参考《城市生态建设环境绩效评估导则技术指南》（该书2016年由中国建筑工业出版社出版）。

局地气象和大气环境系统中包括大气污染物监测研究，在该项目中首次提出通过车载网格化移动观测的方法监测大气面源排放的思想。项目组以APEC举办地北京市怀柔雁栖湖生态示范区和广州市海珠生态示范区为研究区域，将该区域按城市功能划分为独立的8个网格，利用车载光学遥测技术移动监测并分析了该区域各网格大气面源污染物分布及排放通量等特征。相关研究为车载光学实时移动监测大气面源的方法建立、技术形成、经验积累等方面奠定良好的基础。

该研究团队中研究局地气象和大气环境的成员单位，经过多年研究积累，不断改进方法、拓展创新，在北京市科委支持下，申请立项了“基于车载光学遥测技术的北京及京津冀大气面污染源排放特征研究”课题（编号Z161100002716028）。针对北京及京津冀地区面污染源排放清单的获取问题，开展了基于车载光学遥测技术方法和北京及京津冀地区大气面源排放特征观测研究。重点突破了基于被动DOAS技术的大气污染物绝对垂直柱浓度获取方法、立体监测数据与风场数据耦合方法，以及对于面源的网格化观测方法，建立了基于车载光学遥测技术的面源污染气体分布及排放数据的获取方法，在开展示范观测的同时研究面源排放特征，形成了采用国有自主知识产权监测设备的《车载光学遥测系统（DOAS）监测区域污染面源技术指南》，并通过专家组评审。研究结果不仅有助于认识污染源排放现状，有效弥补目前在污染源特别是面污染源清单监测技术上的不足，解决北京及津冀地区面污染源排放的获取的基础性科学问题。为定量获取面源、无组织源的排放，以及实时更新污染源排放清单提供了一种快速有效的光学遥测方法。

项目“基于车载光学遥测技术的北京及京津冀大气面污染源排放特征研究”的申报于2016年12月获北京市科委批准。2017—2018年，经历了技术方案研究阶段、技术方案修改完善阶段、技术指南论证阶段、特征分析阶段，研究团队以北京及京津冀为研究区域，不断完善技术及分析方法，最终达到可推广应用水平。

2017年1月至3月，技术方案研究阶段。2017年3月召开技术方案论证会，邀请了许建民、唐孝炎、彭公炳、赵思雄、柴发合、于建华、王晓云、王迎春、乔林等，来自环保、气象方面的多位院士、专家参会，包括：对通量监测的技术方案进行了评估，专家组对该课题给予了高度认可，并提出建议。

2017年4月至2018年1月，技术方案修改完善阶段。对北京市内不同功能区及京津冀不同方向通道车载DOAS走航观测，并对技术方案进行了多次验证实验。2018年1月召开课题阶段成果专家汇报会，会议邀请了洪钟祥、赵思雄、彭公炳、任阵海、王晓云、郎建垒等6位院士、专家，对目前车载DOAS监测工作提出了建议。

2018年1月至8月，技术指南论证阶段。2018年6月，在北京召开国际交流研讨会，会议邀请了邵亚平、王长贵、王自发、王杨、柴发合、程水源等国内外专家作了精彩报告，除此之外，彭公炳、崔伟宏、王晓云、毛其智、赵思雄、洪钟祥、陈军、李昕等专家参加会议。2018年8月，召开了方法论证评审会，会议邀请了许建民、洪钟祥、赵思雄、柴发合、程水源、虞统、王晓云等7位专家，专家组一致认为该方法为目前面污染源的监测问题提供了一个新的途径和方法，可供相关部门借鉴和参考。

2018年9月至12月，特征分析阶段。完成京津冀代表性地区面源污染分布及排放特征分析，形成了特征分析报告。2018年11月16日，召开了特征分析专家研讨会，会议邀请了闫傲霜、彭公炳、洪钟祥、赵思雄、程水源、王自发、程颖、李昕等8位院士、专家参加了会议。

2019年2月，课题验收。北京市科学技术委员会主持召开了课题验收会，会议邀请了王自发、岳涛、解强、马永亮、张研等专家。专家组审阅了课题验收材料，听取了课题组汇报，认为课题完成了任务书规定内容，达到既定的考核指标，验收材料齐全，一致同意通过验收。

经过两年的研究，课题提供了具有国有自主知识产权的高精准光学遥测设备与方法，并通过专家鉴定。目前上述一整套的仪器设备、方法、流程已经建立，并完成北京及京津冀典型区域观测和污染特征分析，未来将进行数据深度挖掘，细化特征分析；进一步加强成果转化，在相关部门开展示范应用；同时完善观测设备，增加更多大气组分的监测能力、集成现场三维风场模块等。希望有效弥补目前在准确、高时空分辨率污染源监测方法上的缺陷；发现城市环境存在的问题，为更精准的城市污染防治提出科学决策依据。课题专家组认为：“课题建立的技术方法具有创新性和先进性。……有关交通污染的研究分析，建议结合城市交通治理现代化理论研究，深度挖掘高空实时监测数据，解析交通流运行状态与交通排放间的动态耦合关系，为制定城市低污染、可持续发展提供技术支持。”

这次课题研究过程中，针对具有国有自主知识产权的高精准光学仪器的应用前景，对山东济南、广东深圳、四川达州、宁夏银川、浙江杭州等地和德国马克斯·普朗克科学促进学会进行了调研，就研究进展开展交流，让我们对研究的方法更加具有信心。可喜的是，这次的技术方法研究成果，在近年来已成功应用于重点城市地区污染气体分布及传输通道特征研究、典型园区排放通量核算，以及国家重大活动期间空气质量监测及管控措施评估，为大气污染成因追溯、污染控制措施评估提供科学的监测数据和技术支撑。因此，借助本书出版机会，将形成的采用国有自主知识产权监测设备的《车载光学遥测系统（DOAS）监测区域污染面源技术指南》附在书后，目的在于向大家推介，有利推广应用，有利于在实践中提升完善。

项目研究的组织工作也值得大家进行交流。自2008年开展吐鲁番新能源城市以来组成的跨学科跨部门跨地区的团队，按照科技体制改革的要求，经北京市科委批准成立了“北京市建筑高能效与城市生态工程技术研究中心”。依托单位北京市建筑设计研究院有限公司和成员单位国际欧亚科学院中国科学中心负责组织和技术指导，北京市气候中心和中国科学院合肥物质科学研究院承担具体监测和数据处理。课题参加人员包括：北京市建筑高能效与城市生态工程技术研究中心焦舰、郭惠平、高渝斐，国际欧亚科学院中国科学中心刘洪海、党凌燕；北京市气候中心房小怡、党冰，中国科学院合肥物质科学研究院李昂、胡肇焜等。可以看到这是一个综合性强的团队通力合作的成果。在此一并表示衷心的感谢！同时，十分感谢北京市政府、原北京市环保局、北京市气象局、北京市规划和自然资源委员会、北京市交通委、北京市交通管理局等部门大力支持。

这些研究工作仅仅只是一个开始。将精细气象数值计算同先进环境监测技术相结合获取大气面源排放特征的研究在污染源控制日益精细化的今天，仍需各学科、各方面参与，相信将大有可为。

汪光焘

2019年4月

前　言

近年来，大气污染已成为我国国计民生、国际形象的重要问题，掌握大气污染物的排放规律是治理大气污染的根本。目前管理部门建立了由环境统计、污染源普查、排污申报、总量核查、重点源在线监测等组成的多来源环境数据体系，实现了重点污染源主要污染物排放量的动态核算和逐年更新。但由于现有技术在面源排放存在着获取困难、时间滞后及空间分辨率低等问题，使得动态面污染源排放的获取难题缺少有效解决方法。

针对区域面源排放特征的获取需求，在北京市科委项目“基于车载光学遥测技术的北京及京津冀大气面源污染源排放特征研究”（Z161100002716028）的支持下，课题组从方法学研究入手，在已有研究成果基础上通过凝练提升，制定了《车载光学遥测系统（DOAS）监测区域污染面源技术导则》，并选取淮南、北京、天津等地进行实验验证，建立数学模型，进行仿真验证，最终形成了基于车载差分吸收光谱技术的面源排放监测方法。该方法基于气象观测订正的多模式嵌套精细化三维风场数据获取、结合多角度观测的车载污染物垂直柱浓度的精确反演、污染物柱浓度分布耦合风场数据的面污染源网格化排放通量测算方面取得突破，为解决目前面源污染监测问题提供了一个新的途径和方法，在方法取得突破的基础上，课题组选取了京津冀地区开展示范观测实验。在获取观测期间的污染物（NO_2、SO_2、HCHO）柱浓度分布数据及气象数据的基础上，计算了各观测区域主要污染物面源污染排放通量，分析了京津冀地区污染物排放特征，最终完成京津冀代表性地区面源污染分布及排放特征研究。本研究成果可供监测及研究部门等在开展区域大气面源污染排放通量监测时借鉴和参考。

目　录

第 1 章

绪论

1.1 研究意义

京津冀地区作为我国经济发展最为活跃的地区之一，大气污染问题尤为突出，以 PM2.5 为特征的区域性复合型大气污染已造成京津冀大气污染的“一体化”，成为全国大气污染最严重的地区之一。研究表明面源是包括细粒子在内的多种大气污染物的主要来源，要了解造成我国大气环境污染的前因后果，并有效地加以控制，需要对各类污染源的排放加以监测，但是以重点污染源为核心的污染物排放清单，远不能解决大气问题。建立大气主要污染物的排放清单是掌握污染源进行污染模拟预测的基础，是环境决策和污染防治工作的根本。目前环境管理部门建立了由环境统计、污染源普查、排污申报、总量核查、重点源在线监测等组成的多来源立体环境数据体系，实现了主要污染物排放量的动态核算和逐年更新，但由于现有技术在面源排放获取上存在着复杂、时间滞后及空间分辨率较低等问题，使得动态面源排放清单的获取难题一直没有得到有效解决。本项目的研究为定量获取京津冀地区面源、无组织源的排放，以及实时更新污染源排放清单提供了一种快速有效的光学遥测方法。研究结果有效弥补了目前在准确、高时空分辨率污染源监测方法上的缺陷，不仅有助于认识污染源排放现状，为空气质量模型提供基础科学数据，更好地服务于环境保护管理部门点源和面源的监测需求，同时也有助于加快光学遥感技术的推广应用，进而推动环境科学技术的创新和发展。

面污染源的清单表征通常优先使用自下而上的方式（物料守恒法、排放因子法等），针对缺乏详细排放信息的排放源，以自上而下的定量表征方式（卫星遥感为主）补充，实现了区域面污染源排放量信息的获取，以此建立排放源清单。但由于不同地区之间社会、经济、环境保护事业等发展水平和统计口径的差异，面污染源清单定量表征方法的选取具有较强的区域性特征和难以评估的不确定性。同时，部分欠发达地区严重缺乏真实的基础统计数据，甚至存在大量的未知面污染源。相较于中国经济的快速腾飞，目前使用的源清单基础数据却来自三四年前，甚至更早以前。源清单处理系统需要一系列的本地化。我国的模型研究人员目前还多是直接使用他国的清单处理系统，比如 SMOKE。但对需要源清单处理系统进行本地化的地理位置分配、时空特征修正等；在编制排放源清单过程中，需要对快速动态更新机制进行研究，以满足大气化学模型在排放源清单动态处理与更新。

本书针对识别区域大气面污染物来源、利用空气质量模型研究区域大气污染形成机制、预警预报污染过程、制定污染控制对策等研究中具有重要意义的高时空分辨率源排放清单的实时获取问题，研究了基于被动光学遥测技术的大气污染源网格化排放清单的快速获取方法，选取京津冀地区开展示范观测，研究京津冀大气面源污染分布及排放特征。

1.2 国内外现状

近年来信息技术、生物技术、新能源技术、新材料技术等交叉融合的跨学科整合技术正在引发新一轮科技革命，为大气污染科学研究和技术创新创造了新的机遇。其中以光谱法为基础的光学和光谱学监测技术作为新兴的技术手段，以其无须预采样、可大范围多组分实时自动监测而成为环境污染监测的理想工具。凭借这些传统监测方式难以实现的优点，光学和光谱学技术成为当前污染源排放常规在线监测的技术主流。美国国家环境保护局（EPA）制定的环境技术鉴定计划（Environmental Technology Verification，ETV），旨在通过性能鉴定和信息发布，推动环境科学技术的创新和发展。美国国家环境保护局2006年也在ETV计划中出台了基于地基光学遥测方法非点源排放测量标准。

对于大气污染分布及排放，由于污染形成和演变主要存在于由边界层内对流层底（从地面至几百米），我国目前空气污染数据主要由城市地面空气质量监测子站提供，不足以提供充分的数据说明空气污染的形成机制和污染物的动态时空演化过程，难以揭示污染的形成、来源、发展趋势等根本问题。对于区域的污染气体排放信息等，也只能通过物料平衡法进行统计计算，无法通过实际测量获得。

光学和光谱学遥感技术以其大范围、多组分检测，连续实时监测的特点，目前已经成为环境污染监测的理想工具。近年来，差分吸收光谱技术（Differential Optical Absorption Spectroscopy，DOAS）已经在大气环境监测领域里得到了广泛应用。相对使用人工光源的主动DOAS法，20世纪70年代初为了研究对流层和平流层的NO_2、O_3发展起来的被动DOAS技术，将天顶太阳散射光作为光源，通过测量天顶紫外/可见吸收光谱研究整层大气中痕量气体的垂直柱密度和空间分布情况。20世纪90年代初被动DOAS在移动平台对火山喷出的SO_2的通量成功进行测量后，该技术在排放通量遥测方面的优势就显现出来了。瑞典Lund技术研究所在1992年、1994年和1997年使用意大利国家研究理事会（CNR）海洋科学考察船Urania号作为被动DOAS的移动平台，完成了对意大利埃特那火山、斯特龙博利火山和弗尔康火山喷出的SO_2的通量三次野外测量。2001年瑞典查尔姆斯理工大学无线电与空间科学系的耶尔（B. Galle）使用微型紫外光纤差分光学吸收光谱仪（Mini-DOAS）安放在汽车上对马萨亚（Masaya）火山（尼加拉瓜）和苏弗里耶尔

(Soufrière Hills) 火山（蒙特塞拉特岛）进行了一系列的野外实验，并与之前被用于火山地化遥测的基本工具相关光谱仪（Cospec）仪器进行了比较，结果符合相当好。2003年利用该技术首次发现了火山烟羽排放大量BrO，这项研究工作发表在Nature学术杂志上。基于火山排放监测的成功经验，国外也纷纷将该项技术应用到电厂、钢铁厂以及区域污染源排放通量的测量。德国海德堡大学、瑞典查尔姆斯理工大学、英国剑桥大学等都开展了这项技术的研究，如对德国大型化工企业BASF厂区的排放进行测量，2005年查尔姆斯理工大学对瑞典戈特堡（Goeteborg）港尼亚尔夫斯堡（Nyalvsborgs）电厂和印度海得拉巴（Hyderabad）工业污染面源的SO_2、NO_2排放通量进行测量。

在上述单光路被动DOAS技术的基础上，2001年以来出现的多轴DOAS技术在天顶方向光路的基础上引入了多个离轴观测角度，增加了低层大气中的吸收光程，在结合了辐射传输模型后它能够获得对流层痕量气体的垂直柱浓度以及掌握垂直廓线信息。这项技术结合了前人的优点又引入了几个新的概念：结合多个观测方向的测量、考虑多次散射辐射传输模型和气溶胶情况，研究对流层痕量气体。车载多轴DOAS技术最初出现是为了校验卫星数据。后来，这种技术也被用来估算城市NO_x的排放通量，并将在新德里观测的NO_x排放量以及NO_2的分布与OMI的计算结果进行对比。

1.3 研究内容

针对京津冀地区面污染源排放清单的获取问题，开展基于车载光学遥测技术的京津冀地区大气面源排放特征研究。重点研究基于被动DOAS技术的大气污染物绝对垂直柱浓度获取方法、立体监测数据与风场数据耦合方法，以及对于面源的网格化观测方法，最终建立基于车载光学遥测技术的面源污染气体分布及排放数据的获取方法，并在京津冀代表性区域及面源开展示范观测，研究该区域面源排放特征。研究结果不仅有助于认识污染源排放现状，有效弥补目前在污染源特别是面污染源清单监测技术上的不足，探索京津冀地区面污染源排放获取的基础性科学问题。研究内容及总体路线如图1-1所示。

1.3.1 基于车载差分吸收光谱技术的面源排放监测方法

1. 车载DOAS绝对垂直柱浓度的获取方法研究

通过国内外文献梳理，为了获取污染物的绝对垂直柱浓度，确定采用车载双光路观测方式，即采用天顶方向（90°观测）和一个离轴仰角（一般采用30°或20°

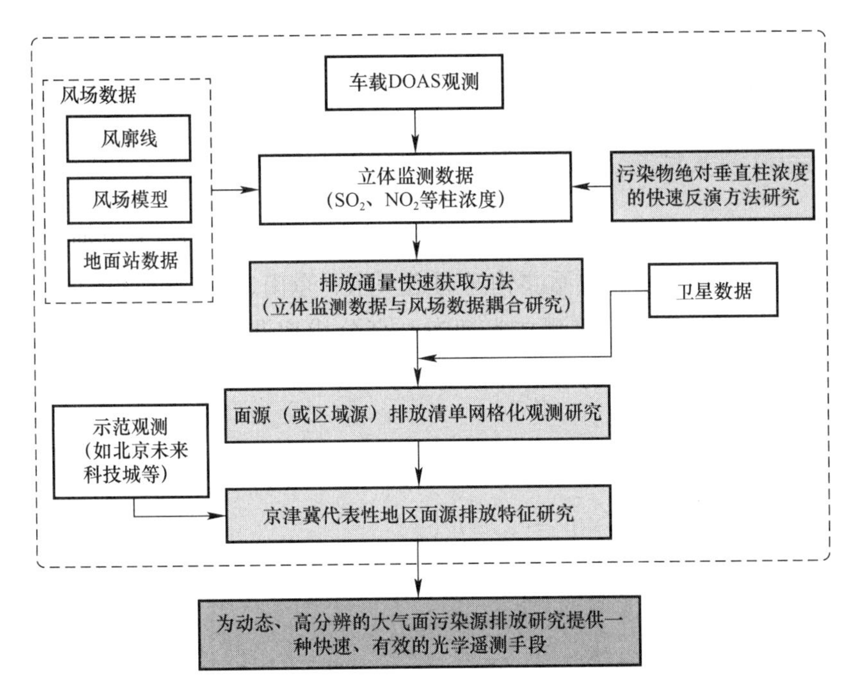

图 1-1　研究内容与总体路线

等）进行移动观测，选用天顶方向的测量谱作为参考谱进行光谱数据反演。为了避免在移动观测方式下，由于气团的快速移动，常规固定点的数据反演方法产生的较大误差以及由于气溶胶和云的影响，对气体的反演产生一定的误差，分别采用低阶多项式拟合和结合大气辐射传输模型的方式，来获取污染物的绝对垂直柱浓度。

2. 通量监测的方法评估

三维风场数据是通量计算精度的重要影响因素，发挥北京地区稠密地面气象观测优势，利用多年的国家级地面气象观测站资料作为基准，配以监测范围内多站点的区域自动气象站局地观测，并利用风廓线仪的风随高度变化关系，给出监测地点的水平和垂直风分布。将此结果作为初始场，输入到考虑精细化下垫面建筑物和用地类型小区尺度快速风场模式中，模拟出监测范围内的三维风场分布。在此基础上选择已知排放数据的点源开展对比实验及通量计算的误差诊断，完成通量监测的方法评估。因此拟租赁车载风廓线雷达设备，用于不同典型区域三维风场观测；对于实验地点无气象探空站、车载风廓线雷达设备也无法到达的观测区域，需要购买便携式探空仪器以便于观测和数据获取。

3. 构建面源排放监测的车载光学遥测系统

根据面源排放探测需求，对现有车载差分吸收光谱系统进行优化、升级，研发面源排放及立体分布观测的车载被动差分吸收光谱遥测系统。系统由四个主要部分组成：望远镜单元、光谱探测单元（光谱仪和CCD）、计算机光谱采集及扫描控制系统、自动数据处理软件。

1.3.2 京津冀大气面源污染分布和排放特征

选取北京代表性区域（北京环路、北京西站、国贸CBD、十里河建材城、雁栖湖生态示范区等）及京津冀重要输送通道（东、东南、西南、西北通道）开展示范观测实验，利用车载光学遥测技术动态、高分辨率获取面污染源排放量，研究北京及京津冀大气面源污染分布和排放特征。

第 2 章

基于车载差分吸收光谱技术的面源排放监测方法

本书针对高时空分辨率面污染源排放的实时获取问题，开展了基于被动光学遥测技术的大气污染源网格化排放清单的快速获取方法研究。重点开展了适用于车载观测平台的车载双光路 DOAS 系统构建，基于车载光学遥测技术的污染物垂直柱浓度快速获取方法研究、精细化三维风场模拟研究，风场约束的蒙特卡洛空间条件模拟重构柱浓度区域分布重构算法及重构不确定性定量评估研究、污染物垂直柱浓度分布数据与风场数据耦合获取排放量方法研究。通过构建污染物扩散数值模型，验证了污染物浓度重构算法及其不确定性，验证了基于遥测数据的排放清单获取算法。通过选取不同尺度、不同排放特征区域开展外场观测实验，同已有在线监测数据的排放源以及已知排放清单区域开展了排放源清单对比验证实验，最终建立基于车载差分吸收光谱技术的面源排放监测方法（图 2-1）。

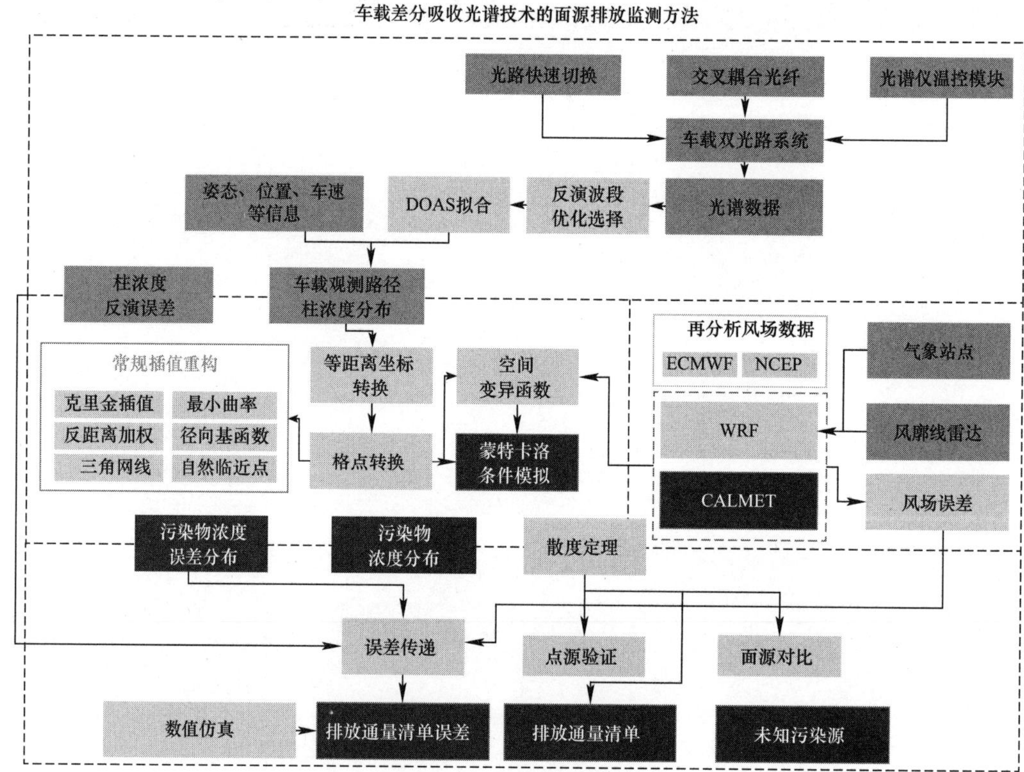

图 2-1　方法技术路线

2.1　车载光学遥测技术反演面源方法的建立

2.1.1　DOAS 原理

在给定波长 λ 下，当光通过厚度为 ds 的大气中的无限小空气时，如图 2-2 所示，强度为 I 的光的衰减由式（2-1）给出：

$$dI(\lambda) = -I(\lambda) \cdot \sum_i c_i \sigma_i(\lambda) ds \quad (2-1)$$

式中　$\sigma_i(\lambda)$——吸收截面；

c_i——空气中第 i 个吸收体的浓度。

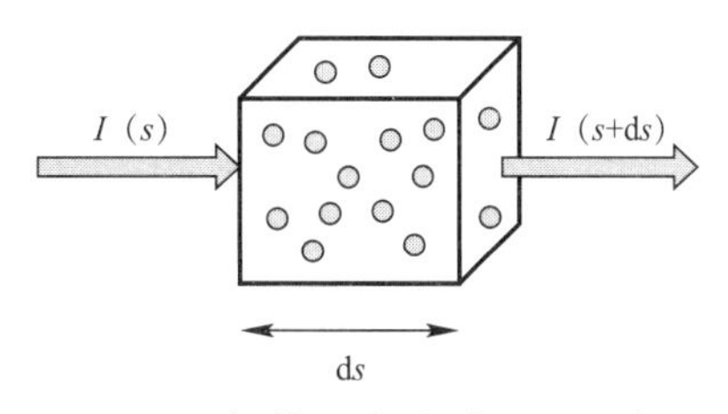

图 2-2　朗伯-比尔定律原理示意

截面结构取决于波长、压力和温度，单位为 $cm^2/molec$。

对式（2-1）沿着光学路径积分即可以得到式（2-2），L 是由大气层顶部至观察者位置的积分，也即是我们熟悉的朗伯-比尔定律，其描述了通过吸收层中的入射光强度 $I_0(x)$ 与透射光强度 $I(\lambda)$ 之间的关系，该公式也是整个吸收光谱学的基础。

$$I(\lambda) = I_0(\lambda) \cdot \exp\left(-\sum_i \int_0^L c_i(\lambda)\sigma_i(\lambda) ds\right) \quad (2-2)$$

重新排列式（2-2），以获得透射光强度和入射光强度之比的对数，得到通常称为光学厚度的物理量。

$$\tau = \ln\left(\frac{I_0(\lambda)}{I(\lambda)}\right) = \sum_i \int_0^L c_i \sigma_i(\lambda) ds \quad (2-3)$$

式（2-3）可以进一步简化，因为吸收截面 σ_i 被认为与光学路径上的温度和压力无关。

$$\tau = \ln\left(\frac{I_0(\lambda)}{I(\lambda)}\right) = \sum_i \sigma_i(\lambda) \int_0^L c_i ds \quad (2-4)$$

式（2-4）中的积分项 $\int_0^L c_i ds$ 可以定义为痕量气体 i 沿着光学路径的积分柱浓度，通常在被动 DOAS 中光学路径不是垂直的，这个量被称为斜柱密度（Slant Column Density，SCD），即痕量气体浓度沿光程的积分。

$$SCD_i = \int_0^L c_i ds = \frac{\tau_i(\lambda)}{\sigma_i(\lambda)} \quad (2-5)$$

1. 太阳光谱——夫琅禾费谱线

如 DOAS 技术简介中介绍，被动 DOAS 仪器基本都是以太阳光作为主要光源。而 DOAS 技术的理想光源应当是明亮的、恒定的、连续的，并且没有光谱特征的。太阳在晴好天气下并且紫外可见波段能够提供足够的光学强度时，可以被认为是一个明亮且恒定的光源，但是太阳光不是一个理想的连续光源，它客观存在着许多光谱特征。这些所谓的夫琅禾费线是由太阳中的分子和离子吸收而产生的。

未经过大气层作用的太阳光谱近似是 $T \approx 5800K$ 的太阳色球层的黑体辐射和色球层中原子的选择吸收和辐射的重发射造成的强的吸收线。黑体辐射的光谱可以采用普朗克函数表示：

$$B_\lambda(T) = \frac{2hc^2}{\lambda^5 (e^{hc/K\lambda T} - 1)} \quad (2-6)$$

式中　K——Boltzmann 常数；

C——真空中光速；

T——温度。

图 2-3 所示的是 GOME 卫星临边探测获取地穿过平流程的太阳光谱以及 5800K 下普朗克函数曲线。

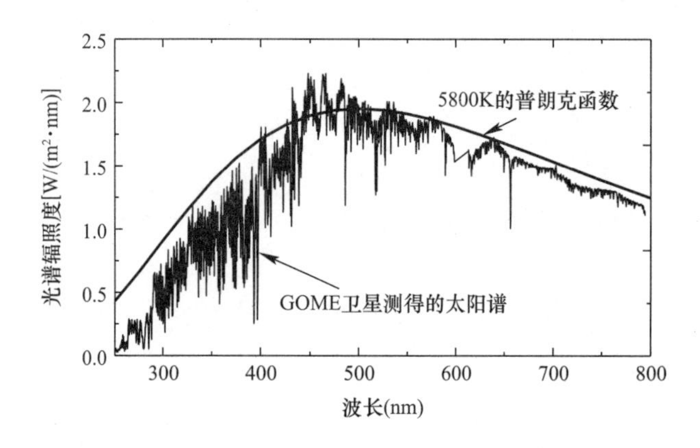

图 2-3　太阳光谱和 5800K 下普朗克函数曲线

图 2-4 中很强的随波长快变化的吸收线就是夫琅禾费谱线。该谱线首先被约瑟夫·弗劳恩霍夫（Josef Fraunhofer）发现。相比地球大气绝大多数吸收体的吸收，太阳夫琅禾费谱线非常强。在紫外和可见光谱波段（300～600nm），夫琅禾费谱线是太阳散射光谱中的主体结构。夫琅禾费谱线的强度和形状虽然随着太阳黑子密度和太阳周期变化，但是相对稳定。

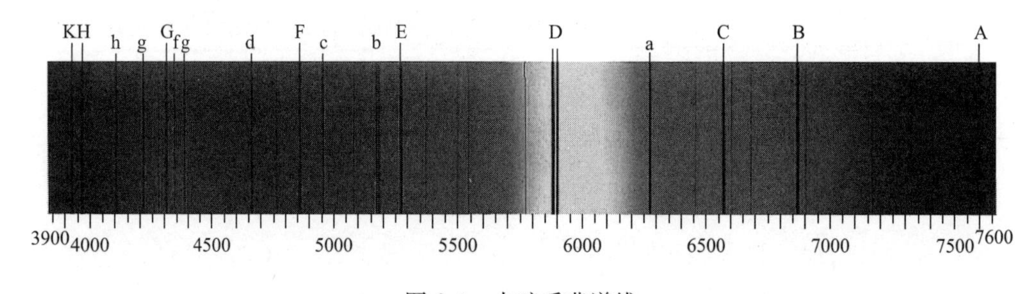

图 2-4　夫琅禾费谱线

夫琅禾费谱线的光学厚度为 0.1～0.5，比大多数痕量气体的吸收要强。因此，当在 DOAS 方程中采用比例计算时，在 I 和 I_0 之间即使一个小的波长飘移也会产生一个大的结构，这使得反演弱吸收变得不太可能。

2. 被动 DOAS 原理的数学表达

由于被动 DOAS 中入射光强度 $I_0(\lambda)$ 未知或不实际可获得，式（2-4）中的朗伯-比尔定律不能直接使用。以散射太阳光或直射阳光作为光源的被动 DOAS 系统在大气成分测量中需要对朗伯-比尔定律进行修正。并且大气中气溶胶导致的瑞利散射和米散射，大气中的未知吸收也会带来影响。在实际大气中，要实现其他消光过程的贡献率定量测量是很难做到的。

被动DOAS方法本质上是对朗伯-比尔定律的一种应用性修正，实现了利用太阳光作为光源，从实际的大气测量中反演得到痕量气体SCD。通常情况下，由于气溶胶的消光过程、湍流的影响以及很多其他痕量气体的吸收表现出很宽的、光滑的光谱结构，气体的吸收截面随波长的变化呈现“指纹式”的特征吸收结构，具体表现是不同痕量气体在不同波段存在着不同的吸收峰，呈现明显的窄带吸收特征。因此，可以使用高通滤波的方法，将大气吸收光谱中由痕量气体分子吸收引起的窄带变化和由其他因素引起的宽的、光滑的光谱结构分隔。DOAS方法的核心就是将大气的消光过程分为慢变化部分（“宽带”）和快变化部分（“窄带”）部分，通过数学方法去除慢变化，仅保留大气消光过程中痕量气体的窄带吸收（图2-5）。

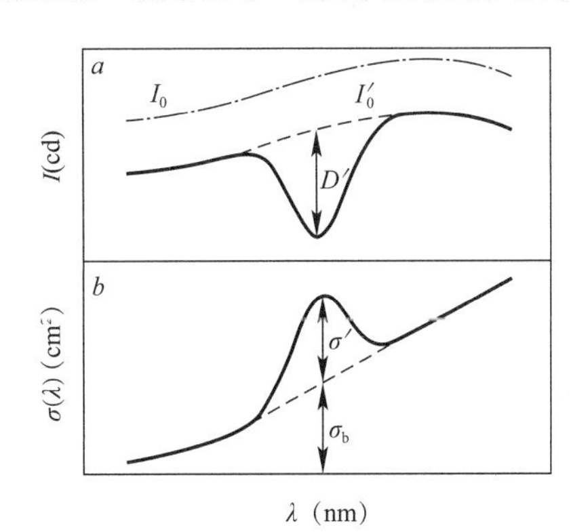

图2-5　窄带吸收和宽带吸收

引起窄带变化主要是实际大气中的散射效应，包括由于气溶胶颗粒和云滴或冰粒等造成的米散射，以及气体分子造成的瑞利散射和拉曼效应。米散射依赖于气溶胶颗粒的形状以及入射光波长等；气体分子造成的散射可以是弹性散射（瑞利散射）或者非弹性散射（拉曼效应）。

3. 颗粒物等成分造成的散射

米散射是空气中颗粒物大小与入射波长相接近时发出的散射。这类散射由空气中的颗粒，如沙尘、冰晶、液珠等引起，散射过程非常复杂。Gustav Mie首次给出入射光在圆球状颗粒散射下的精细解析，因此被称为米散射。自然光被尘、霾、雾等散射即为此类。在DOAS方法中可以把瑞利散射看作吸收过程，吸收系数$\varepsilon_M(\lambda)$为：

$$\varepsilon_M(\lambda)=\varepsilon_{M_0}\lambda^{-n}(n=1\sim4) \tag{2-7}$$

4. 气体成分造成的散射

分子上发生的散射分为两种：一种是光子与分子不发生能量交换的弹性散射，这时散射光的波长与输入光相同，这种弹性散射就是瑞利散射；另一种是光子与分子之间发生能量交换的非弹性散射，这时光子发射或吸收了能量，所以散射光的频率与入射光就不同了，这种散射就是拉曼散射。

瑞利散射又称分子散射，发生在光与小尺寸（小于波长的1/10）物质相互作用时。其物理表达为：光感应了极化粒子中偶极子，如空气中的气体分子，使光子产生振荡，振荡的偶极子产生了平面偏正光即散射光。在 DOAS 中瑞利散射类似于米散射，也可以近似地认为是吸收过程，其吸收系数 $\varepsilon_R(\lambda)$ 可以表示为

$$\varepsilon_R(\lambda) = \sigma_{R0}\lambda^{-4} \cdot C_A \tag{2-8}$$

式中 $\sigma_{R0} \approx 4.4 \times 10^{-16} cm^2 \cdot nm^4$；

C_A——空气中气体分子密度，在 25℃和 1 个标准大气压的情况下，其值近似为 $2.4 \times 10^{19} cm^{-3}$。

拉曼散射对光强的影响远小于弹性散射，在早期的 DOAS 分析中，常常被忽略。但是在近期的散射光 DOAS 分析中发现，它的作用不容忽视。拉曼散射对太阳光谱的填充作用被命名为 Ring 效应。Ring 效应由 J. F. Grainger 和 J. Ring 于 1962 年在他们发表的论文中进行了阐述。

Ring 效应不仅使得夫琅禾费谱线发生变化，在被动 DOAS 中也会伴随天顶角的增大而同步增大。因此在反演过程中需要考虑 Ring 效应对 DOAS 反演的影响。将 Ring 等同为一种气体吸收截面，在反演中参与拟合，Ring 截面由实测的夫琅禾费谱线通过 DOASIS 软件得到。图 2-6 即为测量得到的夫琅禾费谱线和 Ring 截面。

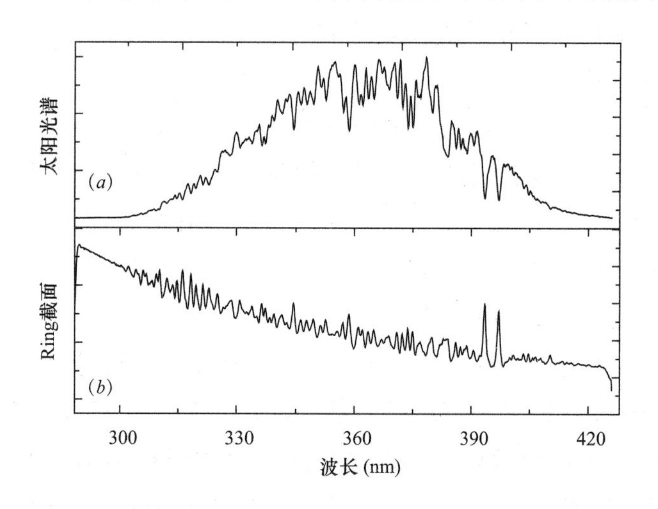

图 2-6　夫琅禾费谱线和 Ring 截面

光谱结构中的慢变化的消光过程是散射和多种痕量气体的吸收共同导致的。DOAS 方法基于朗伯-比尔定律，可同时分离出多种消光作用，进而解析出多种痕量气体的吸收。痕量气体 j 的光谱吸收结构可以分为随波长的“慢变化” σ_j^b 和“快变化” σ_j' 两部分：

$$\sigma_j = \sigma_j^b + \sigma_j' \tag{2-9}$$

同时，瑞利散射和米散射导致的光谱改变也是随波长 λ 慢变化。所以式（2-2）可以写成：

$$I(\lambda) = I_0(\lambda)\exp\left\{-\left[\sum_{j=1}^{n}(\sigma_j^{\mathrm{b}}(\lambda)+\sigma_j'(\lambda))c_i+\varepsilon_{\mathrm{R}}(\lambda)+\varepsilon_{\mathrm{M}}(\lambda)\right]L\right\} \quad (2\text{-}10)$$

各种慢变化结构可以通过高通滤波或者多项式拟合从光谱中去除，剩余的主要是由多种气体吸收所引入的快变化结构。选择合适的相对“清洁”的测量光谱作为 I_0，利用最小二乘拟合各气体吸收截面，就可同时获取多种气体的柱浓度。

2.1.2　基于车载光学遥测技术的污染物垂直柱浓度精确获取

DOAS 方法是一种基于电磁波与气体组分之间相互作用的遥感探测方法，利用了气体分子在紫外、可见及近红外波段的“指纹”吸收特性对痕量气体进行定性、定量测量。

光在介质中传输时，会因它与物质之间的相互作用而发生衰减。光衰减前、后光强的变化关系可用朗伯-比尔定律来描述：

$$I(\lambda) = I_0(\lambda)\cdot\exp[-\sigma(\lambda)\cdot c\cdot L] \quad (2\text{-}11)$$

被动 DOAS 观测由于光子的路径复杂、光程未知，需要在光谱反演过程中进行一些处理，并不能直接使用朗伯-比尔定律。将式（2-11）写成对未知路径的积分情况，则有：

$$I(\lambda) = I_0'(\lambda)\cdot\exp\left\{-\int\left[\sum_j\sigma_j'(\lambda)\cdot c_j\cdot \mathrm{d}s\right]\right\} \quad (2\text{-}12)$$

由于光程未知，这里将浓度和光程合并，并令 $SCD_j=\int c_j(s)\cdot \mathrm{d}s$，则式（2-12）可表示为：

$$\frac{I(\lambda)}{I_0'(\lambda)}=\exp[-\sum\sigma_j'(\lambda)SCD_j] \quad (2\text{-}13)$$

则对于某种吸收气体 j 来说，$SCD=\dfrac{\ln\left[\dfrac{I_0'(\lambda)}{I(\lambda)}\right]}{\sigma'(\lambda)}=\dfrac{D'}{\sigma'(\lambda)}$，$SCD$ 也就是斜柱浓度（Slant Column Density，SCD），即痕量气体浓度沿光程的积分。

在车载被动 DOAS 光谱反演中，传统的单光路仅能获取相对于参考谱的斜柱浓度。引入多观测角度的测量方式可以实现绝对垂直柱浓度的获取，同时车载 DOAS 系统还需要解决多组分气体的交叉干扰以及多种大气效应的去除。针对以上问题，开展了如下研究。

1. 垂直柱浓度的精确获取

痕量气体的斜柱浓度 SCD 是测量光谱和参考谱中所含的痕量气体的斜柱浓度之差，即差分斜柱浓度（Differential Slant Column Density，DSCD）。它与吸收气体在大气中的分布，光线的传输、散射情况，仪器的观测姿势，太阳天顶角等密切相关。因此，为了真实地反映大气组分的实际含量，必须将斜柱浓度转化为垂直柱浓度以表示痕量气体在整层大气中的垂直柱总量。

在多轴 DOAS 的观测中，我们关注的主要是对流层痕量气体，所以 $AMF_{trop}(\alpha)=\frac{SCD_{trop}(\alpha)}{VCD_{trop}}$。大气质量因子（Air Mass Factor，AMF）除了依赖太阳天顶角、仰角外，还与地表反照率、波长、气溶胶、云和气体的垂直分布有关，而对流层都存在上述因素的影响，基于此，*AMF* 需要借助大气辐射传输模型计算。通过 *AMF* 值和测量得到的斜柱浓度，可以得到对流层痕量气体垂直柱浓度（Vertical Column Density，VCD）：

$$\frac{SCD_{trop}(\alpha)}{AMF_{trop}(\alpha)}=\frac{DSCD_{trop}(\alpha)+SCD_{trop}(90)}{AMF_{trop}(\alpha)}=VCD_{trop} \tag{2-14}$$

$$\begin{aligned}\Rightarrow DSCD_{trop}(\alpha)&=AMF_{trop}(\alpha)VCD_{trop}-SCD_{trop}(90)\\&=AMF_{trop}(\alpha)VCD_{trop}-AMF_{trop}(90)VCD_{trop}\\&\Rightarrow VCD_{trop}=\frac{DSCD_{trop}(\alpha)}{AMF_{trop}(\alpha)-AMF_{trop}(90)}\\&\Rightarrow VCD_{trop}=\frac{DSCD_{trop}(\alpha)}{DAMF_{trop}(\alpha)}\end{aligned} \tag{2-15}$$

2. 反演波段优化

光在大气中传输时，受到多种组分气体干扰，不同的气体在不同的波段有着不同的吸收峰值，对 DOAS 反演方法存在着交叉干扰，因此在针对特定气体进行 DOAS 反演时，需要有针对性地选择该气体反演波段，保证在该反演波段内目标气体存在强烈吸收、干扰气体为弱吸收，以减小其他组分气体干扰，实现反演误差的最小化。

本研究中对目标气体和干扰气体进行多元相关性分析，通过相关性结果确定拟合波段。通过上述分析后，拟用于反演的污染气体分子吸收波段对 SO_2 选择 310～324nm 拟合波段、NO_2 选择 338～370nm 拟合波段。NO_2 拟合波段的选择如图 2-7 所示。

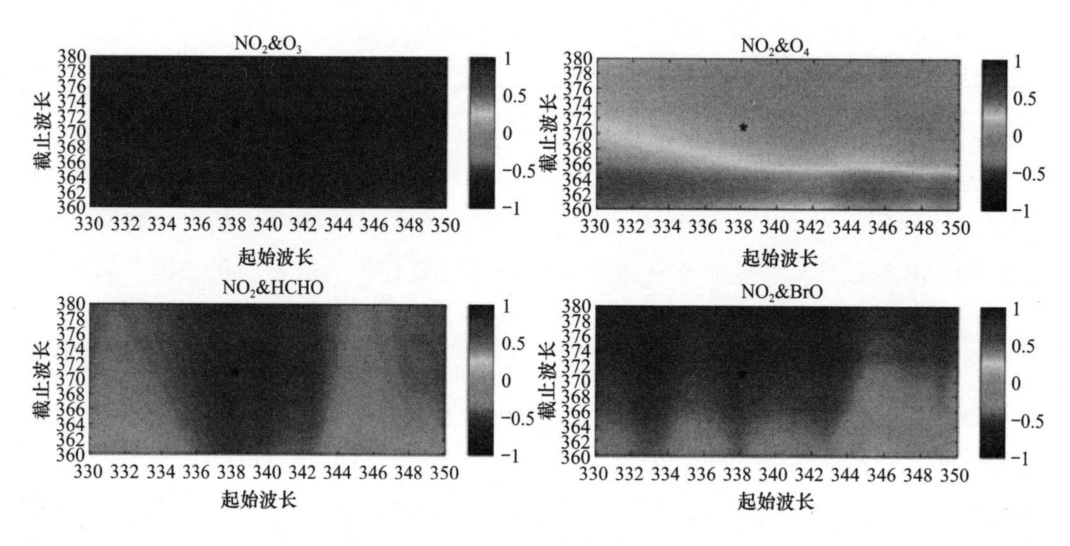

图 2-7 NO_2 拟合波段（一）

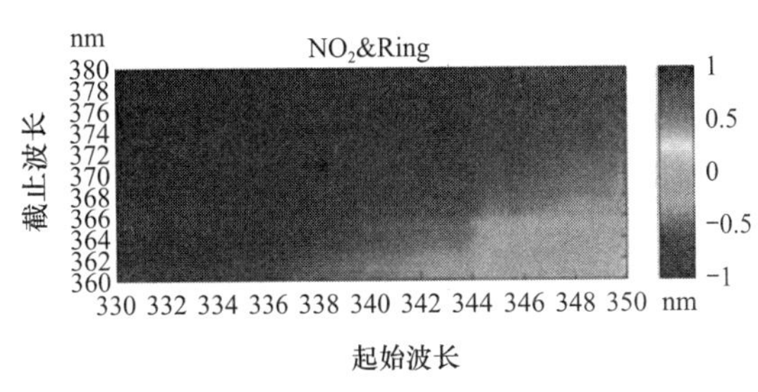

图2-7　NO_2 拟合波段（二）

338～370nm 涵盖了 NO_2 强吸收峰，同时在该波段内其他参与拟合的截面对 NO_2 拟合干扰较小，相对于附近其他拟合波段，拟合残差降低4.6%～20%。

3. 大气 Ring 效应

有很多结构的太阳光谱和非弹性散射过程会导致另外的效应——Ring 效应。

Ring 效应不仅使得太阳光谱中的夫琅禾费结构发生变化，同时由于其强度高于大气组分吸收的1～2个数量级，并且 Ring 效应随着光程的增加而增大，在散射光 DOAS 观测中也会随着天顶角的增大而增大，因此，在反演过程中需要校正 Ring 效应对大气组分吸收结果的影响。

目前来说，Ring 光谱可以通过测量法或计算法得到。测量法基于大气中不同的散射过程表现出不同的偏振性质。Solomon 等就提出了通过测量散射光中平行偏振光与垂直偏振光的强度之比来推导 Ring 效应参考光谱的方法，但不同偏振对应的大气光路是不同的，可能包含不同大气痕量气体的吸收，结果是测量的 Ring 光谱可能包含未知数量的大气吸收，这会影响 DOAS 拟合中获得的痕量气体浓度大小。计算法是通过已知的空气分子拉曼转动光谱来计算得到 Ring 光谱，计算法得到的结果和测量法具有较好的一致性。

图2-8和图2-9为考虑 Ring 效应和不考虑 Ring 效应时 NO_2 拟合结果，通过对比发现，在考虑 Ring 效应时，拟合残差为 7.37×10^{-4}；不考虑 Ring 效应时，拟合残差为 8.27×10^{-4}，不考虑 Ring 效应时拟合误差增大了12.2%。Ring 效应对大气痕量气体反演的影响由此可见一斑。故在本研究中，将 Ring 效应列为重点考虑因素之一。

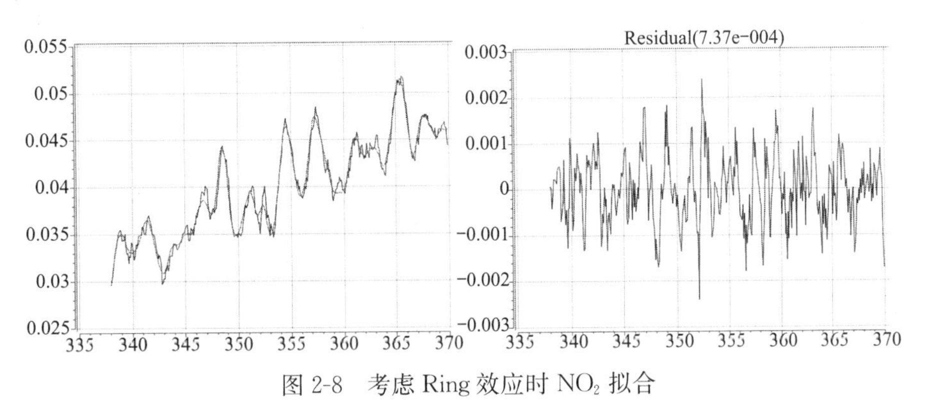

图2-8　考虑 Ring 效应时 NO_2 拟合

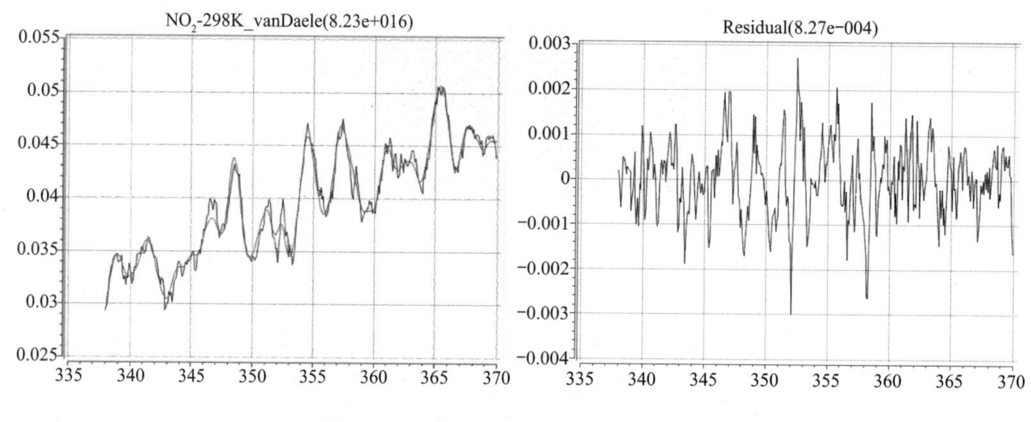

图 2-9　不考虑 Ring 效应时 NO_2 拟合

4. 平流层干扰扣除

由于平流层部分污染物斜柱浓度是太阳天顶角的函数，且在太阳天顶角较小时随太阳天顶角变化较慢，而对流层部分则主要来自地面人为排放等因素，因此不同地区的变化比较大，在这里可以将反演得到的痕量气体柱浓度结果按照其随太阳天顶角的变化分成两部分，即一个慢变化部分和一个快变化部分。这样就可以比较方便地去除平流层部分，得到对流层中痕量气体的浓度信息。

对平流层部分的修正有以下几种方法：

（1）最小值线性回归法，这个方法主要是利用了平流层痕量气体柱浓度随太阳天顶角缓慢变化的特点，在对流层信号可被忽略的低值区域选择几个数据点，做一元线性拟合，这样便得到了平流层信号随太阳天顶角的函数关系式，进而可以计算出任意时刻的平流层柱浓度，将平流层部分去除。

（2）利用几何近似的方法$\frac{1}{\cos(SZA)}$计算平流层大气质量因子 AMF，假定垂直柱浓度随纬度是线性变化的，则平流层部分可以写成：

$$\mathrm{d}SCD_{\mathrm{strat}} = \frac{a+b\phi}{\cos(SZA)} - \frac{a+b\phi}{\cos(SZA)_{\mathrm{ref}}} \tag{2-16}$$

其中，ϕ 为纬度，式（2-16）中第一部分为在任意纬度处的 SCD 结果，第二部分为参考谱区域的 SCD；系数 a、b 参考卫星数据处理方法，即利用不包含平流层吸收的参考光谱来确定。

参考同纬度干净区域（如太平洋上空等）卫星测量的结果，忽略其中对流层部分，将其作为平流层浓度进行扣除，这种方法是卫星数据分析中扣除平流层部分最常用的方法，如 OMI、GOME 法等。

利用式（2-17）计算得到对流层垂直柱浓度。

$$VCD = \frac{SCD_{\mathrm{trop}}}{AMF_{\mathrm{trop}}} = \frac{DSCD_{\alpha} - \mathrm{d}SCD_{\mathrm{trat}}}{AMF_{\mathrm{trop}}(\alpha)} \tag{2-17}$$

2.2　气象技术及数据融合方法

气象条件是影响大气环境监测的重要因素，其中风场对仪器监测影响最大。因此，在开展观测前，针对北京市所选观测区域，分析了全年和四季各观测区域风速、风向特征；并针对 DOAS 系统监测需求，结合观测区域背景风场特征，制定观测适宜的气象条件；根据制定的气象条件标准，结合大气环流形势、天气预报、环境预报等信息，针对性选取各参数俱佳的气象条件，提前一周确定每季观测时间。

计算污染物排放通量需要耦合观测区域的风场信息，风场信息的不准确直接影响污染通量的计算误差。因此，本次研究中确定利用数值模拟手段、地面观测数据和雷达测风数据集合方法获取精细化三维风场数据；通过精选数值模式参数化方案、滚动同化气象站点观测和探空数据、输入高精度地形资料进行风场数值模拟；再利用雷达测风数据，对模拟结果进行验证和订正，优化数值模式，提高模拟准确率；最终形成区域网格化、不同高度、逐小时、200～1000m 分辨率的优化三维网格化风场；使每个观测区域的风场数据水平达到分区，垂直达到分层。

为更好地把握观测期间气象条件对污染监测和污染物扩散的影响，利用每个季节观测期间每日的高空—地面天气图、探空图，分析各观测区域的大气环流特征及大气稳定度；利用代表气象站点的分钟观测数据，分析各观测区域主要气象要素（风向、风速、气温、湿度）变化趋势；利用风场模拟结果，分析各观测区域地面和高空风场空间分布特征。

2.3　适宜 DOAS 系统监测的气象方案

气象条件是影响大气环境监测的重要因素，稳定的天气系统是大气环境监测获取理想测量结果的必备条件；其中，风场对仪器监测影响最大。因此，需细致分析适宜 DOAS 技术监测的气象条件，并依此在监测开展前，结合监测区域的天气预报信息，针对性选取气象条件俱佳观测日期，确保观测顺利、有效开展。

1. 确定适宜观测的气象条件

根据以往试验表明，DOAS 系统监测污染源排放通量时，应避免阴雨天、雾天等天气情况；同时也避免静风、大风、风场不稳定的天气进行。因此，针对 DOAS 系统监测需求，确定适宜观测的气象条件，见表 2-1。

适宜观测的气象条件　　表 2-1

气象要素	适宜范围
风速	2～3m/s（避免静风）
风向	观测时段内，观测区域的风向稳定（须考虑上、下午风向的转变）
天气现象	晴，多云，阴（能见度＞5km；避免雨雪、大风、重霾天气）

2. 适宜观测日期的选取方法

根据确定的气象条件标准，结合当地大气环流形势、天气预报、环境预报等信息，在监测开展前选取适宜日期，保障污染监测的顺利、有效开展（图 2-10）。

天 气 公 报

北京市气象台　　2018 年 04 月 18 日 14 时

未来三天天气以多云为主

一、主要天气

未来三天天气以多云为主，气温升高，午后偏南风较大。18-20 日大气扩散条件整体较差，霾天气持续。

二、未来三天天气预报

18 日下午：晴转多云，有轻度霾；偏南风 2、3 间 4 级；平原地区最高气温 27℃，山区温度最高气温 26～27℃。最小相对湿度 40%

18 日夜间：多云转晴，有轻度-中度霾；南转北风 1、2 级；平原地区最低气温 14℃，山区温度最低气温 10～13℃。最大相对湿度 85%

19 日白天：晴转多云有轻微霾，西部山区有阵雨；北转东风 2 级转 3、4 级；平原地区最高气温 26℃，山区温度最高气温 23～26℃。最小相对湿度 35%

19 日夜间：多云，有轻雾；东转北风 1、2 级；平原地区最低气温 13℃，山区温度最低气温 9～11℃。

20 日白天：多云，有轻度霾；北转南风 3、4 级；平原地区最高气温 28℃，山区温度最高气温 25～28℃。

北京地区未来一周环境气象预报

（内部参考）

京津冀环境气象预报预警中心　　2018 年 04 月 18 日 11 时

未来 2-3 天（19-20 日）：

19-20 日受东路弱冷空气影响，北京东部地区扩散条件在 19 日午后有所改善，但可能造成西部山前污染物堆积，综合考虑，空气污染气象条件等级为 2～3 级。

未来 4-7 天（21-24 日）：

21 日受高空槽东移影响，北京地区将有一次降水过程，较有利于污染物清除，大部分地区空气污染气象条件等级为 2 级左右；22-23 日受高空西北气流和冷空气影响，有利于污染物扩散，空气污染气象条件等级为 1～2 级；24 日逐渐转受地面弱气压场控制，扩散条件略有转差，空气污染气象条件等级为 2 级左右。

图 2-10　适宜观测日期的选取资料示例

2.4　多模式嵌套的精细化三维风场数据获取

风场数据是计算污染物排放通量的关键信息，其数据质量直接影响排放通量计算结果的可信度。在以往的计算中通常采用邻近地面气象观测站的风场数据，即一个点的风向风速代表了整个观测区域的风场特征；风场信息的不准确直接影响污染通量的计算精度。因此，本次研究中确立利用气象数值模拟、气象站点观测和雷达测风数据集合方法，获取监测区域优化的三维网格化风场数据。

（1）采用多模式嵌套方法对监测区域进行风场数值模拟，同时滚动同化气象站点观测和探空数据不断调整风场模拟过程。

（2）采用风廓线雷达和激光雷达，在污染监测的同时对区域内风场进行实时观测，利用风场实测数据对模拟结果进行订正。

（3）最终形成区域网格化、不同高度、逐小时、200～1000m 分辨率的优化三维网格化风场；使风场数据水平达到分区，垂直达到分层。

气象数据改进方案流程图如图 2-11 所示。

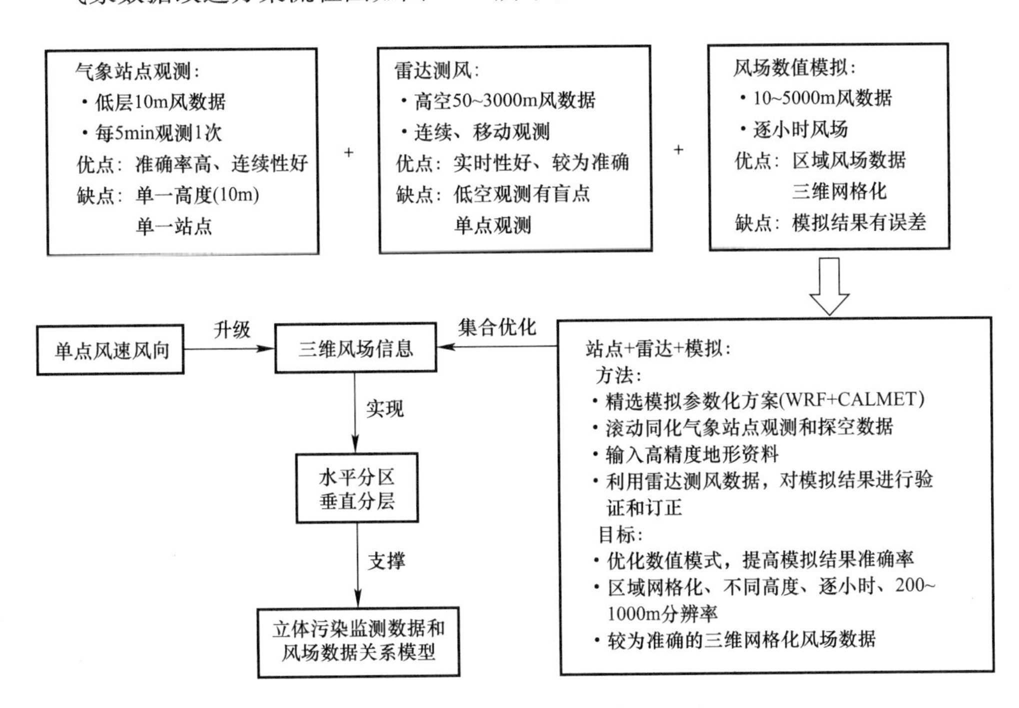

图 2-11　气象数据改进方案流程图

1. 风场数值模拟方法

1）城市尺度监测区域模拟

数值模式：中尺度气象数值模式（WRF）。

（1）气象初始场：NCEP FNL 数据（美国国家环境预报中心提供的 1°×1°全球再分析数据）。

（2）模拟过程：调试适用监测区域的参数化方案，滚动同化地面气象观测和探空数据，进行 3～4 重嵌套，最内层模拟区域范围应涵盖整个监测区域。

（3）模拟结果：监测区内水平分辨率为 1000m 的三维网格化风场数据。

2）小区尺度监测区域模拟

数值模式：小尺度气象数值模式（CALMET）。

（1）气象初始场：WRF 风场模拟结果。

（2）模拟过程：输入监测区域地形和下垫面资料，再利用计算流体力学模型和地面气象站点逐时观测数据对 WRF 风场结果进行精细化调整。

（3）模拟结果：监测区内水平分辨率为 200m 的三维网格化风场数据。

2. 测风雷达实时观测方法

采用多普勒测风激光雷达和风廓线雷达设备，与污染监测同时进行，开展风场实时、连续观测，获取监测区内不同高度风场的逐时定点观测数据。监测区内至少布置 2 个以上测风雷达观测点，作为后期数值模式订正点；观测点越多，风场订正结果越趋于实测风场。

1）多普勒测风激光雷达

采用先进的激光技术基于激光脉冲多普勒频移原理，根据空气中颗粒（灰尘、盐晶体、云雾水汽、污染颗粒等气溶胶）的激光后向散射回波，连续测量风速、风向、三维风廓线等信息，实时获得高时空分辨率、高精度的风场数据。可进行 5000m 范围内不同高度层的风向、风速、风切变等风场探测反演，测量风场数据可靠性好、精度高，适用于机场领域、风能领域、气象气候、大气研究及中低空风场探测等。

2）风廓线雷达

主要以晴空大气作为探测对象，利用大气湍流对电磁波的散射作用对大气风场等要素进行探测。风廓线雷达发射的电磁波在大气传播过程中，因为大气湍流造成的折射率分布不均匀而产生散射，其中后向散射能量被风廓线雷达接收。一方面，根据多普勒效应确定气流沿雷达波束方向的速度分量；另一方面，根据回波信号往返时间确定回波位置。从探测的基本原理来看，风廓线雷达是无线电测距和多普勒测速的结合。风廓线雷达能够探测近地面及地面以上 3000m（及更高高度）几十个不同高度的风向、风速数据，从而得出大气风场的垂直廓线图。

3）雷达测风数据对比验证

为了确保两种测风雷达数据的准确性，与北京市观象台气象探空数据开展了为期 10 天的对比验证试验，见表 2-2。

雷达测风数据对比验证试验 **表 2-2**

验证数据	测风激光雷达	风廓线雷达
对比标准	北京市观象台探空数据	北京市观象台探空数据
时间	2017 年 6 月 25 日至 2017 年 7 月 4 日	2017 年 6 月 30 日至 2017 年 7 月 10 日
地点	北京南郊观象台	北京南郊观象台
观测高度	起始高度 120m，终止 5000m 每 60m 一个间隔数据	起始高度 50m，终止 5000m 每 50m 一个间隔数据

激光雷达与观象台探空数据在风向和风速上的对比分析结果显示（图 2-12）：风向的绝对平均偏差为 15°，风速的绝对平均偏差为 0.8m/s。

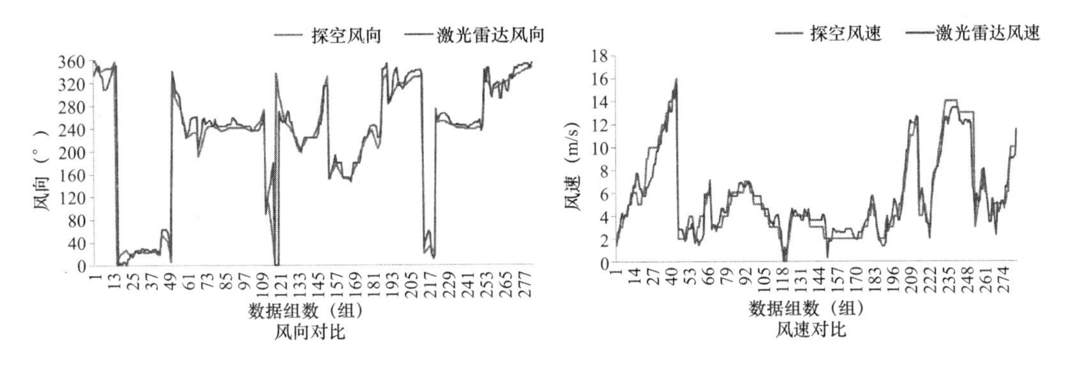

图 2-12　激光雷达测风数据与探空数据的对比

风廓线雷达与观象台探空数据在风向和风速上的对比分析结果显示（图 2-13）：风向的绝对平均偏差为 23°，风速的绝对平均偏差为 1.4m/s。

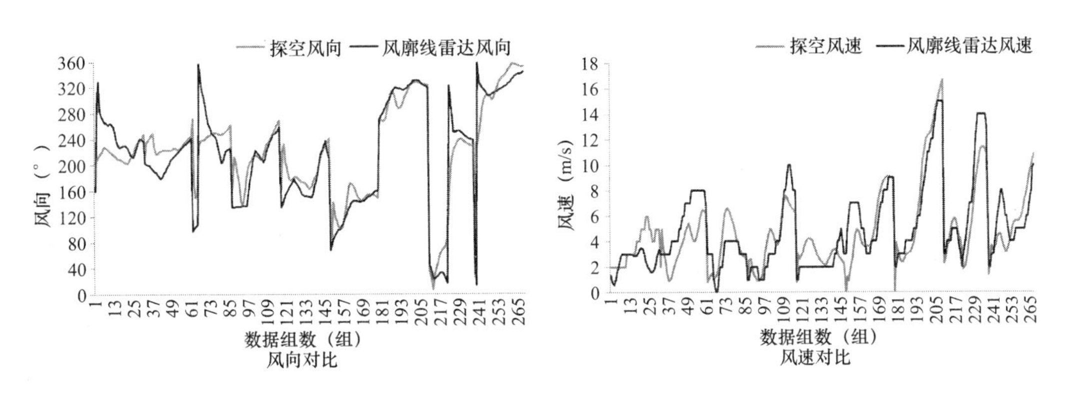

图 2-13　风廓线雷达测风数据与探空数据的对比

通过以上对比验证结果可以看出：两种雷达测风测量精度和稳定性均较好，可用于数值模拟结果的验证和订正。

3. 风场模拟结果订正方法

1）订正目的

进一步提高风场模拟结果的准确性。

2）订正方式

采用风廓线雷达和激光雷达，在污染监测的同时对区域内风场进行实时观测，获取监测区内不同高度风场的逐时定点观测数据；利用风场实测数据对模拟结果进行订正，获取更准确的风场数据。

3）订正方法

采用反距离权重法，对订正点周围网格的风场模拟数据进行插值订正。

加权函数：

$$W_i = \frac{h_i^{-p}}{\sum_{j=1}^{n} h_j^{-p}} \tag{2-18}$$

式中 p——幂参数，通常 $p=2$(0.5～3 均为合理数值)；

h_i——离散点到插值点的距离，$h_i=\sqrt{(x-x_i)^2+(y-y_i)^2}$，$(x, y)$ 插值点坐标；(x_i, y_i) 为订正点坐标。

4）订正高度

结合数值模式、激光雷达、风廓线雷达的风场数据高度，以及数据稳定性，确定订正的高度层。其中，模式高度层 10m、25m、50m、80m、100m、150m、200m、300m、500m、800m、1000m、1500m、2000m、2755m；激光雷达高度层起始高度 120m，每 60m 一个间隔数据；风廓线高度层起始高度 50m，每 50m 一个间隔数据。经与各区域的观测数据对比验证，雷达测风数据在 1000m 以上波动大，不适宜订正。因此，最终订正的模式层为：150m、200m、300m、500m、800m、1000m，共 6 层。

5）订正效果

对比订正前后风向、风速数据结果。结果显示：风场模拟结果随高度变化趋势大部分和雷达实测风场一致，在数值上有些差异。因此综合两个测风雷达数据，对模拟结果进行订正（图 2-14）。经过订正后，模拟风场结果更趋于实测，进一步降低风场模拟误差。将订正后的三维风场结果与污染监测数据耦合分析，进行区域污染通量分析。

4. 风场模拟结果对比验证

为检验三维精细化风场数据的准确性，分别利用气象站点观测数据和雷达实时测风数据与风场模拟结果进行对比验证。

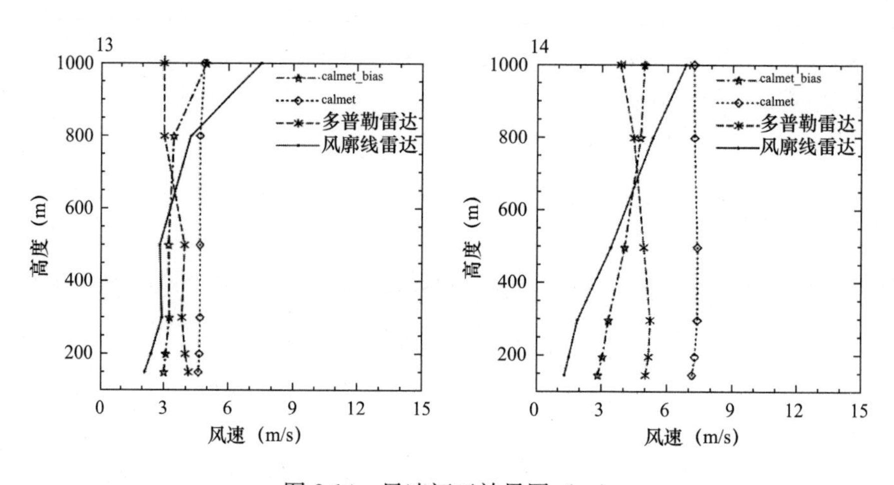

图 2-14　风速订正效果图（一）

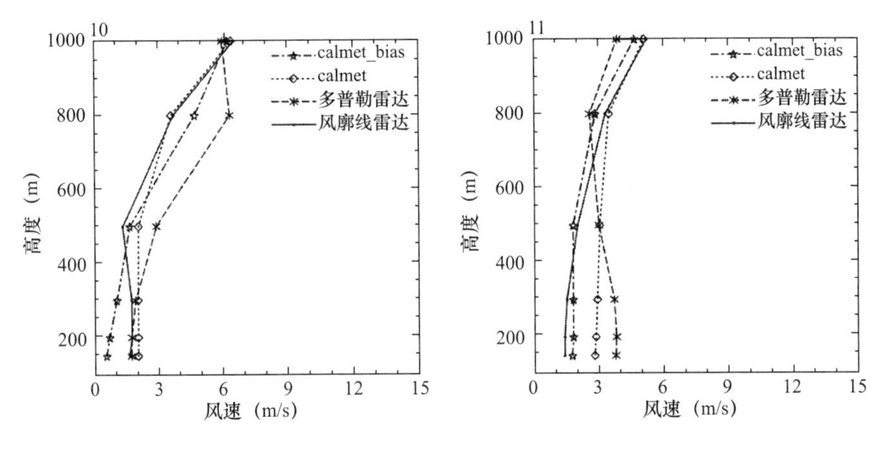

图 2-14　风速订正效果图（二）

1）风场模拟结果与气象站点数据对比验证

选取代表气象站点与 WRF 和 CALMET 风场数值模拟结果进行对比，如图 2-15 所示。结果显示：模式模拟的风场结果和观测结果趋势基本一致；通过对模拟结果和观测结果的统计值分析发现，CALMET 和 WRF 的均方根误差均可达 1.5 左右（欧洲数值预报中心为 2～3），说明利用模式模拟可以捕捉到风场的基本信息。这其中 CALMET 模拟结果同观测的吻合程度更高，而 WRF 的模拟结果更为平均，无法捕捉风速突然增大和静风情况。此外，模拟与观测风速的平均误差，CALMET 可达到 0.1 以内，而 WRF 为 0.4 左右。所以 CALMET 模拟结果比 WRF 更优，风场数值模拟质量稳定，和观测实况较为吻合。

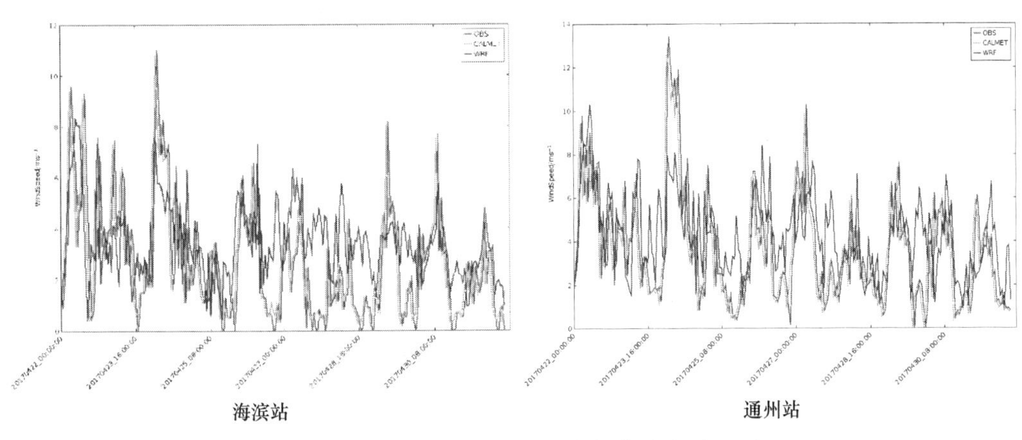

图 2-15　风场数值模拟结果与气象站点对比图

2）风场模拟结果与雷达测风数据对比验证

将 CALMET 风场数值模拟结果与雷达测风数据进行对比，如图 2-16 所示。结果显示：在雷达外场观测时段内，数值模拟和雷达测风风场 1500m 以下均以西南风为主导，风速 2～4m/s；在同一时段不同高度上，数值模拟与雷达测风的风向风速结果均较为吻合。

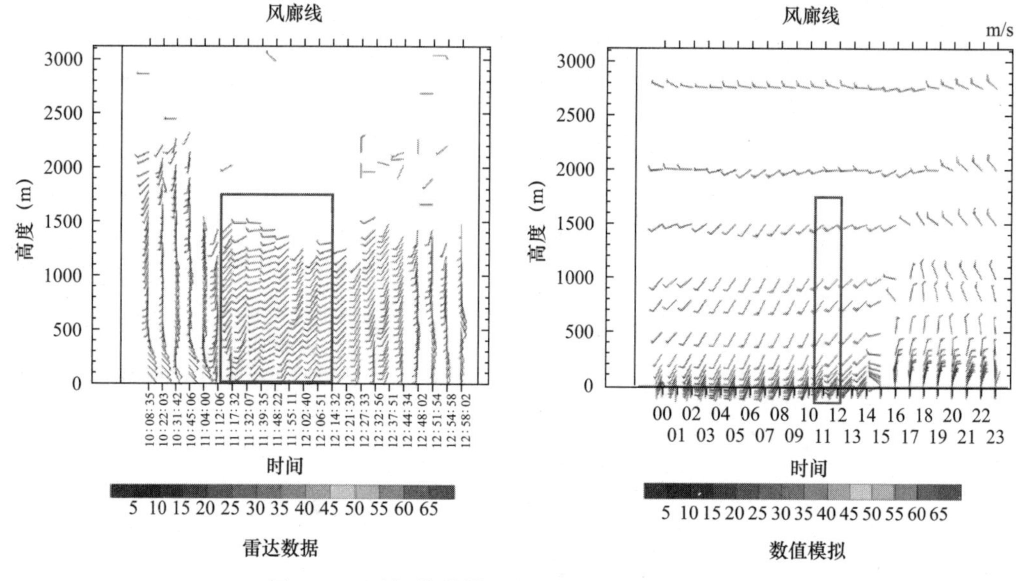

图 2-16　风场数值模拟结果与雷达测风对比图

2.5　立体监测数据与三维风场数据的耦合

一般而言，用描述守恒量传输的连续偏微分方程来表示任意有限区域内的能量守恒。在各自适应条件下，这些量（包括质量、能量、动量、电荷等）都是守恒的，它们的传输行为都可以用连续性方程来描述

$$\frac{\partial\varphi}{\partial t}+\vec{\nabla}\cdot\vec{f}=\sigma \tag{2-19}$$

式（2-19）主要涉及三方面要素：守恒量的源、通量散度和守恒量的时间变化率。对于估算一定区域内污染物排放量而言，式（2-19）中：φ 为物质对体积的微分比例 $\left(\varphi=\frac{\mathrm{d}q}{\mathrm{d}t}\right.$，$q$ 为物质的量，V 为体积，$\left.q=\int\phi\mathrm{d}V\right)$，也就是物质的密度，本书中指的就是痕量气体的浓度，$\vec{f}$ 为通量，也就是 φ 流量密度的矢量函数，即每单位时间单位面积的痕量气体流量，t 表示时间，σ 是 φ 单位体积单位时间的生成量（去除量），当 $\sigma>0$ 时，则称 σ 为源，反之则称为汇。

对体积积分，则有 $\int\frac{\mathrm{d}q}{\mathrm{d}t}\mathrm{d}V+\int\nabla\cdot f\mathrm{d}V=\int\sigma\mathrm{d}V$。假设在围绕的区域内分子为常数，并且在测量的过程中并没有改变，那么 $\frac{\mathrm{d}q}{\mathrm{d}t}$ 可以被忽略，则有：

$$\int\nabla f\mathrm{d}V=\int\sigma\mathrm{d}V \tag{2-20}$$

$$\oint_{s}f\cdot\vec{n}\mathrm{d}s=\int\sigma\mathrm{d}V$$

式中，污染物的排放通量可以从围绕区域污染气体的 VCD 和风速中获得。上式中应用散度定理，可以将连续性方程以积分的形式表达，则区域内污染物的排放通量可写为：

$$F = \int_A div(VCD \cdot \vec{W})\mathrm{d}A = \oint_s VCD(s) \cdot \vec{W} \cdot \vec{n}\mathrm{d}s \tag{2-21}$$

式中　VCD——污染物垂直柱浓度；

$\vec{n}$——平行于地面正交于行驶方向的单位向量；

$\vec{W}$——绕行区域的平均风场。

沿移动路线进行积分，即可获得区域内污染物的排放通量。对于天顶方向的车载 DOAS 测量，由于行驶路径上单个光谱的积分时间有限，可以将连续积分转换为离散的求和，即

$$F = \sum_i VCD_i \vec{w} \cdot \vec{n} \Delta s_i = \sum_i VCD_i w \cdot \sin\beta_i \Delta s_i \tag{2-22}$$

式中　β——汽车行驶方向与风向之间的夹角；

Δs_i——为连续两条测量光谱之间的距离差，可通过由 GPS 获取的车速与测量时间的乘积得到；

VCD_i——第 i 次测量的垂直柱浓度；

β_i——第 i 次的行驶方向与风向的夹角。

图 2-17 为污染烟羽扫描剖面与通量计算原理示意图。

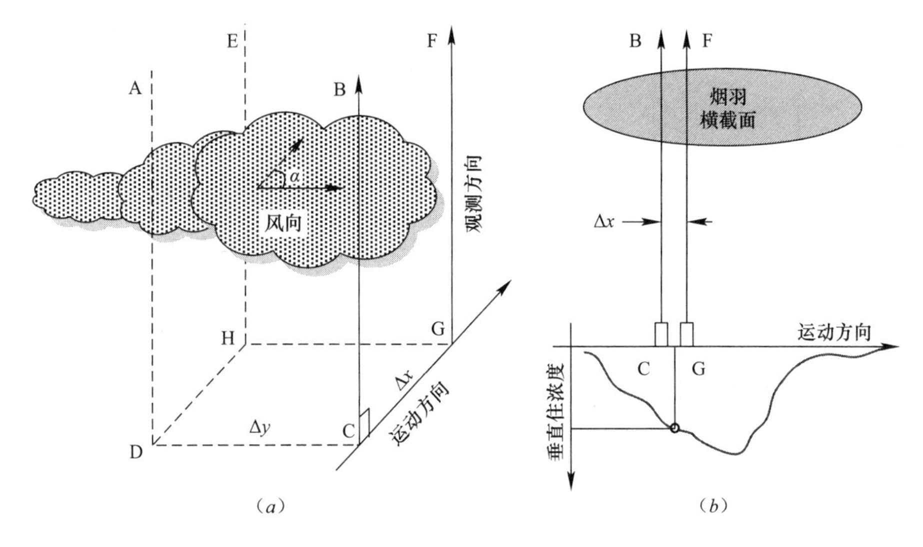

图 2-17　污染烟羽扫描剖面与通量计算原理示意图

式（2-22）可以用来计算不同痕量气体的排放通量，其中的一个重要应用就是计算 NO_x 的排放，但是从天顶方向的车载 DOAS 观测中，我们只能测量 NO_2，不能测量 NO。因此，为了获得 NO_x 的排放，还需进行一些校正。

寿命的校正：如果在测量区域具有恒定的风向和风速，就可以计算得到有限的大气寿命的校正因子。寿命的校正因子表示为：

$$c_{\mathrm{L}} = e^{\frac{D/W}{t}} \tag{2-23}$$

式中 D——测量点到排放源的平均距离；

W——测量时的平均风速；

T——NO_x 的寿命，依赖于光化学反应及气象状态。

化学转换因子：快速的化学转换可以改变排放物的比例，以 NO_x 的排放为例，大多数的 NO_2 最初是以 NO 的形式排放出来的。这些气体分子的比例依赖于 O_3 的浓度和 NO_2 的光解率。排放物质的大气浓度会随着过程而发生改变，相对于从排放源到测量点的传输时间来看是快速的。因此，我们所能测量的痕量气体的浓度代表的仅仅是一部分排放的痕量气体的量，这里的化学转换因子可以表示为：

$$R = \frac{NO_x}{NO_2} = \frac{NO + NO_2}{NO_2} = 1 + \frac{NO}{NO_2} = 1 + c_\tau \tag{2-24}$$

应用了以上两个校正因子之后，测量区域的整个 NO_x 排放为：

$$F_{NO_x} = R \cdot c_{\mathrm{L}} \cdot F_{NO_2} = R \cdot c_{\mathrm{L}} \cdot \sum_i VCD_i \cdot w \cdot \sin\beta \cdot \Delta s_i \tag{2-25}$$

针对不同的污染源类型和排放情况，如高架点源、由多个点源组成的工业厂区、面源或大区域（城市），均可以用车载被动 DOAS 进行排放通量的测量。

（1）孤立点源：在排放源的下风向，采用车载被动 DOAS 在下风向扫描烟羽剖面，并结合风速风向数据，计算排放通量。

（2）存在外部输入的点源、工业区、面源或区域源：由于这些情况下源的情况比较复杂，如图 2-18 所示，而且此时仅在图中区域下风向测量获得的污染通量 $Flux_{出}$ 不但包含了区域内各个厂和其他源的排放，还有可能包含来自上风向的厂 3 或其他源的排放 $Flux_{入}$。

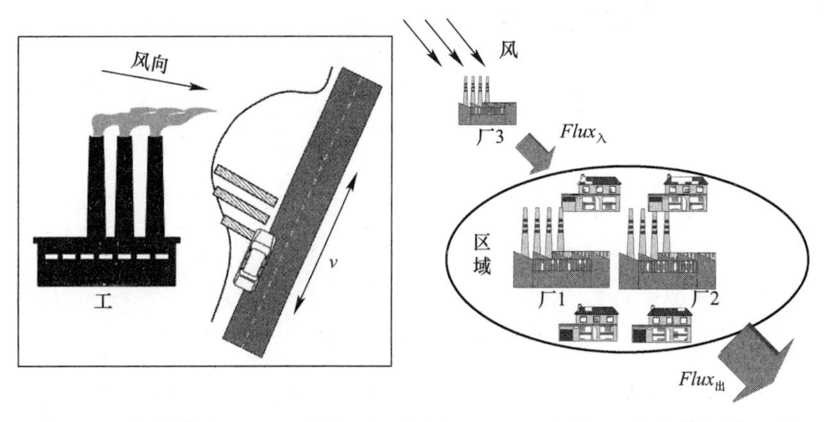

图 2-18　车载被动 DOAS 测量孤立点源工业区（左图），存在外部输入的点源、面源或区域排放示意图（右图）

所以通常采用车载被动 DOAS 测量系统围绕这些源进行测量，通过上风向和下风向测量区域内流入和流出的通量的差来计算净排放通量 $Flux_{净}$，即：

$$Flux_{净} = Flux_{出} - Flux_{入} \tag{2-26}$$

式中　$Flux_{净}$——工业区实际排放通量；

$Flux_{出}$——从工业区下风向计算得到的排放通量；

$Flux_{入}$——从工业区上风向计算得到的排放通量。

2.6　面源排放监测的车载光学遥测系统构建

2.6.1　系统构建

车载被动双光路 DOAS 遥测系统是在传统的天顶方向的车载 DOAS 的基础上，增加了一个低观测仰角（本书中使用的角度是 30°和 90°）。为了提高散射光被动 DOAS 对流层观测的灵敏度，引入了离轴观测方式，在单一的天顶观测模式的基础上增加了一个仰角的测量。相比于天顶方向的车载 DOAS，车载双光路 DOAS 具有以下几点优势：

（1）由于增加了低仰角的观测，对对流层痕量气体具有较高的灵敏度，能够拓展痕量气体探测的种类。但这对小于 20°的观测仰角时效果较为明显，本书中使用到的 30°观测作用并不是很明显，若在测量外界测量条件允许的情况下（测量环境较为开阔）增加小角度观测还可以获取痕量气体的垂直廓线分布。

（2）由于不同仰角之间的观测受到云、气溶胶等的影响是相似的，所以车载双光路 DOAS 受到吸收光程不确定性的影响小。

（3）车载双光路 DOAS 可以观测到绝对的痕量气体垂直柱浓度。天顶方向的车载 DOAS 只能观测到相对的痕量气体垂直柱浓度（相对于参考谱）。

1. 车载双光路 DOAS 原理

车载双光路 DOAS 和天顶方向的车载 DOAS 一样也是用来探测污染物柱浓度分布和获取测量区域污染物排放通量，它是天顶方向车载 DOAS 的发展与延伸，两者具有不同的侧重点。从硬件构成而言，天顶方向的车载 DOAS 更加简单，方便；从用途来看，天顶方向的车载 DOAS 技术非常适应于对点源排放的监测（如火电厂、钢铁厂等），车载双光路 DOAS 技术对测量大区域的污染物柱浓度分布具有一定的优势。根据不同的测量条件、用途以及主要关注点可以选择其中一种或两种技术进行观测。本书中对这两种技术的系统构成及应用都有所涉及。

车载双光路 DOAS 简单地说就是将简化的地基多轴 DOAS 置于汽车移动平台上进行观测。相比于地基多轴 DOAS，其不仅可以得到污染物浓度沿垂直方向的分布，也可以获得污染物浓度沿水平方向的分布。这样的信息对于模型验证、卫星对流层数据产品的校验以及研究输送过程很重要。对于车载双光路DOAS，标准的地基多轴DOAS的数据方法并不完全适用，由于汽车的移动测量路径上气团会快速变化，常规的地基多轴DOAS垂直柱浓度反演方法会产生很大误差，在一些情况下甚至会反演出“负值”。因此，需要提出一种新的适合于车载双光路DOAS的垂直柱浓度反演方法。本书使用的车载双光路DOAS的柱浓度反演流程如图2-19所示。

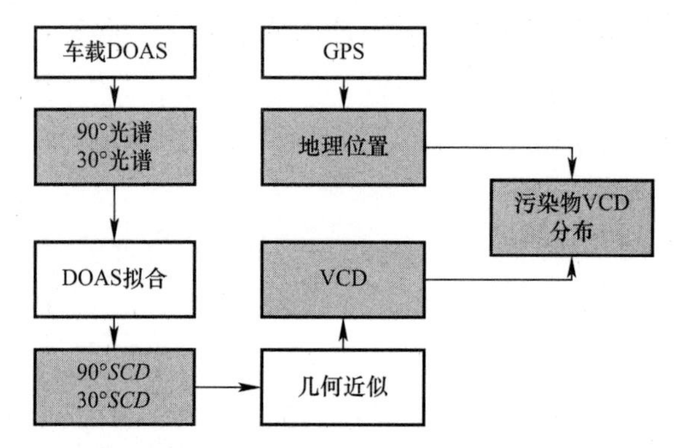

图2-19　车载双光路DOAS的柱浓度反演流程

整个大气层的柱浓度可以被分为平流层部分和对流层部分，即：

$$SCD_{meas} = SCD_{trop} + SCD_{strat} \tag{2-27}$$

式中，等式右边的第一部分和第二部分分别表示对流层中和平流层中的 SCD。由上述分析，被动DOAS拟合获取的是测量光谱和参考光谱 SCD_{ref} 之间的浓度差值，也就是差分斜柱浓度 $DSCD$，所以：

$$DSCD_{meas} = SCD_{meas} - SCD_{ref} \tag{2-28}$$

30°方向和90°方向之间的 SCD_{strat} 相等，则有：

$$\begin{aligned} DSCD_{meas}(30°) &= SCD_{trop}(30°) + SCD_{strat}(30°) - SCD_{trop}(90°) - SCD_{strat}(90°) \\ &= SCD_{trop}(30°) - SCD_{trop}(90°) = DSCD_{trop}(30°) \end{aligned} \tag{2-29}$$

式中，$DSCD_{meas}(30°)$ 和 $DSCD_{trop}(30°)$ 代表30°观测角度下反演得到的差分斜柱浓度和对流层的差分斜柱浓度。为了最终获取痕量气体的垂直柱浓度，需要利用 AMF，AMF 是斜柱浓度和垂直柱浓度的比值，即 $AMF=\frac{SCD}{VCD}$。在地基多轴DOAS的观测中，我们关注的主要是对流层痕量气体，所以 $AMF_{trop}(30°)=\frac{SCD_{trop}(30°)}{VCD_{trop}}$。通常情况下，$AMF$ 可以通过简单的三角形关系得到，$AMF_{trop}\approx\frac{1}{\sin 30}$。但当有云和气溶胶存在时，光程变得较为复杂，$AMF$ 一般通过大气辐射传输模型计算得到。通过 AMF 和测量获取的 SCD，可以获取对流层的垂直柱浓度 VCD：

$$\frac{SCD_{\text{trop}}(30°)}{AMF_{\text{trop}}(30°)}=\frac{DSCD_{\text{trop}}(30°)+SCD_{\text{trop}}(90°)}{AMF_{\text{trop}}(30°)}=VCD_{\text{trop}} \tag{2-30}$$

$$\begin{aligned}DSCD_{\text{trop}}(30°)&=AMF_{\text{trop}}(30°)VCD_{\text{trop}}-SCD_{\text{trop}}(90°)\\&=AMF_{\text{trop}}(30°)VCD_{\text{trop}}-AMF_{\text{trop}}(90°)VCD_{\text{trop}}\end{aligned} \tag{2-31}$$

$$VCD_{\text{trop}}=\frac{DSCD_{\text{trop}}(30°)}{AMF_{\text{trop}}(30°)-AMF_{\text{trop}}(90°)} \tag{2-32}$$

$$VCD_{\text{trop}}=\frac{DSCD_{\text{trop}}(30°)}{DAMF_{\text{trop}}(30°)}$$

式中，$DAMF_{\text{trop}}(30°)=AMF_{\text{trop}}(30°)-AMF_{\text{trop}}(90°)$。

2. 车载双光路 DOAS 硬件

车载被动 DOAS 主要由光学导入系统、石英光纤束、光谱仪、全球定位系统（GPS）和计算机等部件组成，如图 2-20 所示。望远镜采集的入射光经光纤耦合入小型 CCD 光谱仪，光谱仪采集光谱传送至计算机进行处理。系统配备了 GPS 装置，用来记录位置、时间及车速等信息。系统采用分辨率为 0.5nm 微型紫外光谱仪，波长范围为 290～450nm。

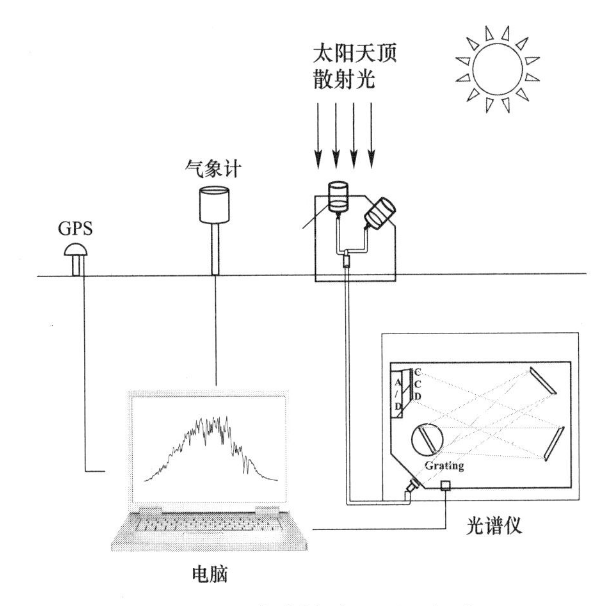

图 2-20　车载被动 DOAS 组成

在天顶观测方向的基础上增加了低仰角观测，低仰角的观测具有以下几方面的优势：

（1）由于增加了低仰角的观测，对对流层痕量气体具有较高的灵敏度，能够拓展痕量气体探测的种类。

（2）由于不同仰角之间的观测受到云、气溶胶等的影响是相似的，所以车载多光路 DOAS 受到吸收光程不确定性的影响比天顶方向的车载 DOAS 小，如云的多次散射的影响等。

（3）车载双光路 DOAS 能够观测到绝对的痕量气体垂直柱浓度，天顶方向的车载 DOAS 只能观测到相对的痕量气体垂直柱浓度（相对于参考谱），如图 2-21 所示。

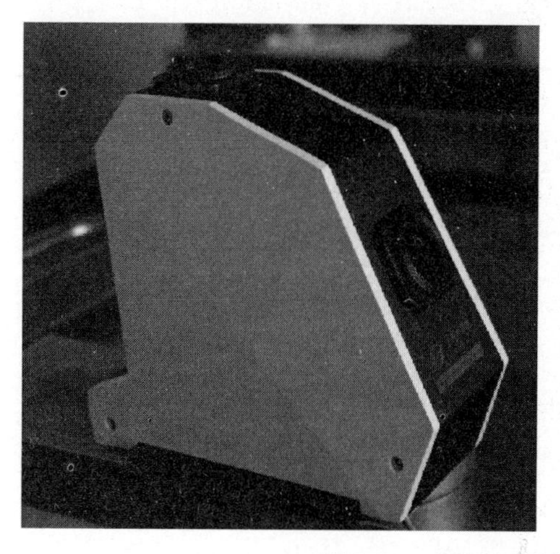

图 2-21 车载双光路系统外观及车顶安装状态

因此根据这样的研究需求，对车载光学遥测系统的硬件系统进行了升级优化，重点是光学导入系统。

望远镜采用两个观测角度，90°和 30°方向，并采用固态光路切换单元快速切换光路，实现高分辨率的不同角度遥测。采用了 Y 形光纤将 90°和 30°仰角光信号导入到同一光谱仪中，同时采用固化的光路切换装置，实现了两个光路之间的切换。为了适应测量环境现场的高温、粉尘等恶劣环境，导光系统中增加了气流互通装置。为了适应固定污染源排放现场的长期有效监测，导光系统的设计具有较高的防水、防尘及防静电等级。

车载双光路 DOAS 在移动测量中工作过程描述如下：望远镜固定在支架上垂直指向天空接收天顶方向散射的太阳光，望远镜中的 ZWB3 型滤光片滤除可见光仅让紫外光透过，透镜将光会聚到单芯光纤的端头，光谱仪对光进行色散后成像在探测器 CCD（电感耦合器件）的光敏面上，这些信号经模数转换后通过软件采集进入计算机进行光谱解析。采集软件根据当前光强自动控制曝光时间，以保证有足够的信噪比。

车载双光路 DOAS 作为收集散射光的重要部分，望远镜具有较小的视场角并且能很好地将光耦合到光纤送入光谱仪中，为了减少杂散光，望远镜进行了发黑处理，滤光片安装在望远镜末端。车载装置配备了 GPS 接收机，通过 RS232 串口实现与计算机的通信，提供精确的地理位置信息、车速和航向。同时系统采用蓄电池供电，保证可以不间断测量。系统采用半导体制冷片 TEC，利用其“帕尔帖效应”的物理原理。

根据两者偏差，基于 PID 算法调整半导体制冷片的工作电流，实现温度的闭环控制，使得被控温度维持在设定值附近。图 2-22 为一次冬季外场实验过程中光谱仪环境温度变化及狭缝函数半高宽变化情况。

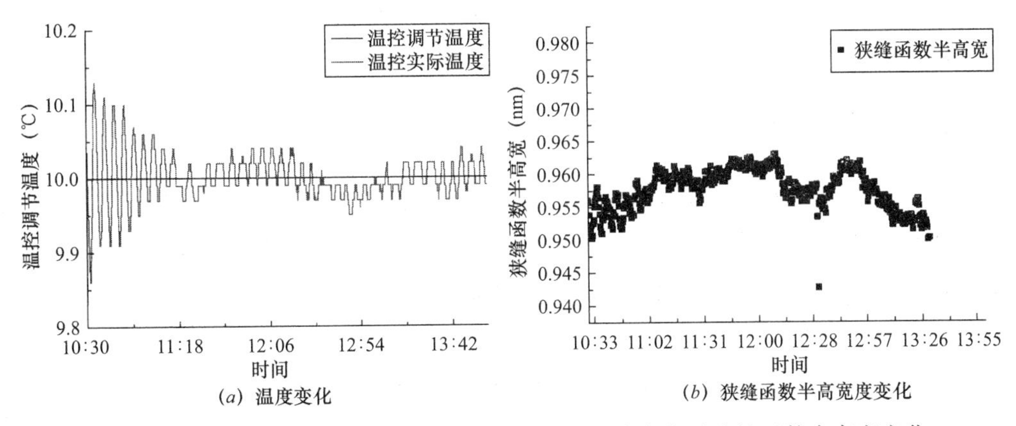

图 2-22　一次冬季外场实验过程中光谱仪环境温度变化及狭缝函数半高宽变化

3. 车载双光路 DOAS 软件

车载双光路差分吸收光谱仪软件系统的主要目的是通过对硬件系统的控制，从而完成数据的采集、处理和浓度反演等过程。软件功能主要包括四个模块，光谱采集、在线反演、离线反演和 3D 显示。光谱采集的功能主要监控光谱仪的连接状态，光谱采集是否正常，GPS 状态，以及光路切换装置的状态（图 2-23）。软件系统与硬件结合紧密，覆盖整个系统的每个环节，软件系统的设计直接关系到整个监测系统最终的工作。

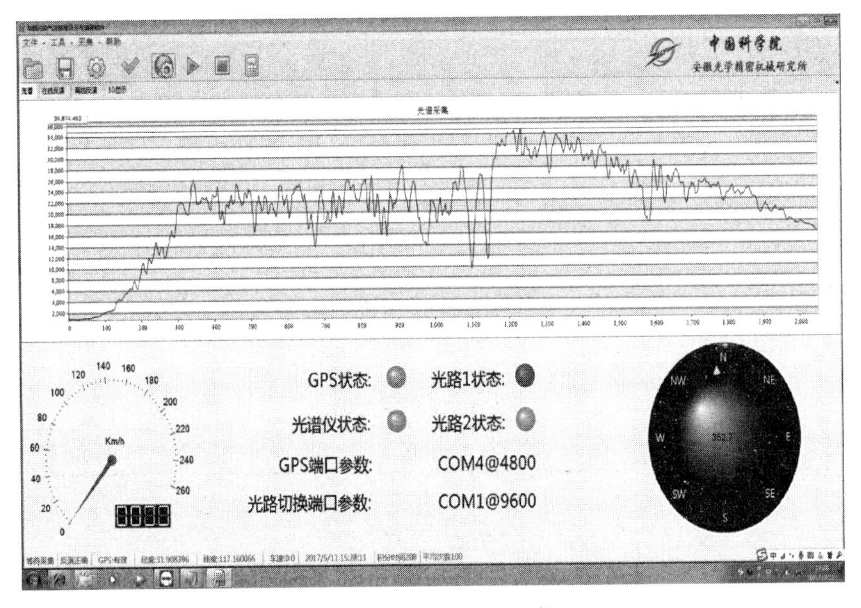

图 2-23　光谱采集模块软件界面

计算机控制软件可自动控制光路切换单元，并控制光谱探测单元自动调整采集参数、自动采集光谱，实现对扫描系统和光谱探测系统的自动控制。

光谱采集程序，用户通过对通信串口、光谱仪平均次数、最佳光强、数据存储路径进行设置。软件自动判断最佳曝光时间并进行工作。同时系统能够采集GPS数据并保存。

2.6.2　系统测试

方法的突破在于硬件基础，面污染源排放数据准确获取依赖于高灵敏度、低误差的车载光学遥测系统，因此需要对车载双光路遥测系统指标做出相应的规定。本次研究规定：SO_2、NO_2 等柱浓度探测限 10ppm・m；探测误差，NO_2 优于20%，SO_2 优于 25%。

针对上述指标要求，在实验室主要开展了浓度探测限和反演误差的测试。根据以上性能指标，研究了相应的性能测试方法。光谱分辨率、波段等测试采用测量汞灯的方法测试，气体柱浓度反演误差通过通入不同浓度的 SO_2、NO_2 气体测量。

1. 浓度探测限

将高纯 N_2 通入 50cm 样品池中，采用车载大气污染立体分布及输送被动DOAS遥测系统默认的参数设置，进行连续测量，共计 11 次，读取各组分的示值，计算各组分连续测量结果的标准偏差，标准偏差的 3 倍即为仪器对于各气体成分的浓度探测限（MDL），如式（2-33）、式（2-34）所示。其结果应符合要求。

$$MDL = 3s = 3\sqrt{\frac{1}{n-1}\sum_{k=1}^{n}(T_k - \bar{T})^2} \tag{2-33}$$

式中　s——标准偏差；

n——测量次数；

T_k——第 k 次测量值；

$\bar{T}$——浓度平均值。

测试结果见表 2-3，NO_2 探测限（检出限）为 1.0ppm，SO_2 探测限（检出限）为 0.8ppm，符合指标要求。

NO_2 和 SO_2 探测限　　表 2-3

组分	测量值（ppm・m）						检出限（ppm・m）
NO_2	−0.20	−0.14	−0.25	−0.24	0.02	0.01	0.4
	0.02	−0.16	−0.20	−0.42	−0.22		
SO_2	0.04	0.09	0.11	0.13	0.08	0.14	0.3
	0.19	0.04	−0.13	0.11	0.07		

2. 反演误差

车载大气污染立体分布及输送被动 DOAS 遥测系统开启后，选取浓度分别约为 400ppm、500ppm、800ppm 的 NO_2 和 SO_2 标准气体，通入样品池，每种浓度测量 6 次，记录连续 6 次的测量结果，求其算术平均值，按式（2-34）计算反演误差，反演误差优于 10%。计算结果见表 2-4。

$$A=\frac{\bar{C}-C_{S}}{C_{S}}\times 100\% \tag{2-34}$$

式中　A——示值误差；

$\bar{C}$——测量平均值；

C_S——标准气体浓度值。

NO_2 和 SO_2 计算结果　　表 2-4

组分	标准值（ppm）	标准值转换为柱浓度（ppm・m）	测量值（ppm・m）						示值误差（%）
NO_2	403	201.50	211.23	209.31	207.41	209.47	208.12	210.27	3.9
	500	250.00	255.60	258.05	255.73	259.00	258.68	259.45	3.1
	815	407.50	417.62	415.71	412.58	414.57	413.55	420.60	2.0
SO_2	4080	204.00	211.75	210.63	212.26	210.86	211.61	213.96	3.8
	499	249.50	257.35	256.78	259.13	257.23	257.93	256.67	3.2
	786	393.00	384.95	386.01	385.07	383.57	385.97	386.04	−2.0

测试结果表明，NO_2 和 SO_2 反演误差均优于 20%，达到研究要求。

2.7　网格化排放清单获取方法

在基于车载 DOAS 走航观测数据的区域分布重构中，通常被测区域内包含点、面、线及自然排放源等，车载 DOAS 在观测中选择围绕区域道路及区域内网格道路开展走航观测，将获取的污染气体柱浓度插值重构为网格化的柱浓度分布。网格化排放清单获取方法见图 2-24。

若观测区域内包含固定地基多轴 DOAS 站点，可同时将多轴 DOAS 获取的污染气体垂直柱浓度与水平分布信息引入插值，提高区域污染气体柱浓度重构准确性。

移动观测时，由于车速和积分时间不确定，获取的垂直柱浓度数据空间分辨率不均匀。根据采样点分布特征，按区域变分划分区域栅格（图 2-25），结合数据在空间位置上的变异分布，确定对待插值位置有影响的距离范围，用此范围内的测量点来估计待插值点的垂直柱浓度，重构区域污染气体垂直柱浓度分布。

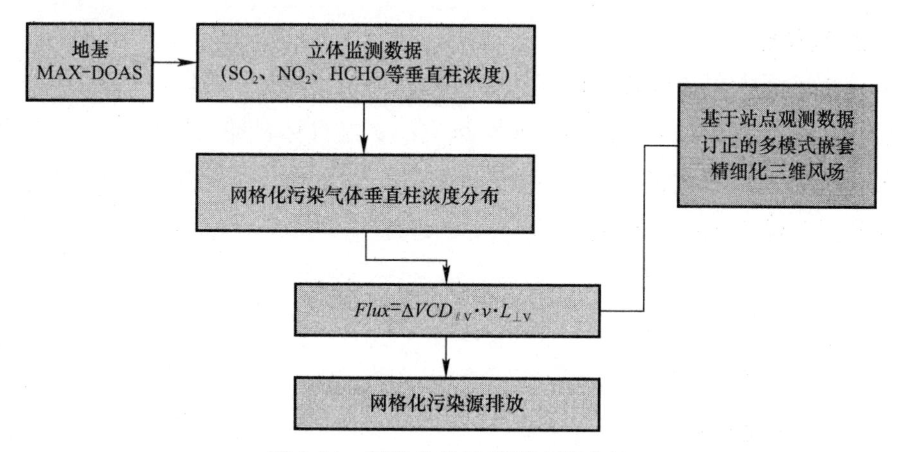

图 2-24　网格化排放清单获取方法

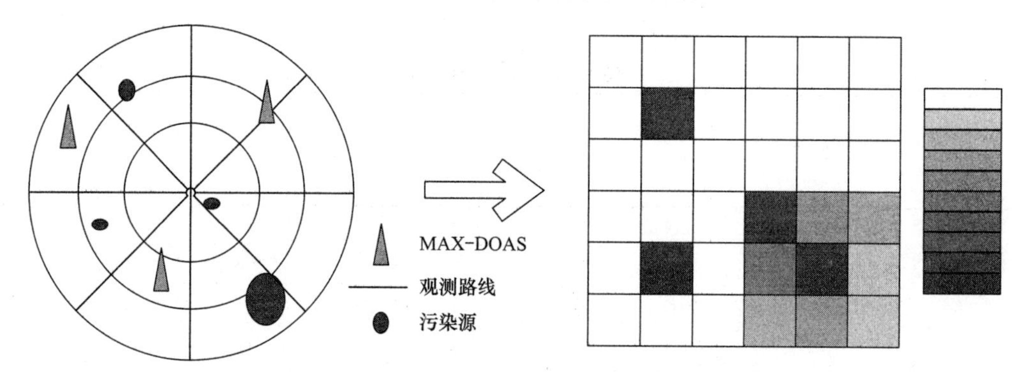

图 2-25　区域污染气体柱浓度分布的网格化重建

任意有限区域内守恒量的传输行为都可以用连续偏微分方程来描述。主要涉及三方面要素：守恒量的源、通量散度和守恒量的时间变化率。对于估算有限区域内污染物排放量而言，物质对体积的微分比例，即痕量气体的浓度，通量也就是流量密度的矢量函数，即每单位时间单位面积的痕量气体流量。

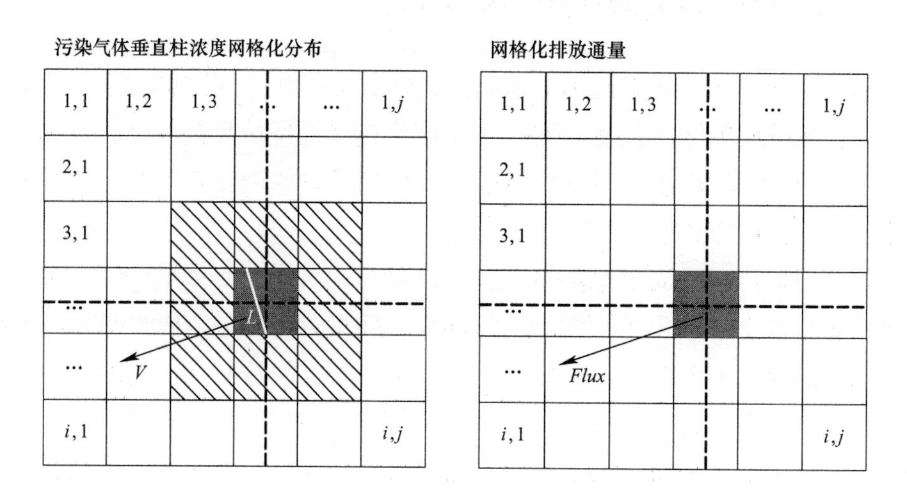

图 2-26　网格化通量计算原理示意图

对于网格化污染物的排放通量可以从网格化污染物垂直柱浓度分布和风场数据中获得，如图 2-26 所示，具体为：

$$Flux_{i,j} = \Delta VCD_{//\mathrm{V}} \cdot V \cdot L_{\perp \mathrm{V}} \tag{2-35}$$

式中　$\Delta VCD_{//\mathrm{V}}$——代表该格点处污染物垂直柱浓度在风场方向上的变化量；

V——风矢量；

$L_{\perp \mathrm{V}}$——代表在风矢量方向垂直方向的截距。

图 2-26 示意了污染物垂直柱浓度分布数据与风场数据的耦合过程。根据实际测量情况可考虑采用三种风场数据来计算污染物排放通量：地面风场数据、风廓线雷达数据和模型数据。

2.8　外场点源验证观测实验

2.8.1　实验概况

2017 年 5 月，车载大气污染源排放遥测技术系统在安徽省淮南某电厂开展了点源的观测实验，此次实验的目的旨在开展系统的对比验证、技术参数的实验测试和精度评估等，目前数据正在处理分析中，本书给出部分数据处理结果。此电厂的位置如图 2-27 所示，周边以农田为主，是较为典型的孤立点源。

图 2-27　淮南某电厂位置图

此次实验中，为了探索风场的变化对通量测量结果的影响，在当地气象部门的帮助下，在观测期间平均每天释放了 16 次探空气球，获得了风速、风向等气象要素的垂直变化信息。探空设备采用的是天象 GPS 探空仪（GPS-BL-2016 型），探空气球的释放地点位于电厂的西边，如图 2-28 所示。

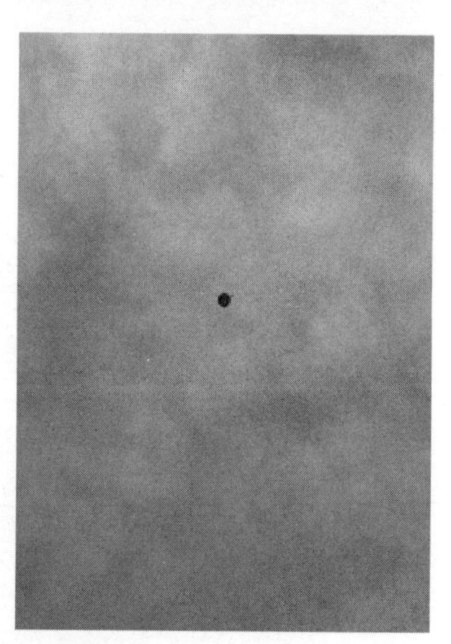

图 2-28　探空仪和探空气球释放

此外，为了探究不同车速、不同距离对测量结果的影响，在道路状况许可的条件下在电厂下风向不同距离处进行监测，获得通量结果与距离的关系。同时开展不同车速下的测量，获得车速和通量之间的关系。

2.8.2　实验结果及分析

1. 柱浓度反演

对采集的光谱进行处理，得到污染气体 SO_2、NO_2 的垂直柱浓度。对于 SO_2

拟合，拟合波段选择为 310～324nm，在这个波段内 SO_2 有三个强吸收峰。为了去除干扰，拟合过程中包含的截面有温度在 293K 时的 SO_2、NO_2、HCHO、O_3 截面以及 Ring 截面。同理，对于 NO_2 拟合，拟合波段选择为 345～365nm，除了 SO_2 反演过程中包含的截面外，NO_2 还包括在温度 298K 时的 O_4 吸收截面（表 2-5）。图 2-29 为一条测量谱的反演示例。

光谱反演所需的吸收截面　　**表 2-5**

气体截面	来源
O_4	Greenblatt et al.，1990 @298K
SO_2	Bogumil et al.，(2003)@293K
NO_2	Bogumil et al.，(2003)@293K
O_3	Bogumil et al.，(2003)@293K
HCHO	Bogumil et al.，(2003)@293K
Ring	Calculation from Frauenhofer

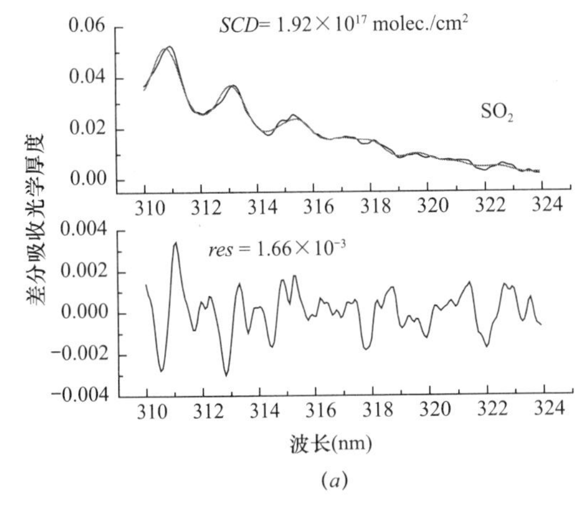

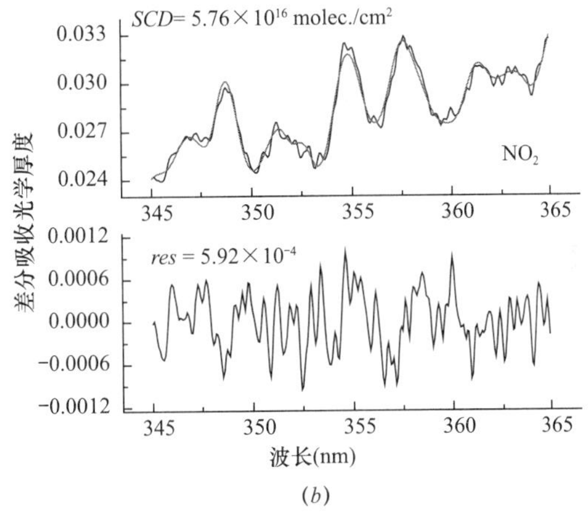

图 2-29　SO_2、NO_2 拟合效果

由图 2-29 光谱的拟合结果显示：SO_2 的 *SCD* 为 $(1.92\times10^{17}\pm6.56\times10^{15})$ molec./cm^2，NO_2 的 *SCD* 为 $(5.76\times10^{16}\pm1.53\times10^{15})$molec./$cm^2$。针对此条光谱 DOAS 的拟合误差为：$SO_2$ 3.41%、NO_2 2.66%。而针对测量路径上的所有光谱，SO_2 拟合误差小于 20%，NO_2 拟合误差小于 15%。

2. 风场垂直信息

观测时间段内，分别在上午、下午释放探空气球，根据 GPS 信号及天气状况，探空仪上升时间约 10～30min，最大上升高度约为 5000m。对探空数据的解析获得了风速、风向的垂直变化的信息，如图 2-30 所示。

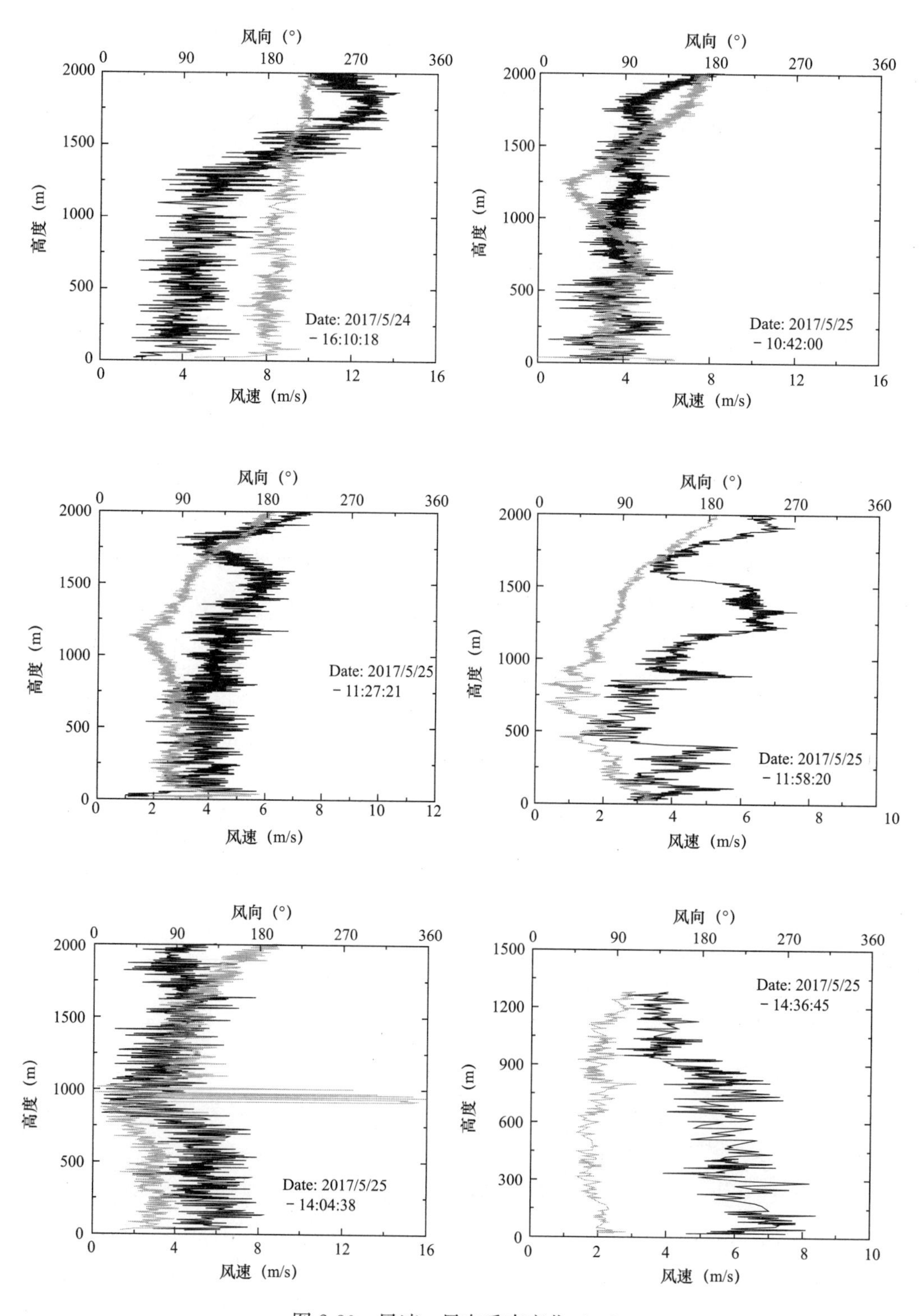

图 2-30　风速、风向垂直变化（一）

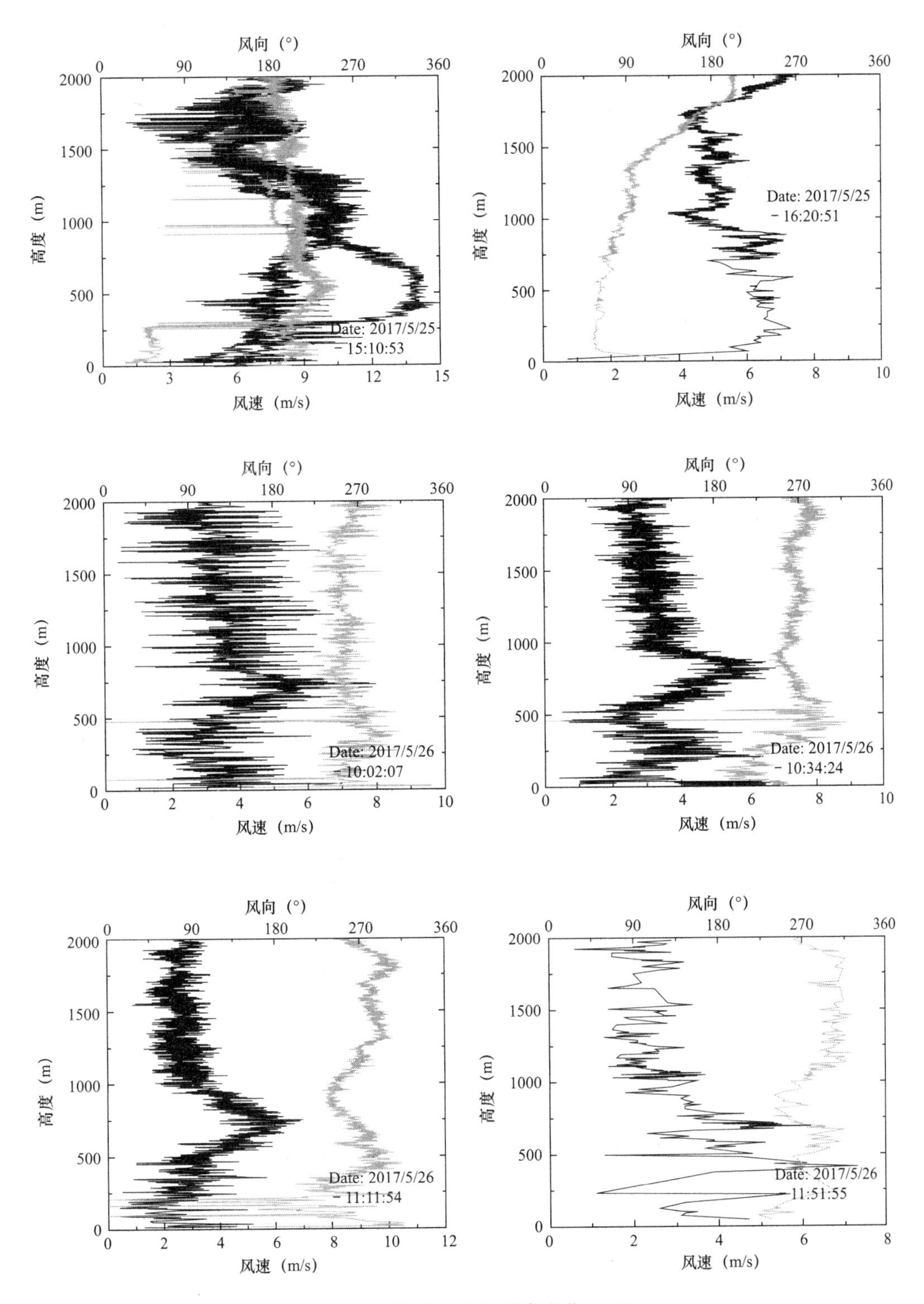

图 2-30　风速、风向垂直变化（二）

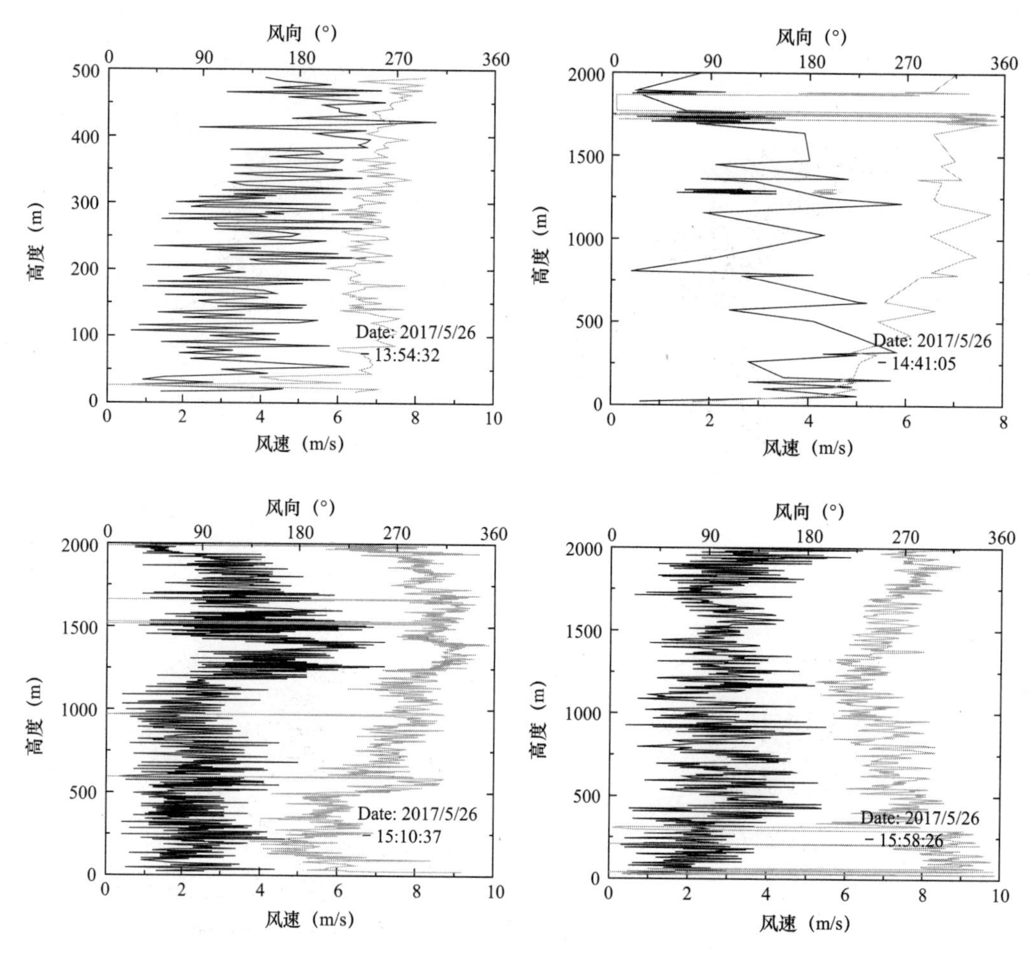

图 2-30　风速、风向垂直变化（三）

3. 不同车速、 不同距离处的柱浓度分布结果

观测期间，在西风风场的影响下，在电厂下风向开展了不同车速的监测，获得了不同车速下（20km/h、30km/h、40km/h、50km/h、60km/h）的柱浓度分布，如图 2-31 所示。

结果显示：不同车速下可明显观测到烟羽的峰值。低速下，由于采样点较多，高值点较为集中，在相对高速下高值采样点较少，NO_2 的结果表现得更为明显。此外，根据现场道路状况，开展了不同距离处 SO_2、NO_2 的柱浓度分布与排放监测，测量结果如图 2-32 所示。

4. 通量计算及分析

1）通量计算

被动 DOAS 区域污染气体输送通量监测系统对污染源排放通量进行测量时，系统输出数据为经纬度、车速、汽车行驶方向以及每个测量点上的污染气体垂直

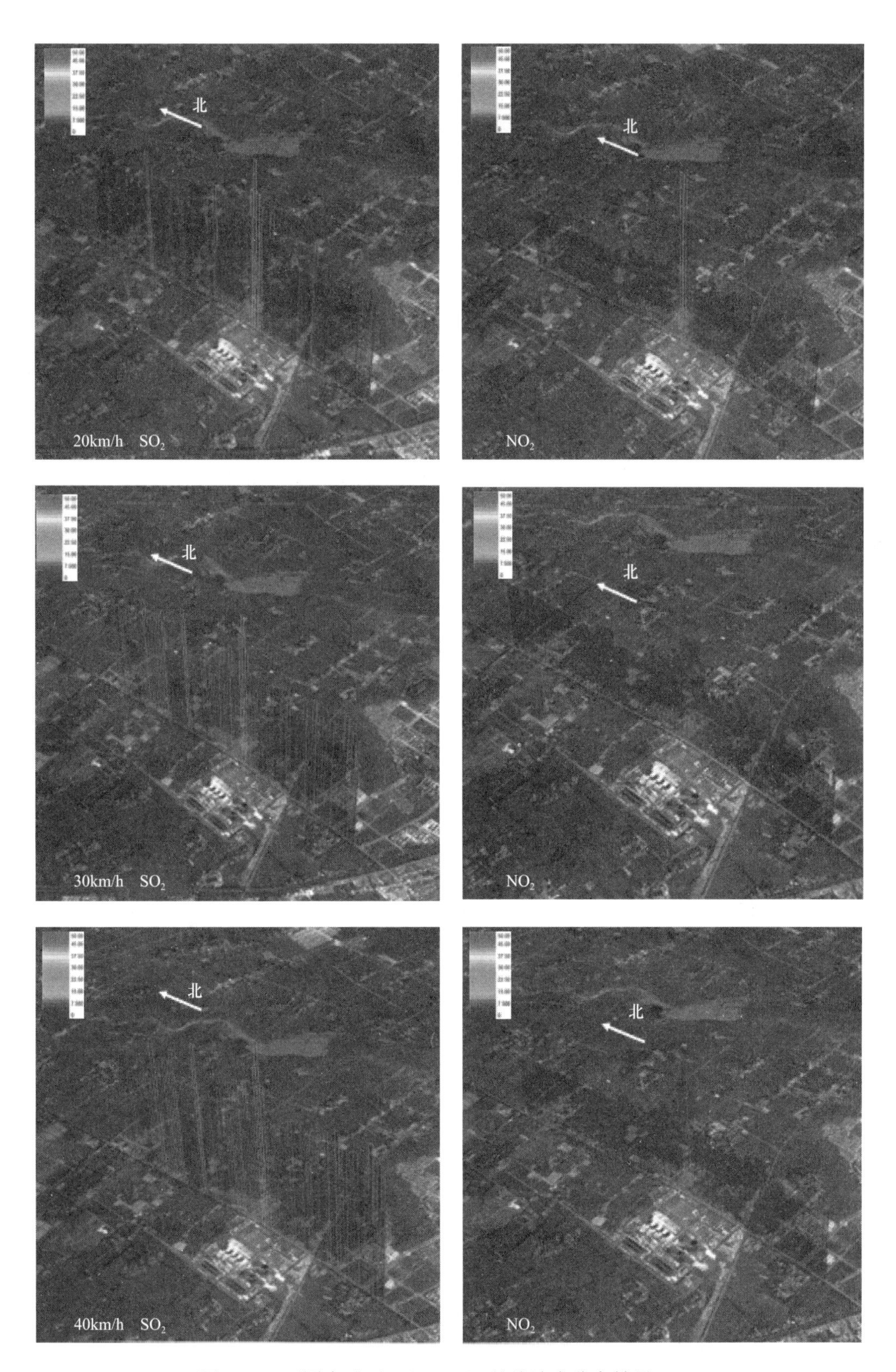

图 2-31　不同车速下 SO_2、NO_2 的柱浓度分布结果（一）

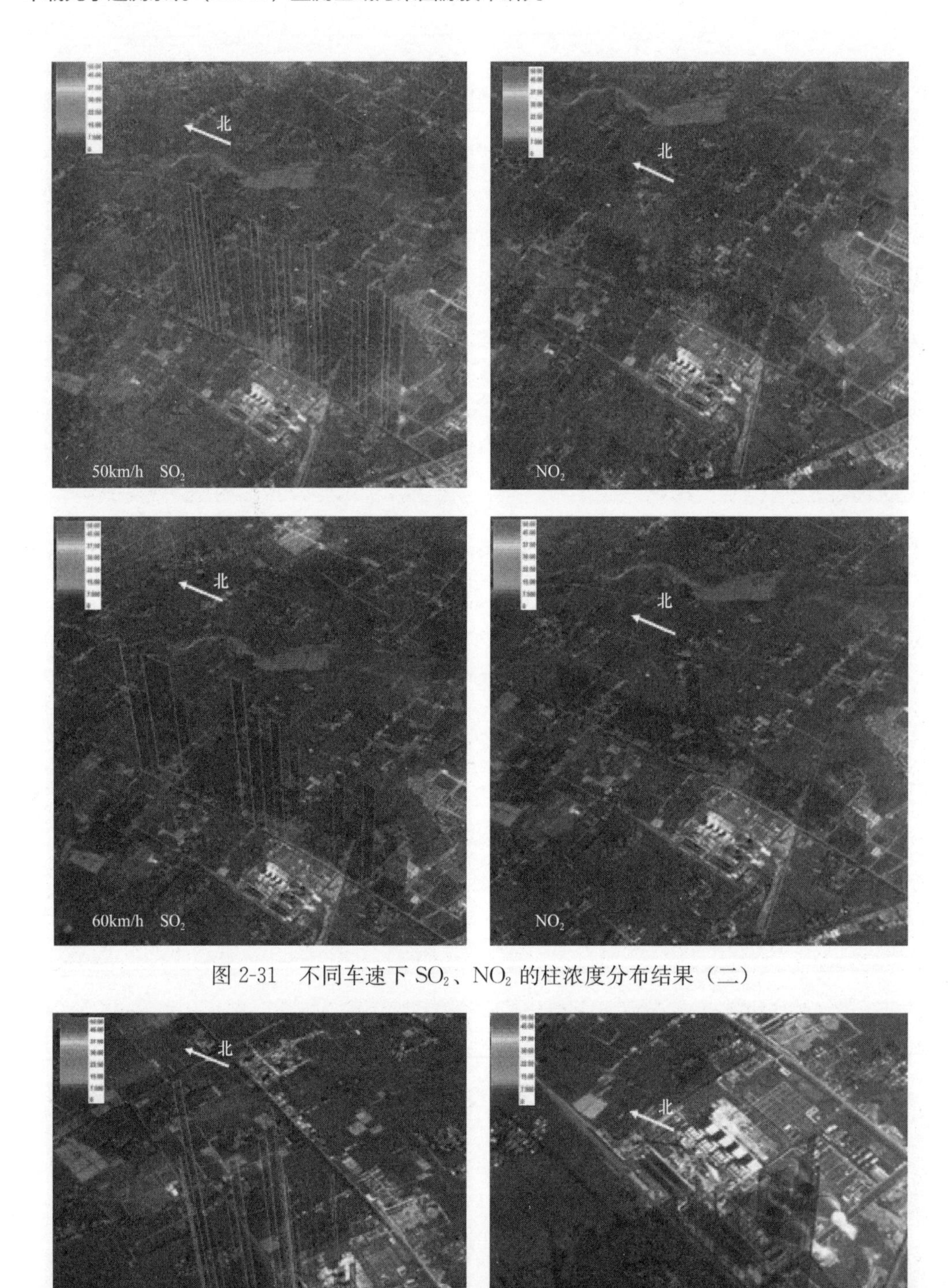

图 2-31　不同车速下 SO_2、NO_2 的柱浓度分布结果（二）

图 2-32　不同距离处 SO_2、NO_2 的柱浓度分布结果（一）

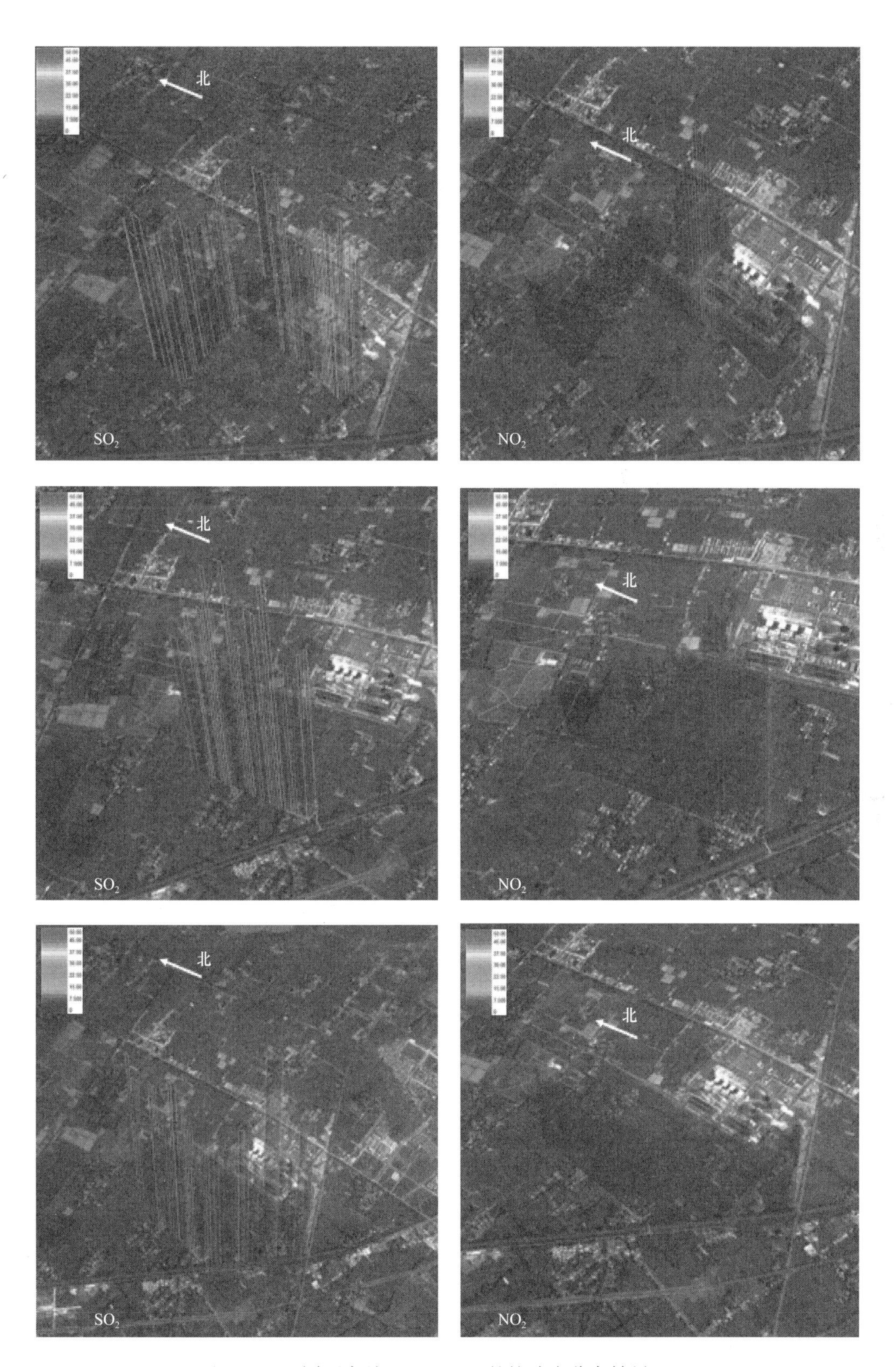

图 2-32　不同距离处 SO_2、NO_2 的柱浓度分布结果（二）

柱浓度。结合测量时的积分时间、风速，计算出污染源的污染物排放通量，其计算式为式（2-22）。

像工业区或城市这样的区域，在下风向测得的它对外的排放通量不仅包括了本区域内各种污染源的排放而且也包括了来自区域以外上风向污染气体的影响，所以为了精确获得区域内污染气体排放通量，通常采用围绕区域一周连续进行测量的方法，根据风向、风速，判断进出该区域通量的差，获得净通量，即式（2-26）。

考虑本次实验观测的污染源为孤立污染源，因此周围其他的污染可以忽略不计，在计算时通量时只需扣除环境本底污染物通量即可。

车载 DOAS 与在线监测通量对比如图 2-33 所示。

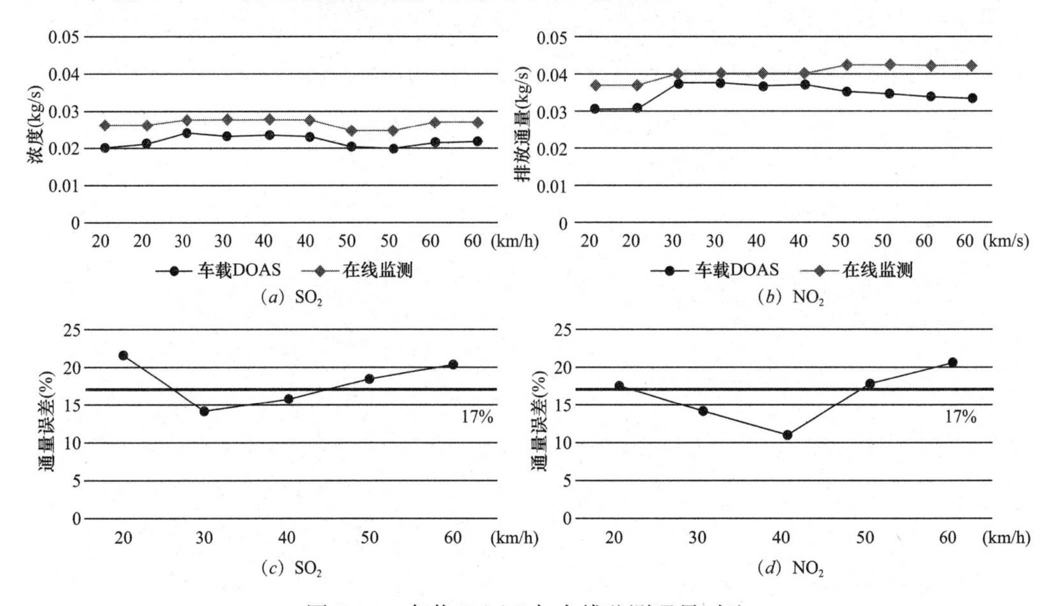

图 2-33　车载 DOAS 与在线监测通量对比

2）数据分析

（1）汽车速度的选择

在车载被动 DOAS 观测中，车速的选择是一个重要的影响因素。车速过慢，随着烟羽的排放，会导致观测烟羽的变换，从而导致排放的烟羽和车载被动 DOAS 观测的不一致。车速过快，烟羽峰值则有可能没有被 DOAS 捕捉到。不同车速的选择，则观测采样频率也会存在不同，因此，不同的采样频率会导致直接影响了车载被动 DOAS 观测实验的最终效果。基于不同车速下反演的 SO_2 以及 NO_2 柱浓度，结合通量计算式，并对比电厂 CEMS 在线监测数据，即可得出观测最佳采样频率，进而得出最佳观测车速平均值为 30～40km/h，考虑误差等因素，最佳观测平均车速为（36.21±5.44)km/h。

（2）风场的应用

通量的计算依赖风场，风场的不确定性对排放通量计算影响最大。在实验中，汽车通过在烟羽下方行驶进行烟羽剖面扫描测量，假设每条测量谱的积分时间（采样点）Δt 内，仪器运动了 Δx 距离，而烟羽在风作用下移动了 Δy 距离，此时测量过程中采样点的气体垂直柱浓度 VCD 反映的是测量烟羽的平均柱浓度。

假定烟羽流动方向（即风向）与观测剖面成 α 角，因此 Δt 内垂直通过剖面的通量可以写作：

$$F_j = VCDV_{车j}V_{风\perp j}\Delta t \tag{2-36}$$

式中　$V_{风\perp}=V_{风}\sin\alpha$ 表示了风向垂直汽车行驶方向的分量；

j——采样点；

$V_{车j}$——j 次测量期间的车速。

在通量测量计算中，将车载被动 DOAS 选取烟羽高度上的风廓数据带入进行通量计算。

在车载 DOAS 测量中，采用的是烟羽高度上的风速来计算排放通量，烟羽高度上的风速可以通过风廓线获取。

本次观测实验，带入 200m 高空风场数据计算通量，与在线监测数据对比最为接近。

3）通量计算误差分析

根据之前分析，在车速为 30～40km/h 时，烟羽高度在 200m 左右时，污染物排放通量的估算较为理想，但在计算过程中并未考虑误差因素。下面就此进行讨论。

通量的计算误差主要由风场的不确定性、柱浓度反演误差、实际 AMF 与计算 AMF 误差，以及车速误差，总误差公式为：

$$\frac{\Delta F_i}{F_i}=\sqrt{\left(\frac{\Delta\vec{W}}{\vec{W}}\right)^2+\left(\frac{\Delta SCD}{SCD}\right)^2+\left(\frac{\Delta AMF}{AMF}\right)^2+\left(\frac{\Delta s}{s}\right)^2} \tag{2-37}$$

车速的误差由 GPS 决定，本次实验的 GPS 误差为 1%，即车速误差为±0.3～0.4km/h；柱浓度反演过程中，NO_2 和 SO_2 反演误差为 15%～20%；在 AMF 模拟计算中，大气中 NO_2 的 AMF 模拟误差约为 6%，由于 SO_2 的 AMF 较为平稳，因此，SO_2 的 AMF 模拟误差可忽略。本次实验的误差最主要为风场误差，根据实测数据，风场的不确定性为 15%～33%。因此 NO_2 和 SO_2 排放通量误差为 32%和 30%。

2.9　车载 DOAS 遥测通量网格化排放清单重构仿真

为了评估基于车载 DOAS 系统的网格化排放量获取方法的可行性及误差，本节将通过 MATLAB 构建典型的高斯烟羽扩散模型，构建理想情况下单个高架点源的污染物浓度扩散数值模型，通过数值仿真的方式验证算法。

2.9.1　理想高斯烟羽扩散模型的构建

构建 1000m×100m×500m 的立体网格，在（0m，50m，50m）位置放置一个

持续排放的高架点源。在精简模型的同时充分地获取污染物扩散细节，根据典型的高斯烟羽扩散模型特点，水平距离、垂直距离、垂直高度的空间分辨率分别设置为10m、1m、1m。

结合现实情景，模型以SO_2排放为例。假设气体衰减率为0，即污染气体自烟囱排出后在扩散过程中，不发生化学转化。该高架点源SO_2的排放量为0.5kg/s，排放烟囱高度定为50m，风速为1m/s。基于以上设置，分别截取高度为0m、50m、100m、500m截面，构建了污染物浓度扩散模型，如图2-34所示。

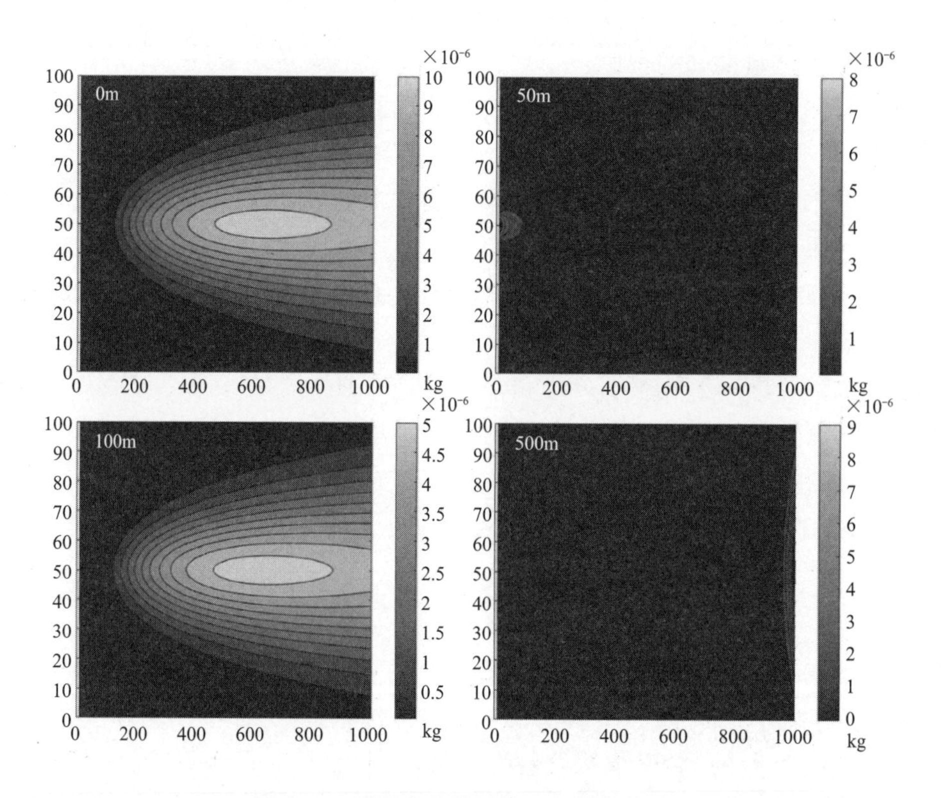

图2-34　不同高度截面的SO_2扩散分布

50m高度高架点源在扩散至500m高度时，污染物浓度已处在极低水平。根据本书1.2节介绍的被动DOAS原理，车载被动DOAS系统实际测量的是污染层整层的积分柱浓度，为了满足仿真需要，我们将三维高斯烟羽扩散数值模型在z方向积分，降一维获取典型的高架点源扩散的SO_2柱浓度分布，如图2-35所示。

最终通过数值仿真得到在1m/s风场下，高50m处SO_2排放量为0.5kg/s的高架点源在100m×1000m仿真区域内柱浓度的扩散情况。在柱浓度分布的基础上，选择有限x方向数据及y方向数据，作为虚拟的观测路线，最终得到模拟的车载被动DOAS数据，如图2-36所示。

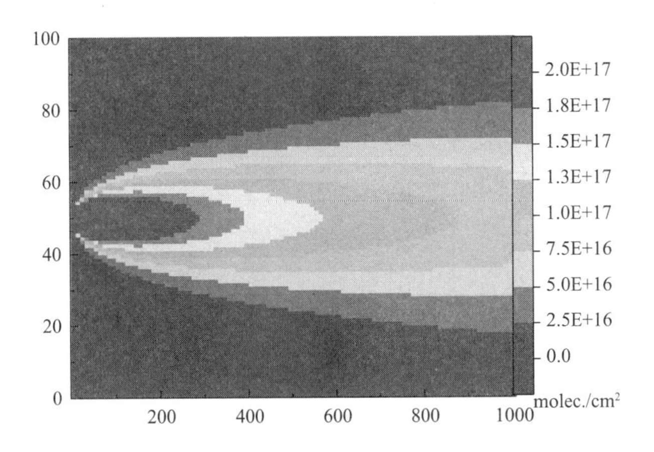

图 2-35　典型的高架点源扩散的 SO_2 柱浓度分布

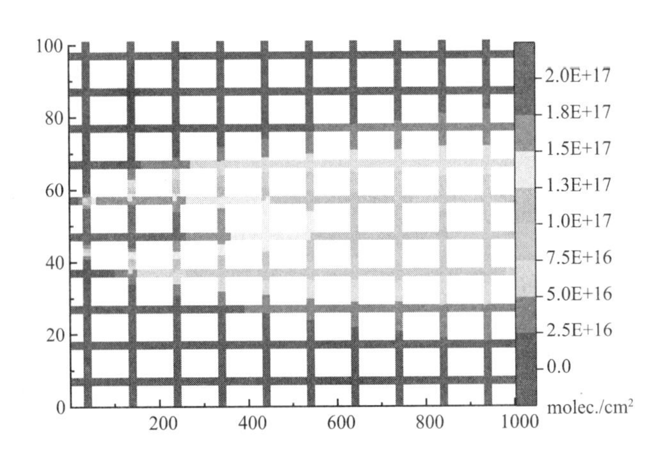

图 2-36　模拟的车载被动 DOAS 数据

2.9.2　污染物柱浓度分布重构

理想高斯烟羽扩散的数值模拟结果，结合模型的风场设定，运用风场约束的柱浓度分布蒙特卡洛空间条件模拟，可以实现模型区域 SO_2 柱浓度分布的重构以及重构误差评估。风场设置为西风，偏移角度设置为±15°。

对比重构结果与原始的模拟结果，两图 SO_2 柱浓度分布一致，无明显差异，完美地再现了 SO_2 柱浓度高值区域，但对于柱浓度数值极低的区域，由于算法限制未能很好地模拟，但在实际中，不存在类似的极低数值。因此在对实际大气的模拟中，对于污染气体柱浓度的低值区域，会有更好的模拟效果。

将重构结果与原始的高斯烟羽扩散的数值模拟结果，统一空间坐标系后求二者相关性，在不去除极低值区域带来的误差条件下，模拟结果与重构结果的皮尔森相关系数达到 0.96，两者高度相关，由相关性系数证明了风场约束的柱浓度分布蒙特卡洛空间条件模拟的重构效果，如图 2-37 所示。

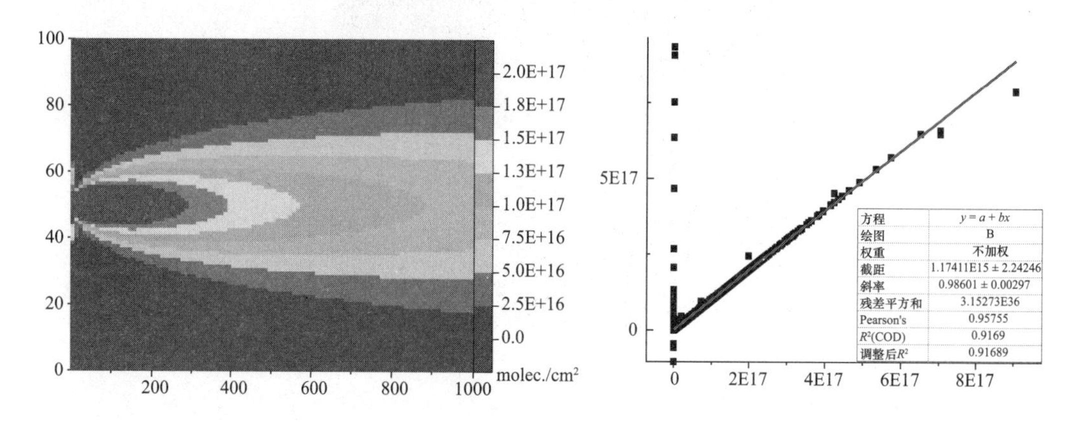

图 2-37　柱浓度分布蒙特卡洛空间条件模拟的重构效果

为了定量获取网格化排放清单的误差，柱浓度重构误差也是模拟的重要输出，因此，为了评估风场约束的柱浓度分布模拟方法的误差模拟效果，将蒙特卡洛空间条件模拟误差同模拟值相对于真实值的相对误差对比，得到如图 2-38 所示的重构误差分布结果。

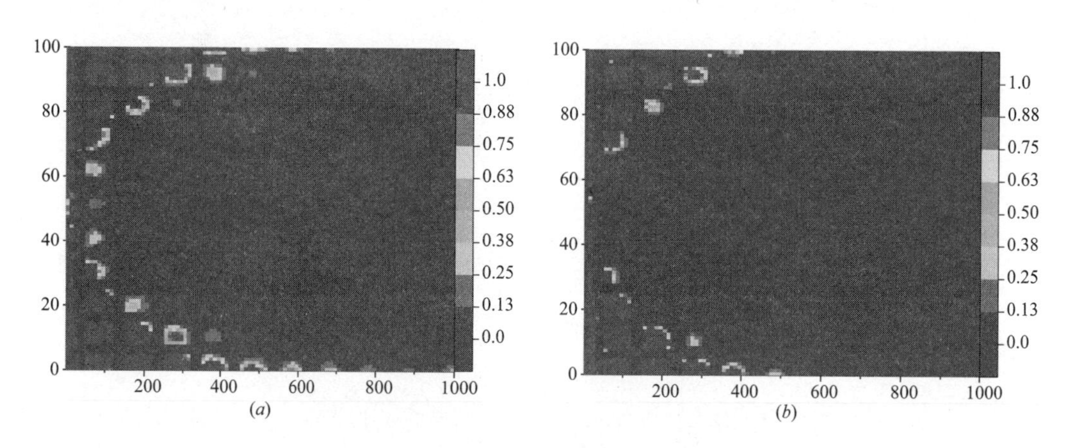

图 2-38　重构误差分布对比

图 2-38（*a*）为风场约束的柱浓度分布蒙特卡洛空间条件模拟方法获取的不确定性误差，图 2-38（*b*）为蒙特卡洛空间条件模拟重构结果相对于数值模型的相对误差。由两图误差分布结果，可以得到结论：基于数学统计方法的蒙特卡洛空间条件模拟获取的误差与实际的相对误差在分布上无明显差异。风场约束的柱浓度分布蒙特卡洛空间条件模拟模的误差分析真实地评价了模拟效果。

2.9.3　排放量仿真计算及排放量误差评估

由于构建的是理想高斯烟羽扩散模型，因此可以通过下风向模拟的车载观测路径获取污染源的排放通量。根据上面的模拟结果，分别在 y=40、140、240、340、440、540、640、740、840、940 等位置上模拟了 10 条观测路线。对虚拟的 10 条观测路径分别计算排放量，并计算其相对于数值仿真源强的相对误差，结果如图 2-39 所示。

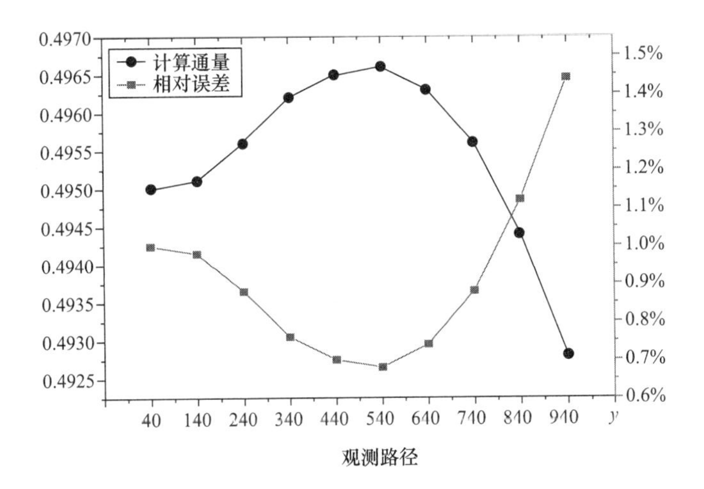

图 2-39　重构误差分布对比

由排放量估算结果，相对误差均在 1.5%以下，证明了算法的可靠性。但在不同观测路径下，估算通量相对误差略有差异，在 y=500m 位置处，存在最佳观测距离。

基于被动 DOAS 系统的排放清单获取方法可以实现网格化排放量的获取，风场为 1m/s 的均一西风，耦合柱浓度分布，计算网格化排放量结果如图 2-40 所示。

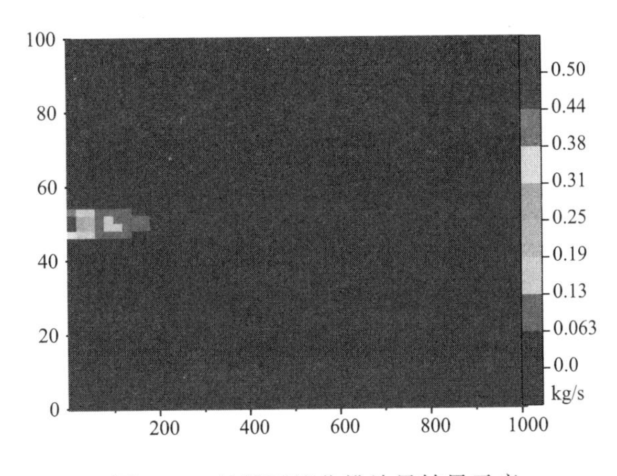

图 2-40　计算网格化排放量结果示意

利用基于被动 DOAS 系统的排放清单获取方法，处理数值仿真数据，实现了污染源位置定位及排放源强计算。污染源定位至（0，50）坐标处，同初始的高架点源位置一致，该位置排放量计算为 0.509kg/s，较数值仿真源强的相对误差为 1.8%。

第 3 章
京津冀大气面源污染分布及排放特征

京津冀大气面源污染分布及排放既是学术问题，也是社会热点问题。利用车载DOAS对污染进行走航观测是核心手段，气象作为污染形成的一个重要影响因素，在观测中必不可少，因此针对京津冀大气面源污染分布及排放问题，车载DOAS走航观测以气象预测为前提，特征分析以气象观测作为基础。3.1节主要内容为观测结果，作为污染特征分析的基础，在3.2节特征分析中以污染物特征分析为主。

3.1 观测结果

2017年春、夏、秋、冬四季以及2018年春、夏两季观测共计42天，车载DOAS有效获取数据10万余条，行驶里程共计2万余千米，气象观测数据1200GB，服务器工作时长2300小时。

3.1.1 观测区域及路线设置

实验方案主要包含了两大部分，分别是北京市重点区域的绕行路线以及城市间输送通道的走航观测，重点关注于老城区、商业集中区、重点工业区、预期改造区以及未来发展战略区等区域的污染物排放情况。观测区域以及路线设置如图3-1所示。

图3-1 观测区域以及路线设置

1. 针对北京城区的观测

北京城区观测涵盖了北京重要环路、重要的放射线、商业集中区、十里河建材城以及北京大兴国际机场，如图 3-2 所示。

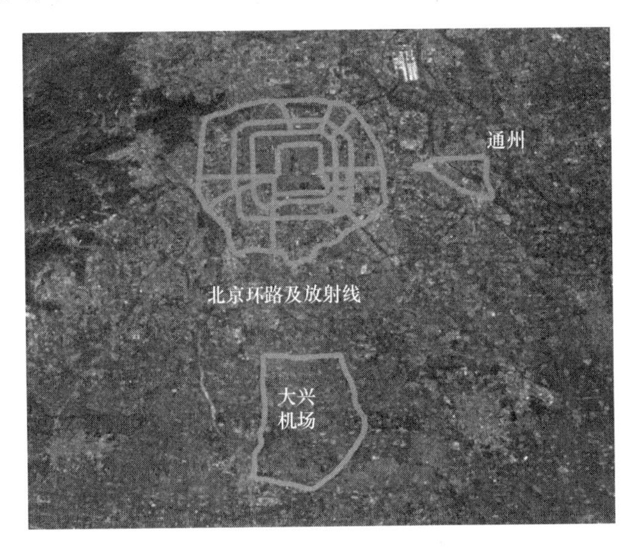

图 3-2　北京城区观测路线

2. 针对北京及其他城市连接线的观测

针对污染物的输送通道及输送通道截面，设计了北京—张家口、北京—唐山、北京—天津—沧州、北京—保定—沧州、北京—保定—石家庄走航观测路线，如图 3-3 所示。

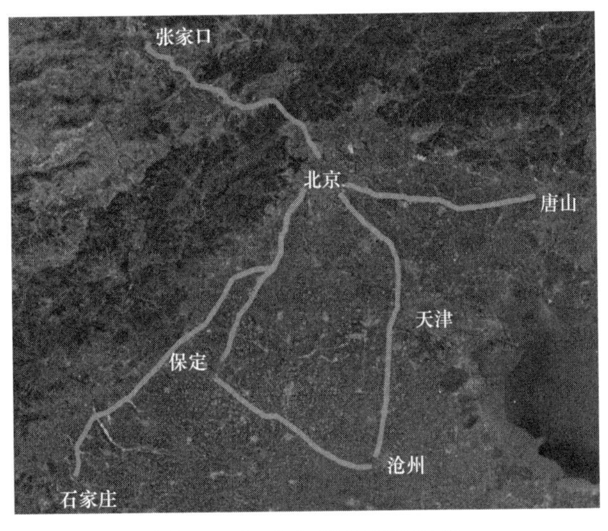

图 3-3　城市连接线观测路线

3.1.2　2017 年春季观测结果

在 2017 年 4 月 22 日至 5 月 1 日进行了为期 9 天的春季观测，春季观测时间见表 3-1。

春季观测时间表

表 3-1

日期	时间	区域	天气
4 月 22 日	9：30～15：00	北京内环、二环、五环	晴，西南风，3～4m/s
4 月 23 日	9：30～15：00	北京三环、四环	晴，偏东风，2～3m/s
4 月 24 日	9：30～15：00	环路放射线、国贸 CBD、十里河	晴，偏西风，3～4m/s
4 月 25 日	9：30～15：00	通州区	晴，偏北风，1～2m/s
4 月 26 日	9：30～14：30	北京大兴国际机场	晴，偏北风，3～4m/s
4 月 27 日	9：30～15：00	北京—唐山、北京—石家庄	晴，偏西风，5～6m/s
4 月 28 日	9：00～15：00	北京—张家口	晴，西北风，3～4m/s
4 月 30 日	9：00～15：00	北京—保定—天津	晴，偏南风，3～4m/s
5 月 1 日	9：00～15：00	北京—沧州	晴，偏东风，3～4m/s

1. 气象观测结果

1）北京主城区

（1）大气环流特征

2017 年 4 月 22 日，地面天气图显示：京津冀地区位于东北低压和湘赣高压之间，受气压梯度力影响，京津冀地面以西南风为主，且 08：00～17：00 地面风速不断加大；北京地区中午前后南风开始加大。在 8 时 54511（北京）站探空图上可看到，925hPa 以下为逆温层（图 3-4）。

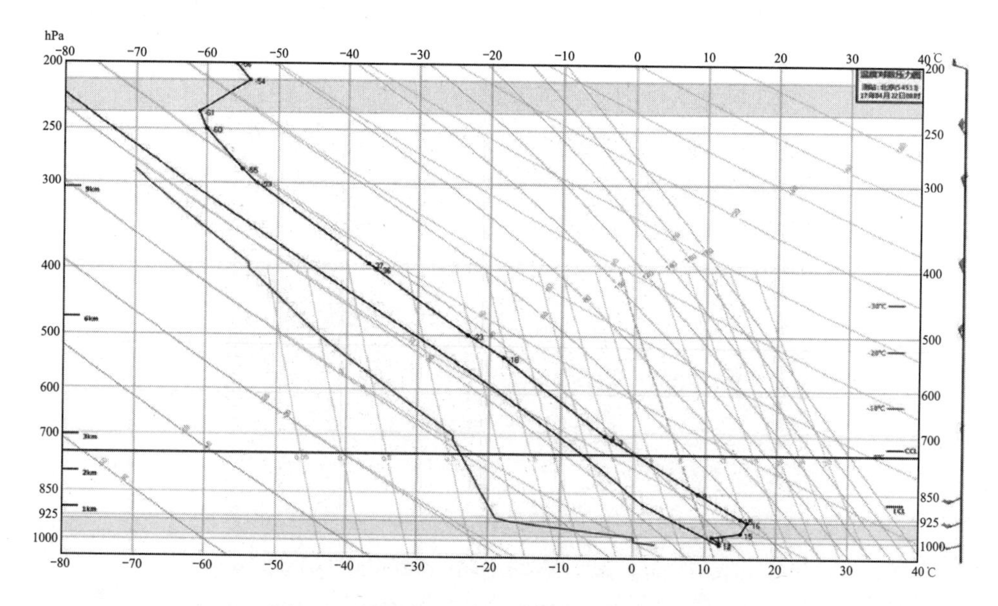

图 3-4　2017 年 4 月 22 日 8 时探空图（北京）

2017 年 4 月 23 日，地面天气图显示：08：00～17：00 南亚低压外围 1007.5hPa 线不断向东延伸，京津冀地区地面风场由东北风逐渐转为东南风，北京地区上午以东北风为主，下午转为东南风，风速也略有增大。8 时 54511（北京）站探空图上，整层湿度很小，850hPa 以下没有逆温层（图 3-5）。

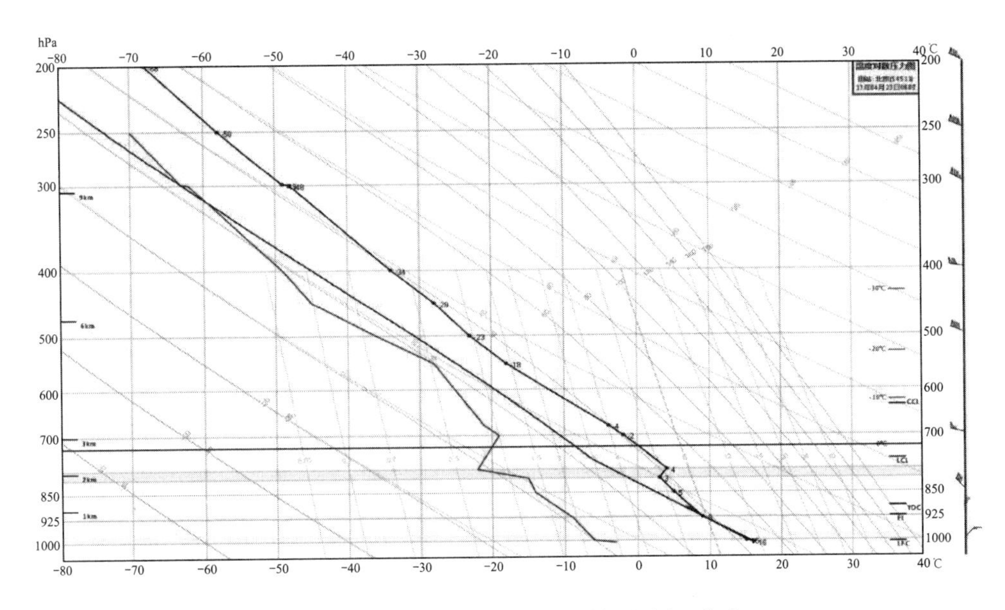

图 3-5　2017 年 4 月 23 日 8 时探空图（北京）

（2）气象条件分析

2017 年 4 月 22 日，观测结果显示：观测时段（9：00～15：00）内，主城区以西南风（朝阳站和观象台站）或西南偏南风（海淀站和丰台站）为主，平均气温 23.0℃，平均相对湿度 21.3%，平均风速 4.9m/s，观测时段内的风速呈明显的上升趋势，午后的风速基本大于 6m/s（图 3-6）。

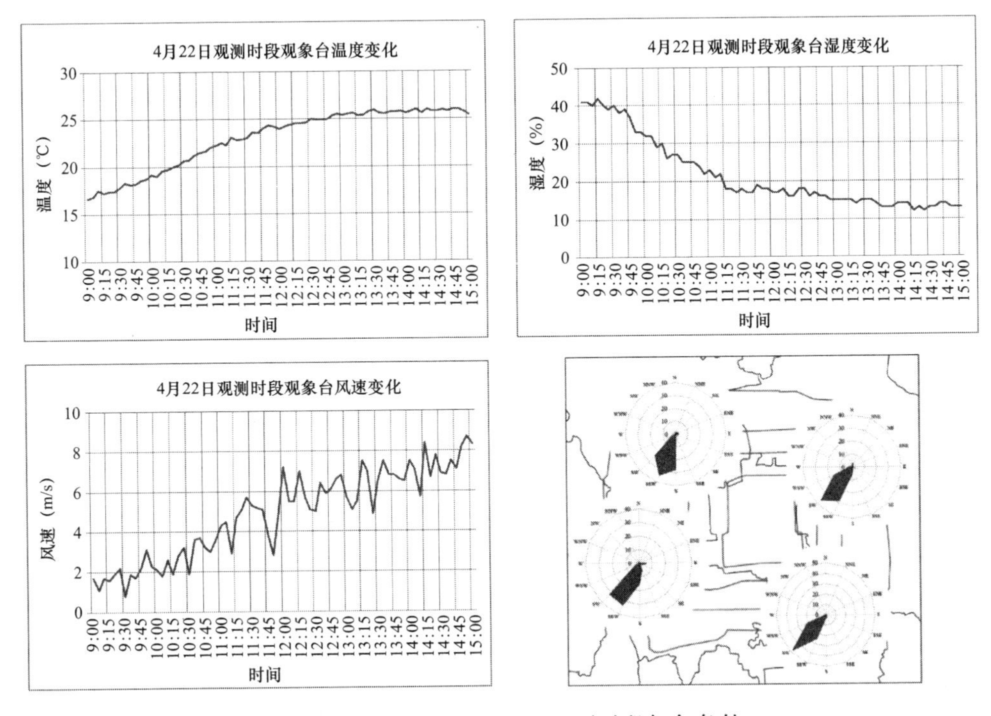

图 3-6　2017 年 4 月 22 日观测时段气象条件

2017年4月23日，观测结果显示：观测时段（9：00～15：00）内，主城区以东北风（海淀站和观象台站）或东北偏东风（朝阳站和丰台站）为主，平均气温21.0℃，平均相对湿度16.9%，平均风速3.3m/s，其中9：00～12：00间的平均风速约4.0m/s，12：00～15：00间的平均风速约2.5m/s，午后的风速明显减弱（图3-7）。

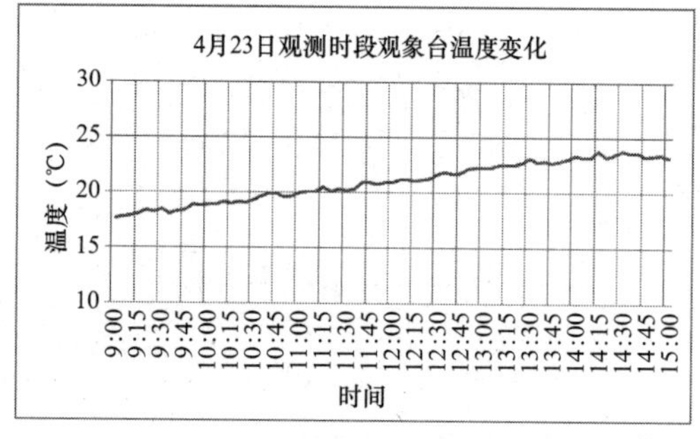

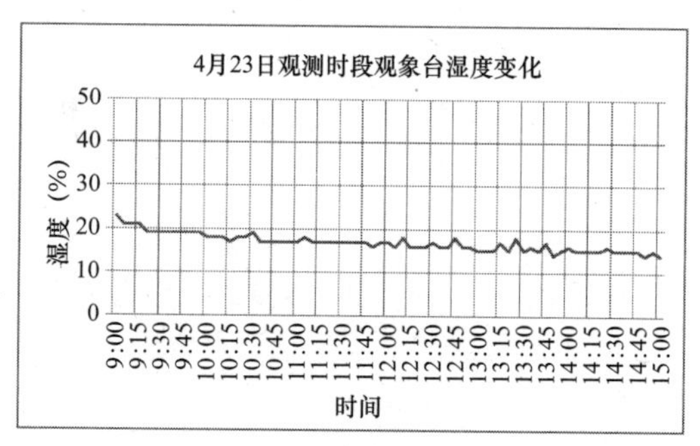

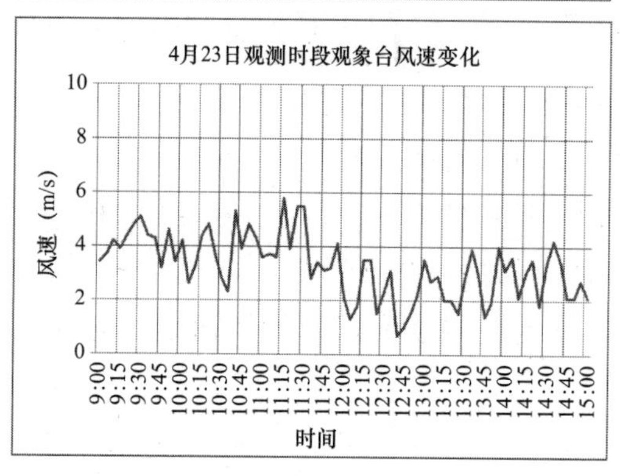

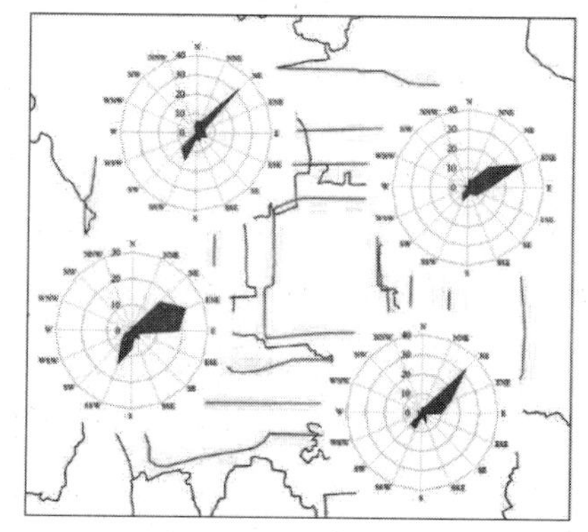

图3-7　2017年4月23日观测时段气象条件

（3）三维风场模拟

2017年4月22日，CALMET模拟结果显示：北京主城区以偏南风为主（图3-8）。低层风场（10m）风速较小，且受近地面地形及建筑影响，在城区出现一些风向扰动；由于北京二环内主要为老城区，平均建筑物高度较低，下垫面粗糙度略小，当风吹向城市时，高密度建设的城市粗糙度大，使得近地面风速减小，进入老城区时由于粗糙度减小而风速有所增大，因此，在二环内存在一风速较大区域。高层风场（200m）不受城市建设影响，风场为平直的西南风，风速较大。

2017年4月23日，CALMET模拟结果显示：北京主城区以偏东风为主（图3-9）。低层风场（10m）整体风速较小，二环内仍有风速大值区。高层风场（200m）为偏北风，风速较大，城区外的西北和东南部为大风速区。

2）通州区域

（1）大气环流特征

2017年4月25日，地面天气图显示：8：00～17：00，京津冀地区维持在蒙古高压前部控制，地面风速较大，北部以西北风为主，中、南部以东北风为主，其中北京通州基本上以西北风为主且风速较大。8 时 54511（北京）站探空图 850hPa 以下没有逆温，且湿度很小（图 3-10）。

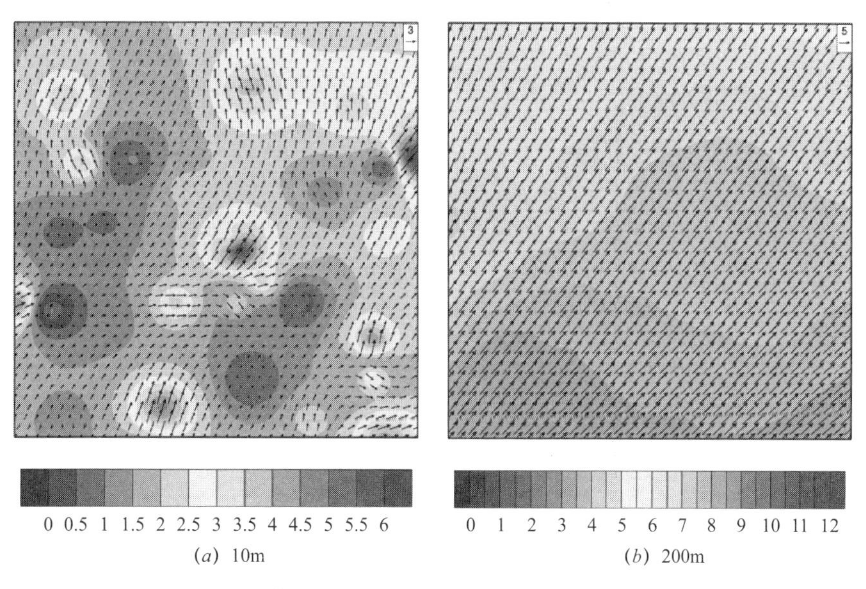

图 3-8　2017 年 4 月 22 日北京主城区 CALMET 模拟结果

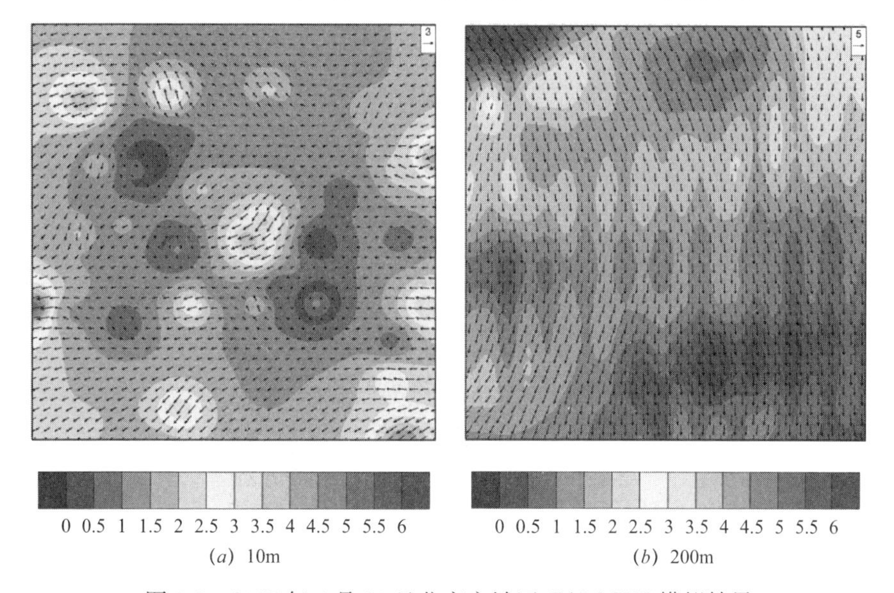

图 3-9　2017 年 4 月 23 日北京主城区 CALMET 模拟结果

（2）气象条件分析

2017 年 4 月 25 日，观测结果显示：观测时段（9：00～15：00）内，通州区以西北偏北风为主，平均气温 16.4℃，平均相对湿度 18.1%，平均风速 3.0m/s，观测时段内的风速呈微弱的下降趋势（图 3-11）。

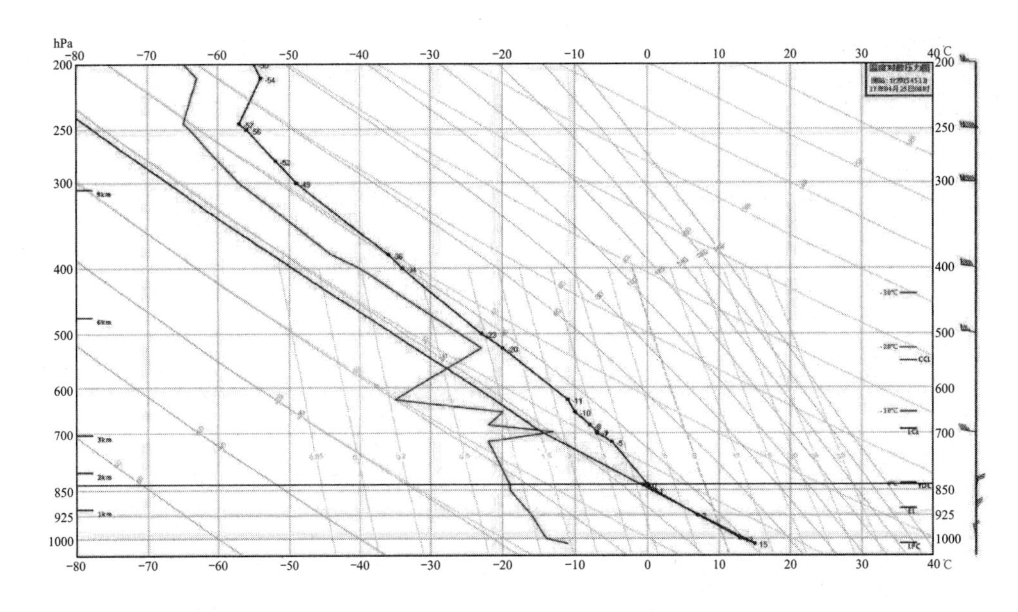

图 3-10　2017 年 4 月 25 日 8 时探空图（北京）

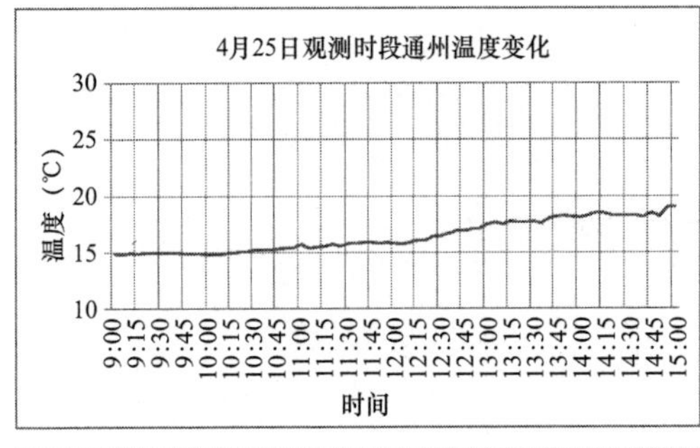

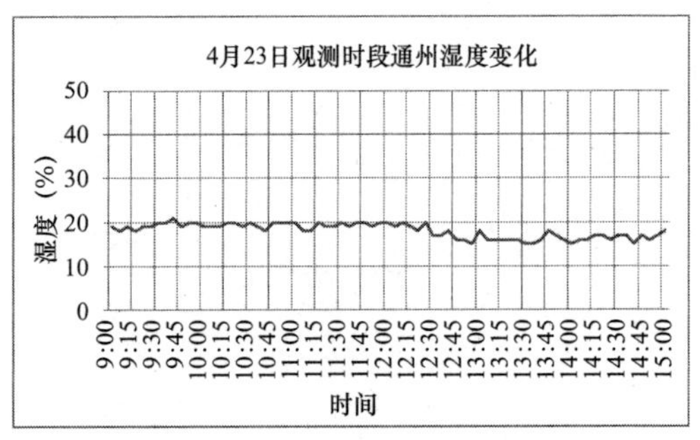

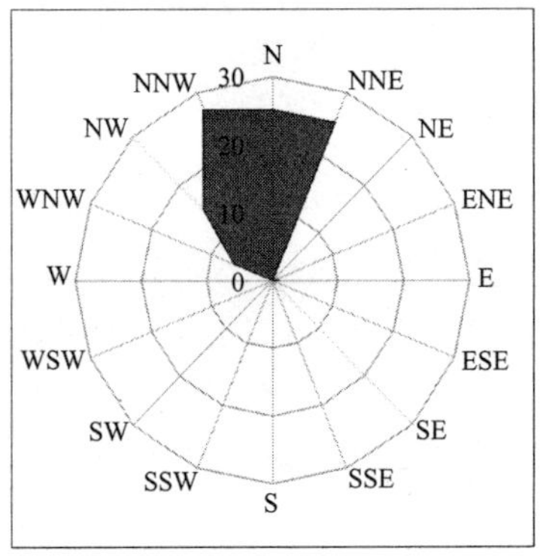

图 3-11　2017 年 4 月 25 日观测时段气象条件

（3）三维风场模拟

2017 年 4 月 25 日，CALMET 模拟结果显示：通州区域以偏北风为主；低层风场（10m）和高层风场（200m）均体现为城区风速小、城郊风速大的特征；高层风速大于低层（图 3-12）。

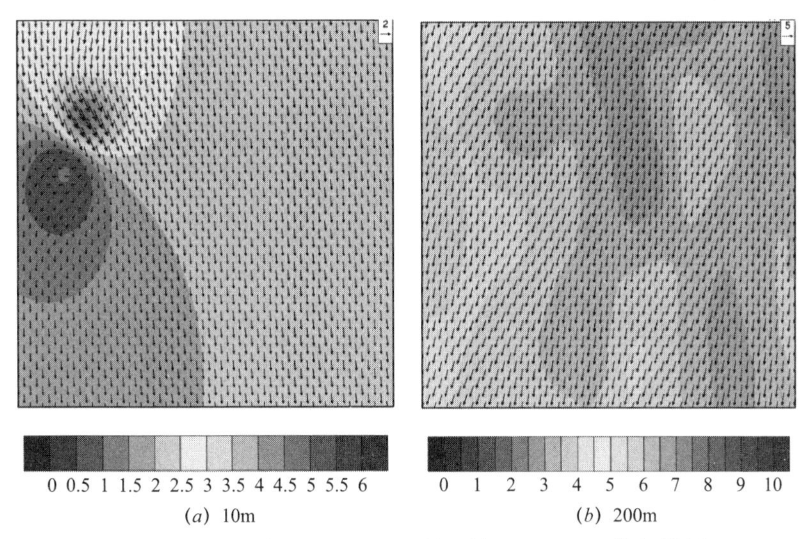

(*a*) 10m　　(*b*) 200m

图 3-12　2017 年 4 月 25 日通州区域 CALMET 模拟结果

3）北京大兴国际机场区域

（1）大气环流特征

地面天气图显示：京津冀地区位于蒙古高压前部控制，等压线比较密（即气压梯度较大），以西北风为主，地面风力也较大。北京南部地区以偏北风为主，8 时风力较小（2m/s），14 时以后风力逐渐加大（6m/s）。8 时 54511（北京）站整层湿度非常小，没有逆温。

（2）气象条件分析

2017 年 4 月 26 日，观测结果显示：观测时段（9：00～15：00）内，新机场地区的主导风为北风和东北偏北风，平均气温 20.8℃，平均相对湿度 14.8%，平均风速 3.4m/s，观测时段内的风速变化较为平稳（图 3-13）。

（3）三维风场模拟

2017 年 4 月 26 日，CALMET 模拟结果显示：北京大兴国际机场以偏北风为主，整体风速较大；高层风场风速大于低层（图 3-14）。

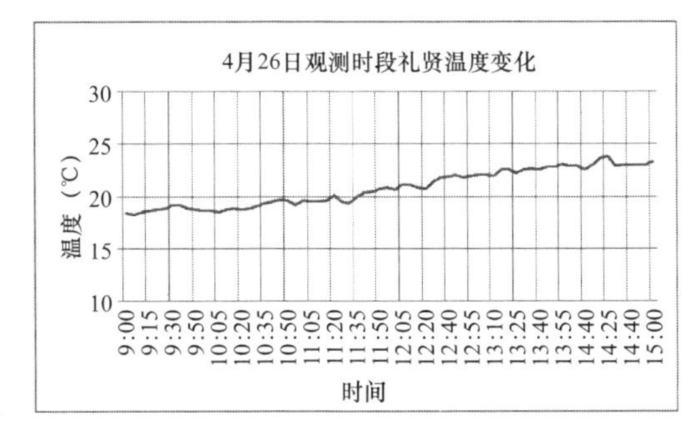

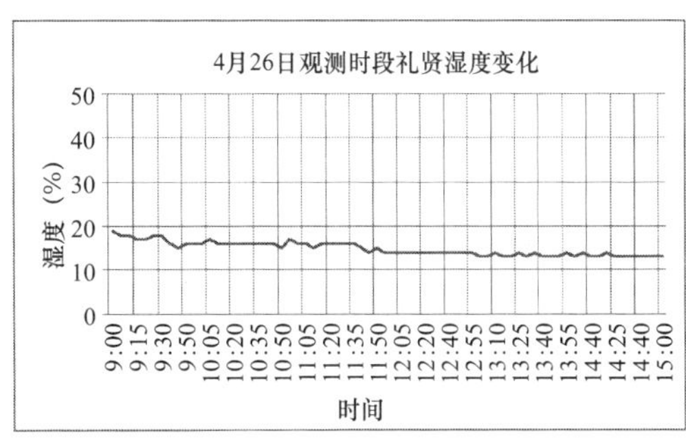

图 3-13　2017 年 4 月 26 日观测时段气象条件（一）

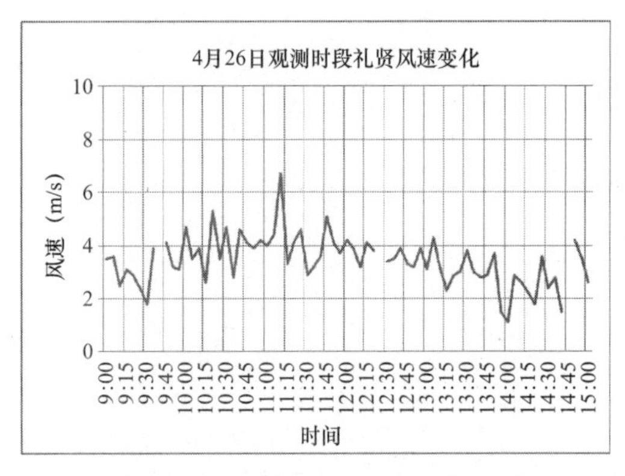

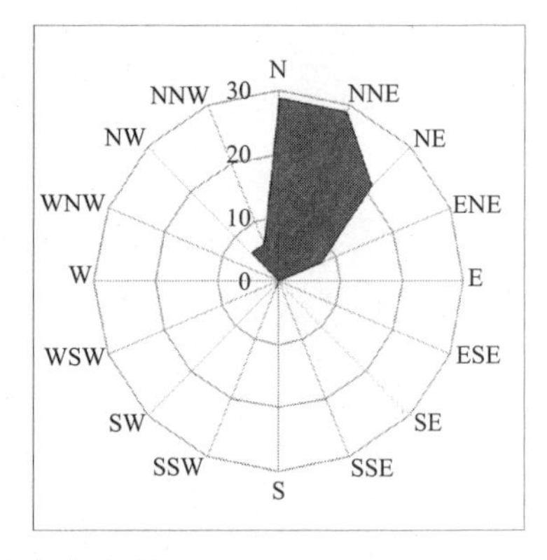

图 3-13　2017 年 4 月 26 日观测时段气象条件（二）

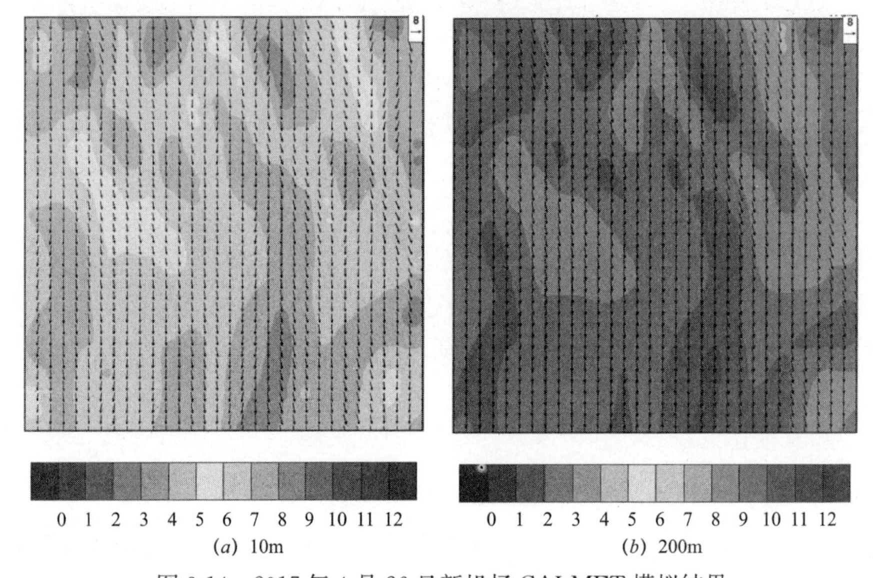

图 3-14　2017 年 4 月 26 日新机场 CALMET 模拟结果

4）北京—石家庄—唐山

（1）大气环流特征

2017 年 4 月 27 日，地面天气图显示：蒙古高压前部有冷空气分裂南下，受气压梯度力影响，京津冀地面风场由西北风转为偏西风。北京地区午后风力较大（6m/s），唐山地区亦午后风力加大（6～10m/s），石家庄地区风力偏小（2～6m/s）。

8 时 54511（北京）站、53798（邢台）站和 54539（乐亭）站近地面均有一逆温层，其中邢台逆温层较厚，湿度均很小（图 3-15～图 3-17）。

（2）三维风场模拟

2017 年 4 月 27 日，WRF 模拟结果显示：北京—石家庄—唐山区域以偏北风为主，整体风速较大；西北和东南区域为大风速区；高层大风速区范围和风速均增大（图 3-18）。

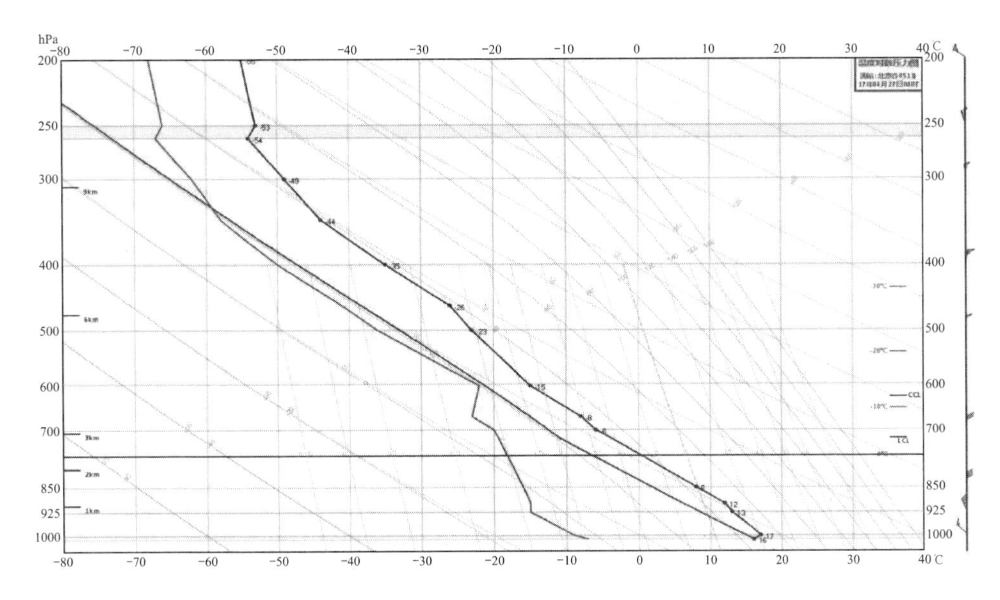

图 3-15　2017 年 4 月 27 日 8 时探空图（北京）

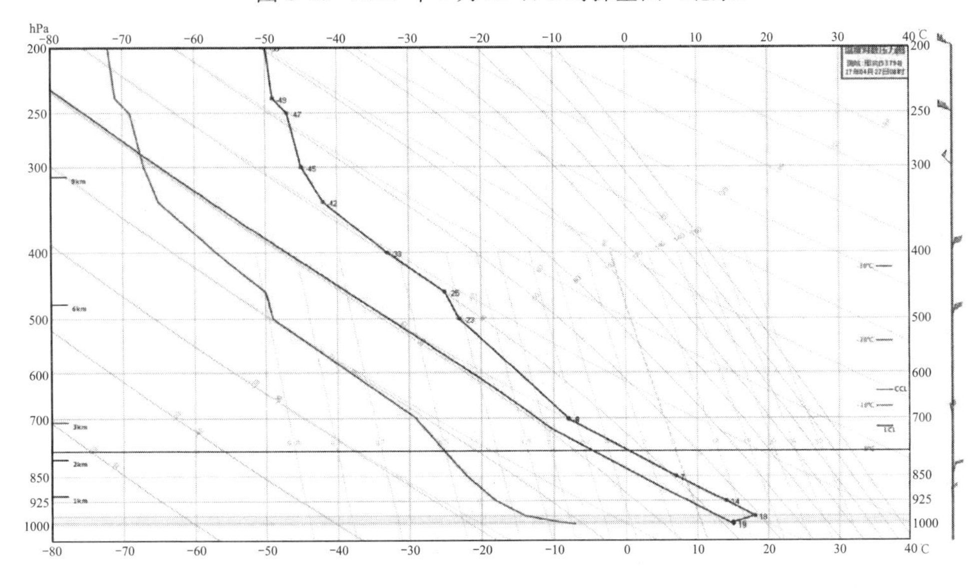

图 3-16　2017 年 4 月 27 日 8 时探空图（邢台）

5）北京—张家口

（1）大气环流特征

2017 年 4 月 28 日，地面天气图显示：京津冀地区为高压前部，大部分地区以偏西风为主。京津冀西北部地区以西北风为主，午后风力加大（6～12m/s）；北京地区以偏西风为主，风力偏小（2～6m/s）。

54511（北京）站 8 时探空图可以看到，近地面有浅薄的逆温层，整层湿度很小（图 3-19）。54401（张家口）站 8 时探空图，近地面没有逆温层，整层湿度也很小（图 3-20）。

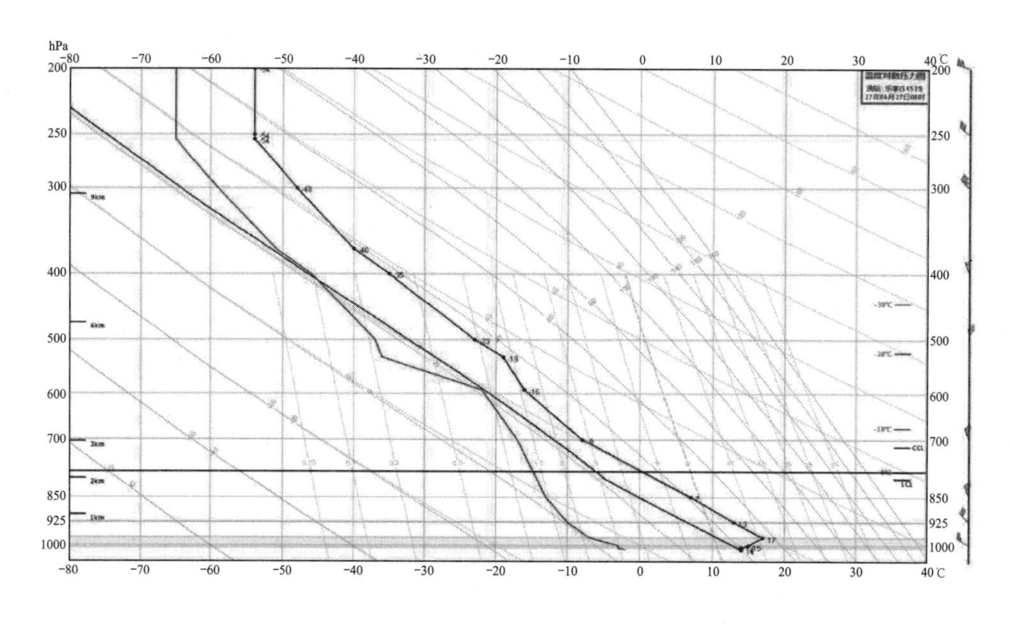

图 3-17　2017 年 4 月 27 日 8 时探空图（乐亭）

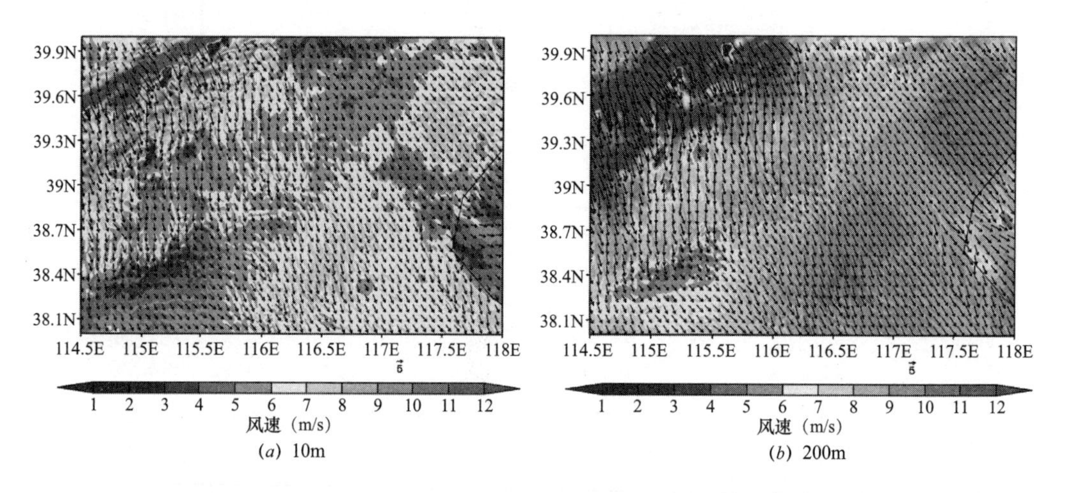

图 3-18　2017 年 4 月 27 日北京—石家庄—唐山 WRF 模拟结果

（2）三维风场模拟

2017 年 4 月 28 日，WRF 模拟结果显示：北京—张家口区域以西北风为主，整体风速较大；西部区域风速大于东部；高层大风速区范围和风速均增大（图 3-21）。

6）北京—保定—天津

（1）大气环流特征

2017 年 4 月 30 日，地面天气图显示：京津冀南部、东南部地区呈一个气旋性的风场，东部、东北部、中部以偏东风为主，西北部地区以西北风为主；京津冀北部地区以偏东风为主，中、南部地区以东北风为主。北京地区以东南风为主，风力较小；天津、保定以偏东风为主，8：00～14：00 风力较大（4～8m/s）。

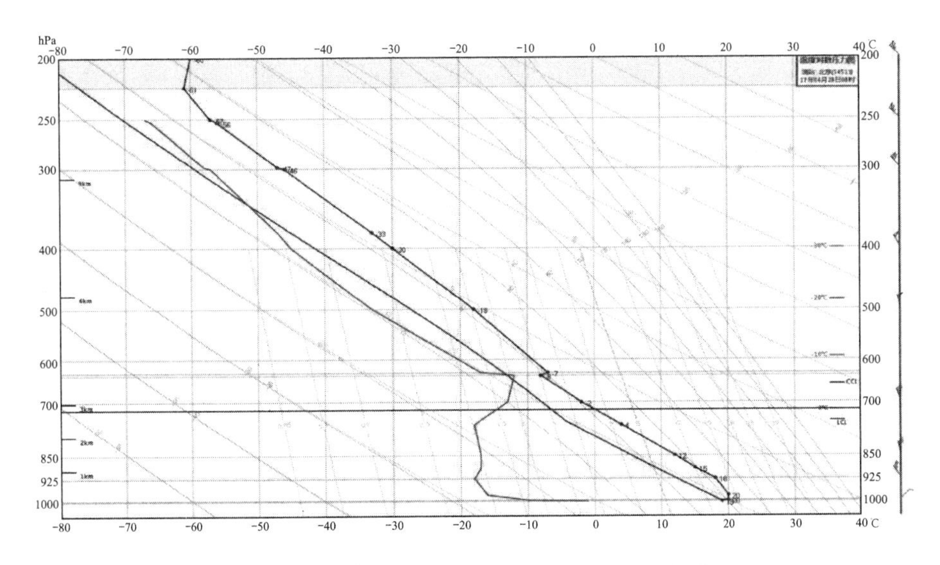

图 3-19　2017 年 4 月 28 日 8 时探空图（北京）

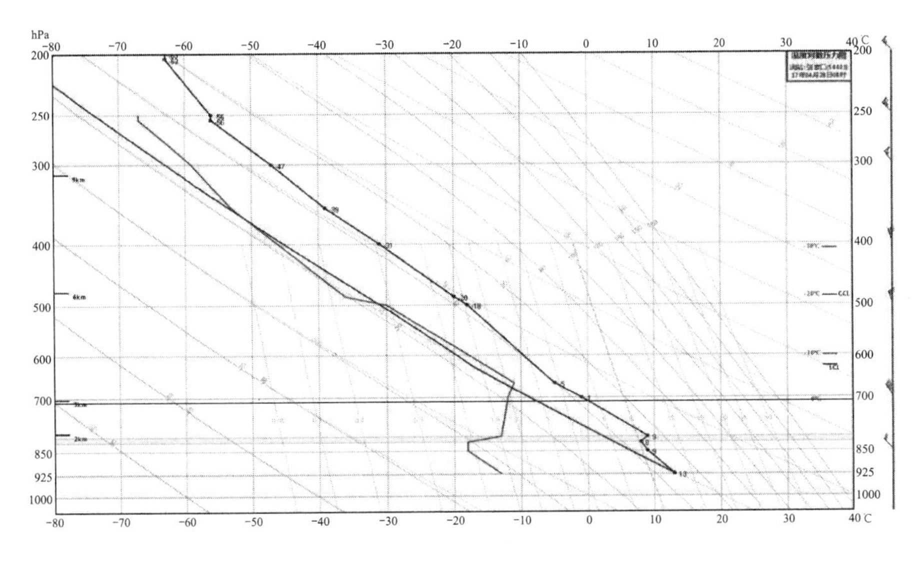

图 3-20　2017 年 4 月 28 日 8 时探空图（张家口）

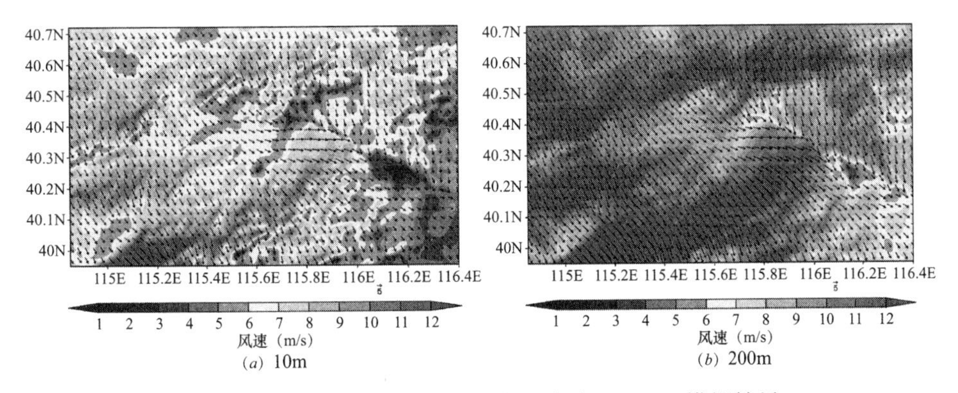

(*a*) 10m　　(*b*) 200m

图 3-21　2017 年 4 月 28 日北京—张家口 WRF 模拟结果

8 时 54511（北京）站探空图上，近地面没有逆温，整层湿度很小（图 3-22）。

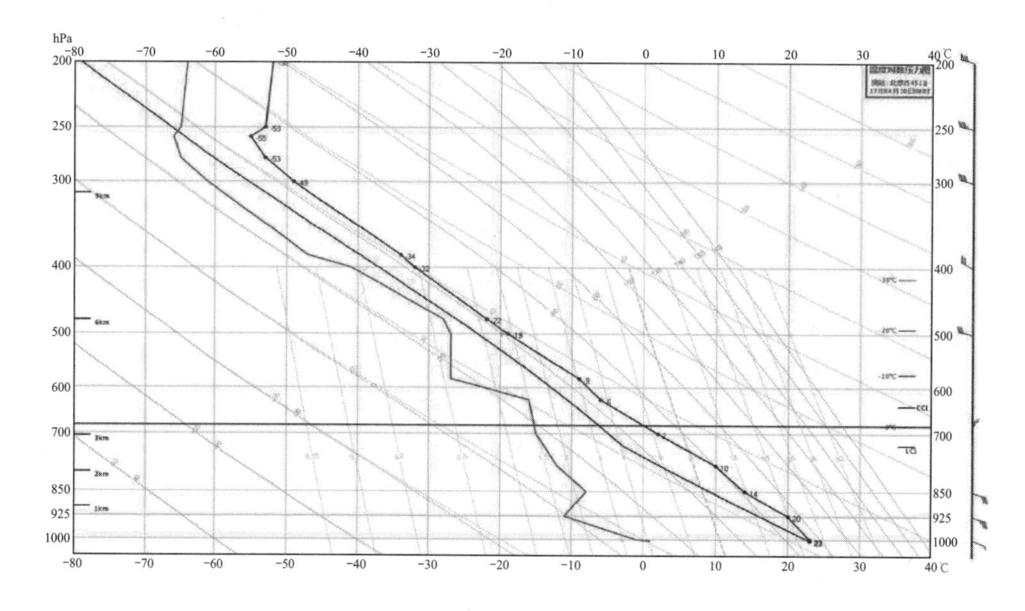

图 3-22　2017 年 4 月 30 日 8 时探空图（北京）

（2）三维风场模拟

2017 年 4 月 30 日，WRF 模拟结果显示：北京—保定—天津南区域南部以偏东风为主，北部转为东南风；南部区域风速较大，北部区域风速较小；高层风场分布与低层相似，大风速区范围和风速均增大（图 3-23）。

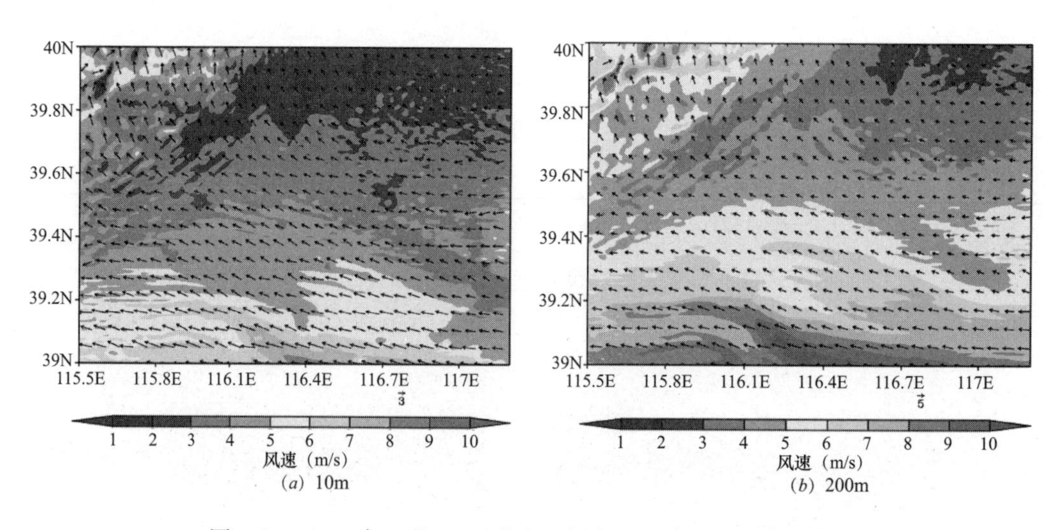

（a）10m　（b）200m

图 3-23　2017 年 4 月 30 日北京—保定—天津 WRF 模拟结果

2. 污染物分布

京津冀地区 2017 年春季观测结果如图 3-24 所示。

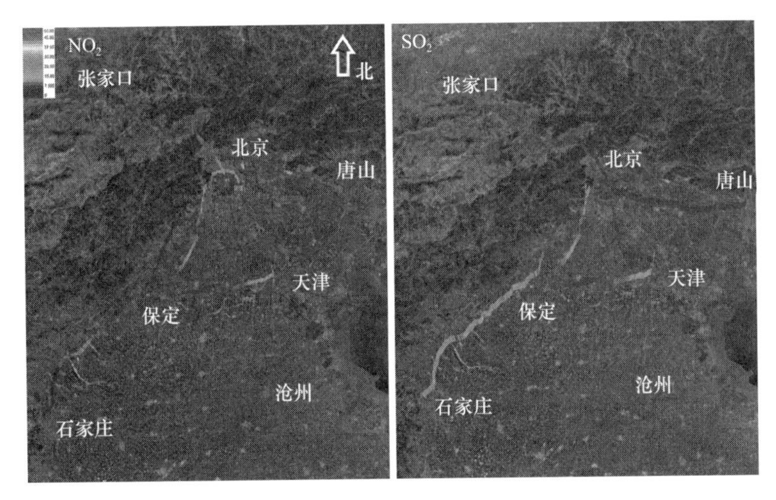

图 3-24　京津冀地区 2017 年春季观测结果（单位：ppm·m）

注：本书中，NO_2、SO_2 和 HCHO 柱浓度分布图单位均为 ppm·m，NO_2、SO_2 和 HCOHO 色阶图为 0～50。

3.1.3　2017 年夏季观测结果

8 月 4 日至 8 月 15 日进行了为期 8 天的夏季观测，夏季观测时间见表 3-2。

夏季观测时间表　　表 3-2

日期	时间	区域	天气
8 月 4 日	9：30～15：00	北京二环、三环、四环、五环	晴，偏南风，2～3m/s
8 月 5 日	10：30～15：00	北京—张家口	晴，南风，1～2m/s
8 月 6 日	9：30～15：30	北京二环、三环、四环、五环、放射线	晴，东南风，3～5m/s
8 月 7 日	9：30～15：00	通州区域、北京—石家庄	晴，东南风，2～4m/s
8 月 8 日	9：30～14：30	北京—沧州、北京—唐山	晴，西北风，1～3m/s
8 月 10 日	9：30～15：00	北京—保定—沧州	晴，东北风，2～3m/s
8 月 14 日	10：00～15：00	国贸 CBD、十里河	多云，东南风，1～3m/s
8 月 15 日	9：30～14：00	北京大兴国际机场	多云，南风，2～3m/s

1. 气象观测结果

1）北京主城区

（1）大气环流特征

2017 年 8 月 4 日，地面天气图显示：京津冀地区气压场偏弱，地面风场从东北风渐转至西北风控制。8 时 54511（北京）站探空图可以看出，不稳定能量较大，湿层很薄，逆温层主要在 925hPa 以下（图 3-25）。14 时，54511（北京）站上空不稳定能量很小，整层亦变得非常干，没有逆温层（图 3-26）。

2017 年 8 月 6 日，地面天气图显示：京津冀地区西北方的蒙古国西部是一高压，东南方的海上是台风低压。京津冀地区近地面在上午以西北风为主，午后高压减弱，京津冀南部地区地面风场转受东南风影响。

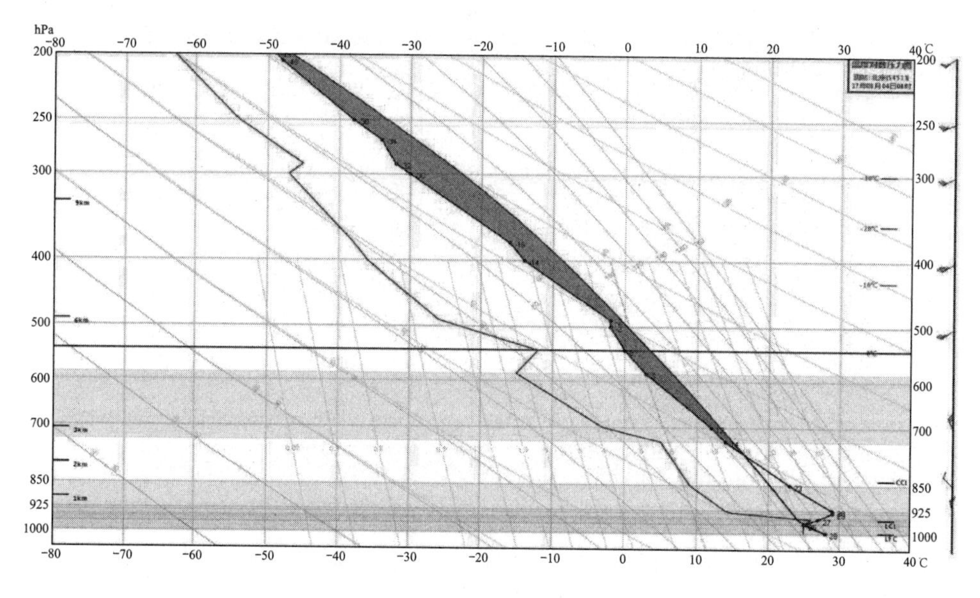

图 3-25　2017 年 8 月 4 日 8 时探空图（北京）

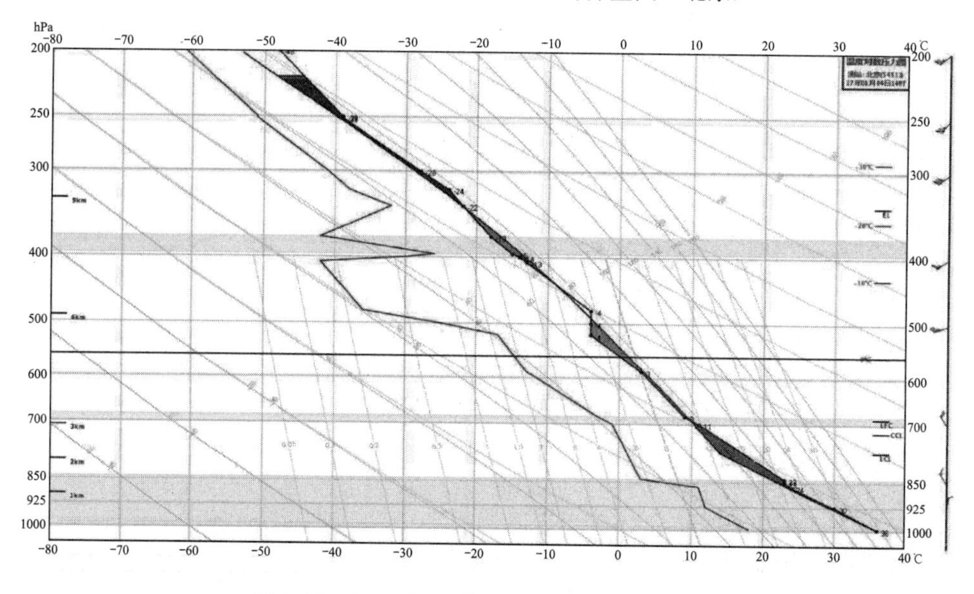

图 3-26　2017 年 8 月 4 日 14 时探空图（北京）

从探空图看，当日 8 时 54511（北京）站近地面有浅薄的湿层，但没有逆温层，不稳定能量有一些但不是很强（图 3-27）。随着白天西北风的影响，14 时 54511（北京）站上空不稳定能量进一步减弱，湿度很小且无逆温（图 3-28）。

（2）气象条件分析

2017 年 8 月 4 日，观测结果显示：观测时段（9：00～15：00）内，主城区以东北风（海淀站和丰台站）或东北偏东风（朝阳站和观象台站）为主，平均气温 34.4℃，平均相对湿度 46.2%，平均风速 1.8m/s，观测时段内的风速呈微弱的下降趋势（图 3-29）。

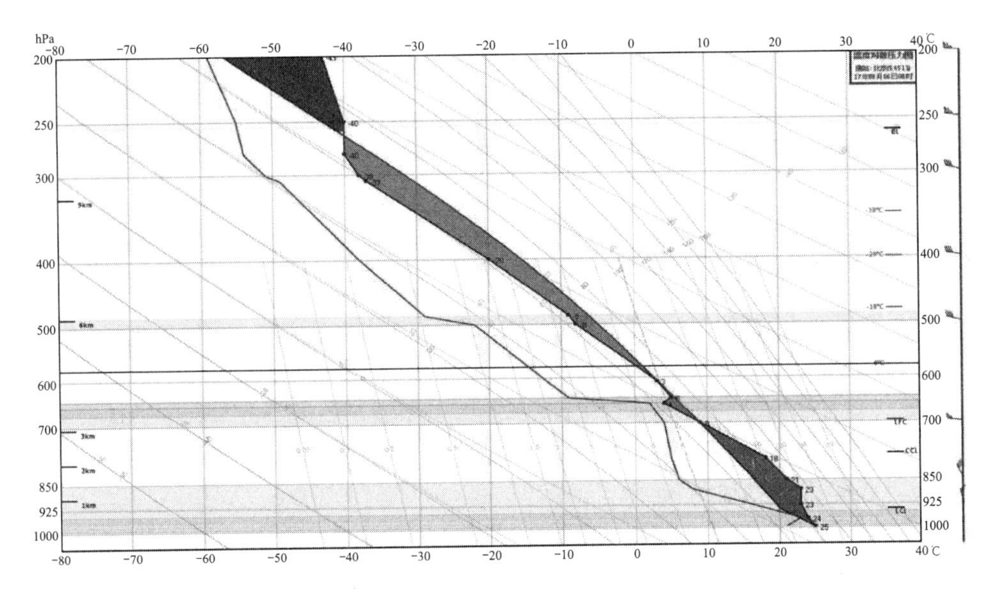

图 3-27　2017 年 8 月 6 日 8 时探空图（北京）

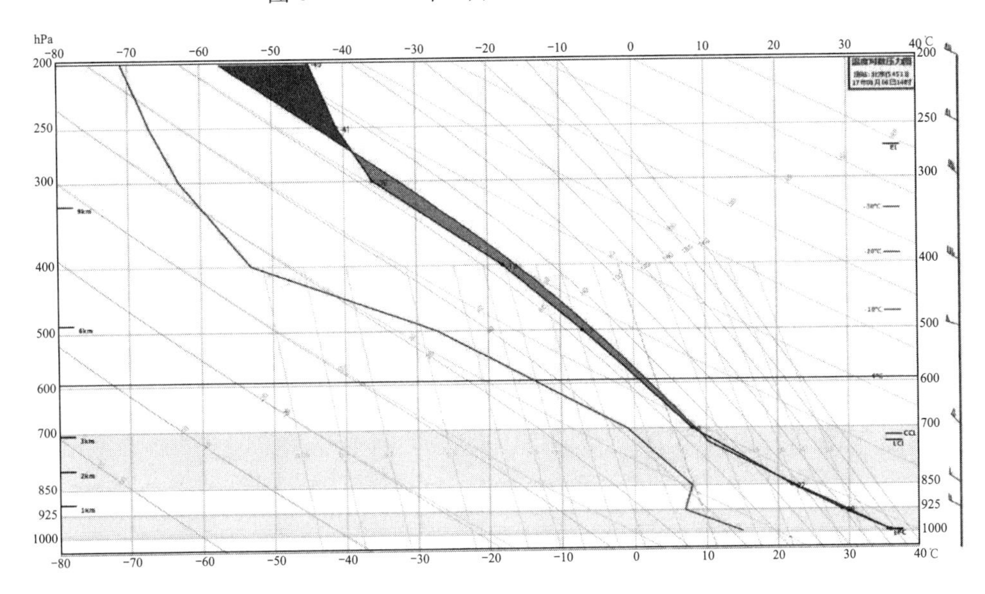

图 3-28　2017 年 8 月 6 日 14 时探空图（北京）

2017 年 8 月 6 日，观测结果显示：观测时段（9：00～15：00）内，主城区以西风（海淀站和丰台站）或西北偏西风（朝阳站和观象台站）为主，平均气温 33.2℃，平均相对湿度 41.9%，平均风速 2.7m/s。风速在 11：30 后有较大的整体攀升，其中 9：00～11：30 的平均风速为 1.4m/s，11：30～15：00 的平均风速为 3.6m/s（图 3-30）。

（3）三维风场模拟

2017 年 8 月 4 日，CALMET 模拟结果显示：北京主城区以偏东风为主，整体风速较小（图 3-31）。低层风场（10m）受近地面地形及建筑影响，在城区出现偏

北风的绕流；由于北京二环内主要为老城区，平均建筑物高度较低，下垫面粗糙

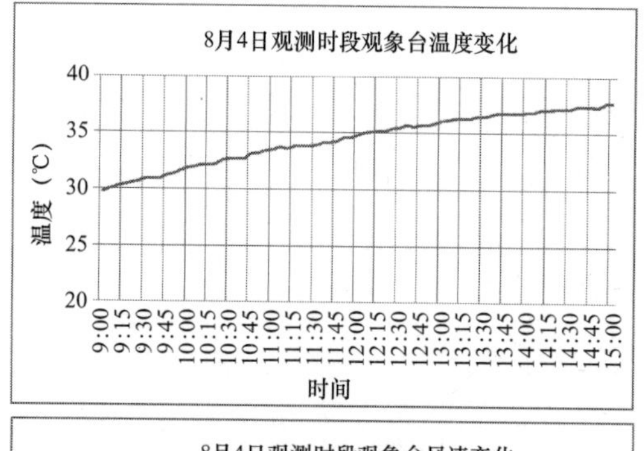

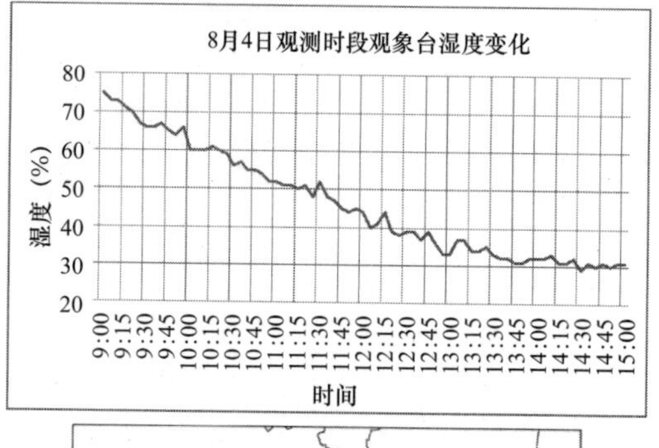

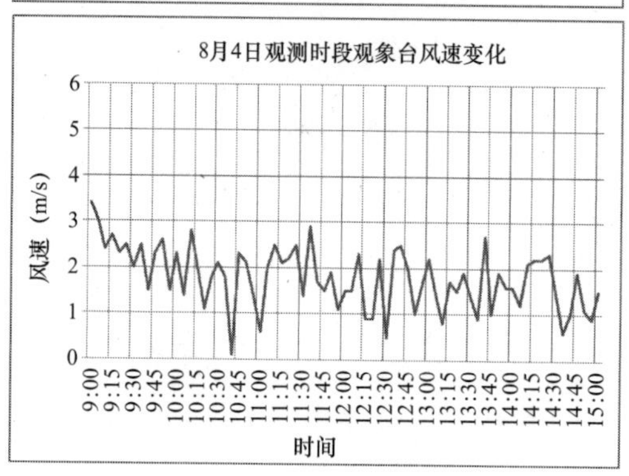

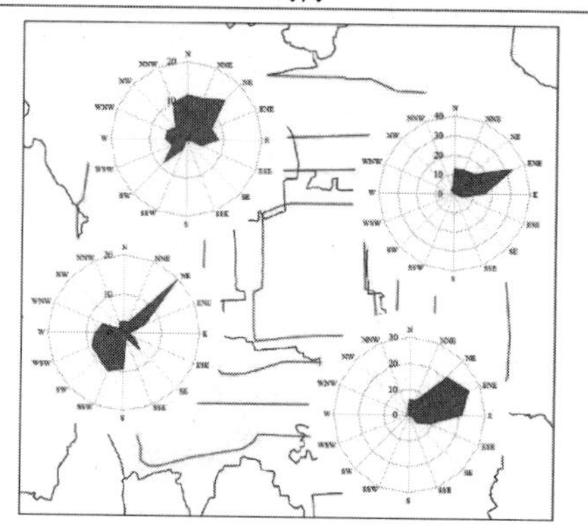

图 3-29　2017 年 8 月 4 日观测时段气象条件

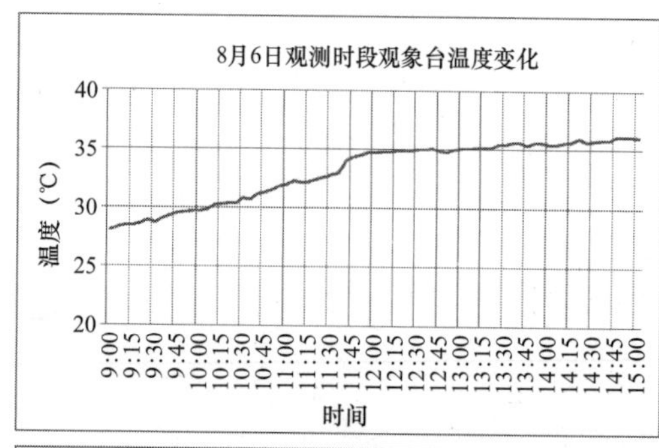

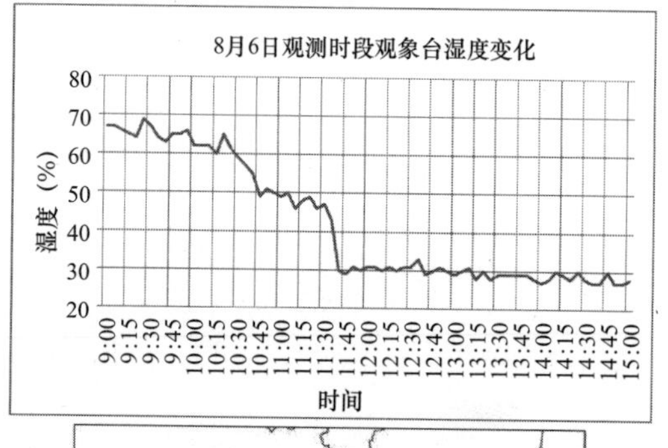

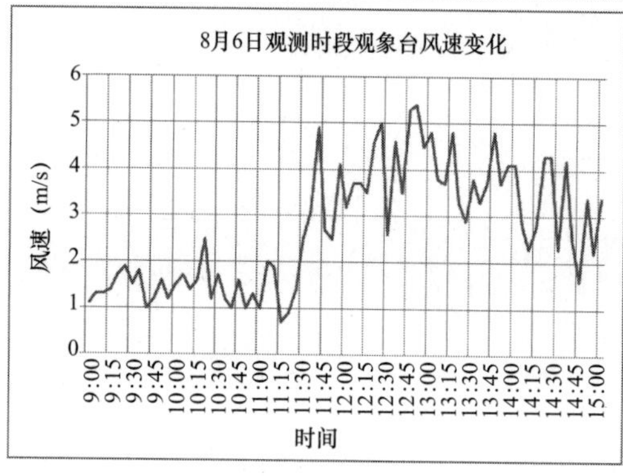

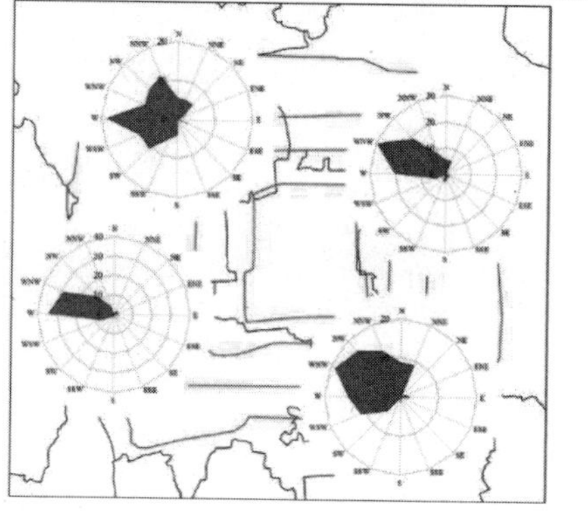

图 3-30　2017 年 8 月 6 日观测时段气象条件

度略小，当风吹向城市时，高密度建设的城市粗糙度大，使得近地面风速减小，进入老城区时由于粗糙度减小而风速略有增大；因此在二环内存在一风速较大区域。高层风场（200m）不受城市建设影响，风场为平直的东北风，风速较低层略大。

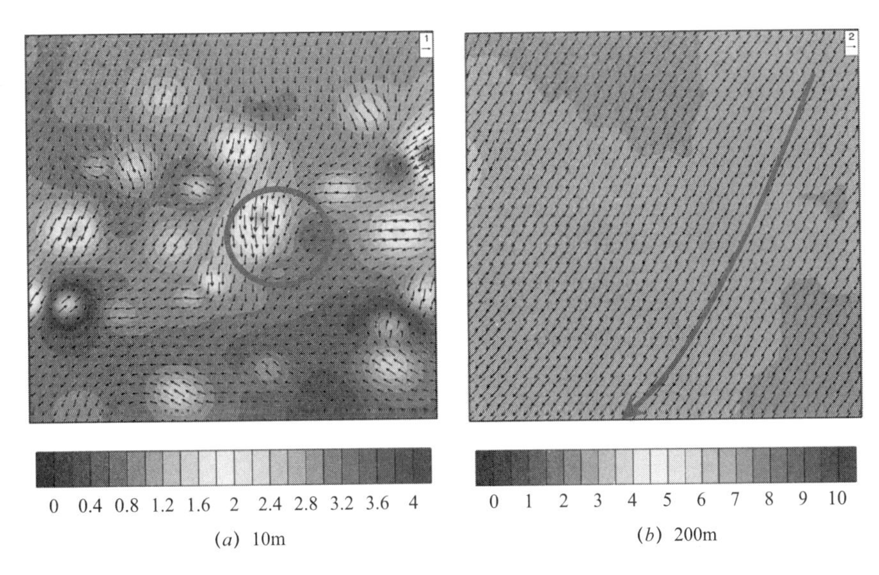

(*a*) 10m　(*b*) 200m

图 3-31　2017 年 8 月 4 日北京主城区 CALMET 模拟结果

2017 年 8 月 6 日，CALMET 模拟结果显示：北京主城区以西北风为主，整体风速较大（图 3-32）。低层风场（10m）西部区域风速较大，进入城区后风速逐渐减小，下风向的城区边缘风速又开始增大，二环内仍有风速大值区。高层风场（200m）为较为平直的西北风，西北部风速较大，东南部的下风向风速逐渐减小。

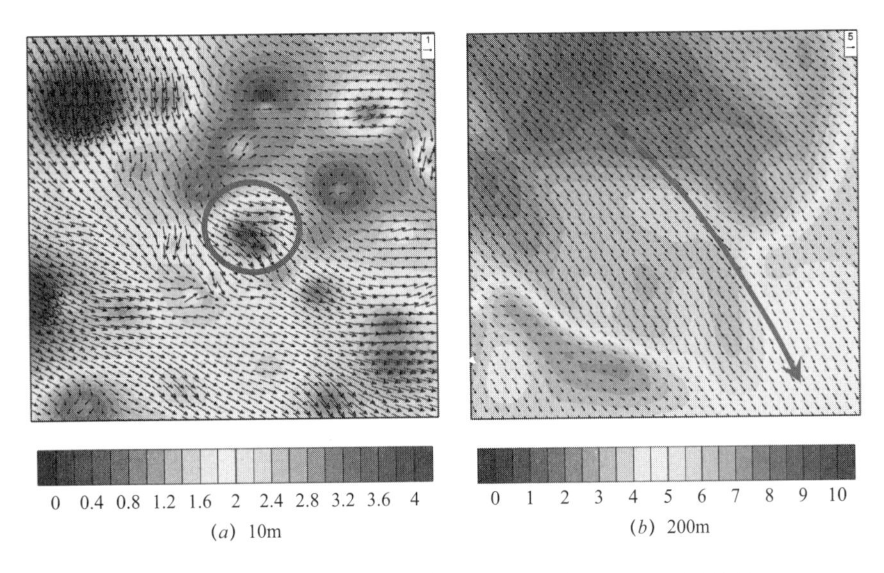

(*a*) 10m　(*b*) 200m

图 3-32　2017 年 8 月 6 日北京主城区 CALMET 模拟结果

2）通州区域

（1）大气环流特征

2017 年 8 月 7 日，地面天气图显示：8 时京津冀地区为高压前部控制，以西北风为主；11 时地面风向发生变化，沿山地区以西北风为主，平原地区以东北风为主，其中北京通州以东北风为主。54511（北京）站 8 时探空图上可以看出，近地面没有湿层和逆温层，整层湿度亦很小，无不稳定能量（图 3-33）。

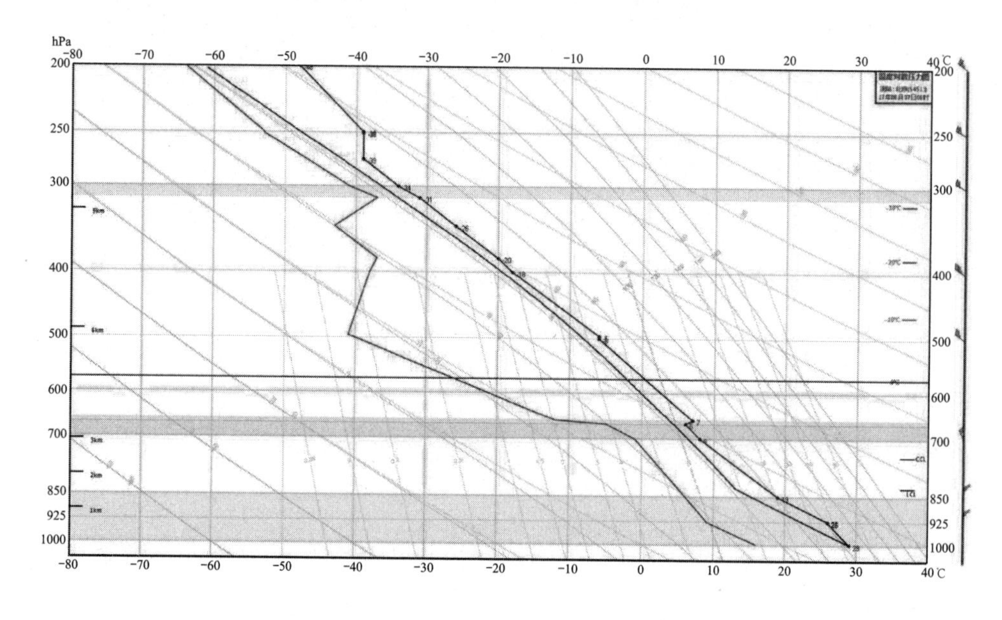

图 3-33　2017 年 8 月 7 日 8 时探空图（北京）

（2）气象条件分析

2017 年 8 月 7 日观测结果显示：观测时段（9：00～15：00）内，通州区以西北偏北风为主，平均气温 32.2℃，平均相对湿度 41.7%，平均风速 2.9m/s，观测时段内的风速在 12：20 达到最大值 4.5m/s 后，午后的风速呈明显的下降趋势（图 3-34）。

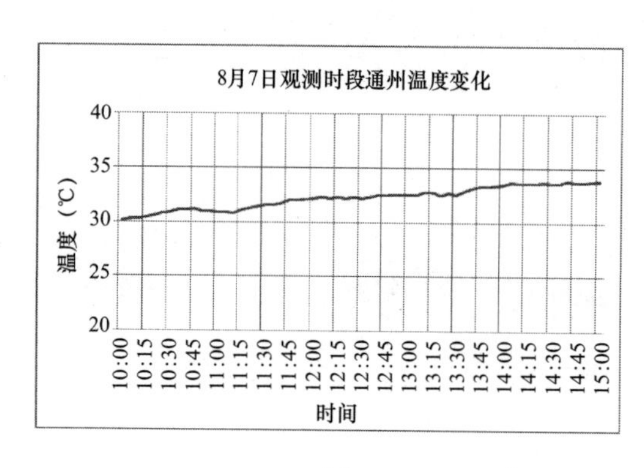

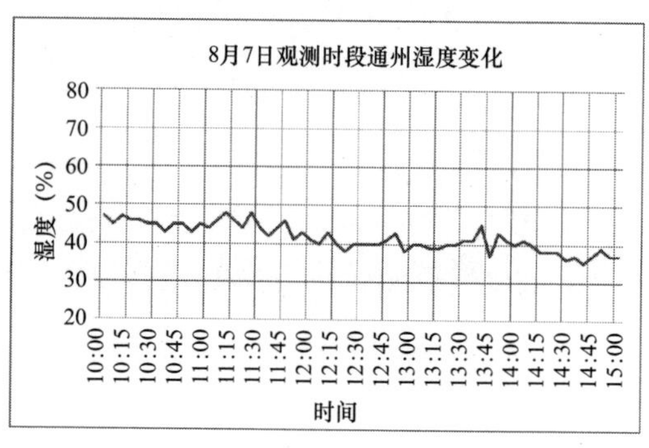

图 3-34　2017 年 8 月 7 日观测时段气象条件（一）

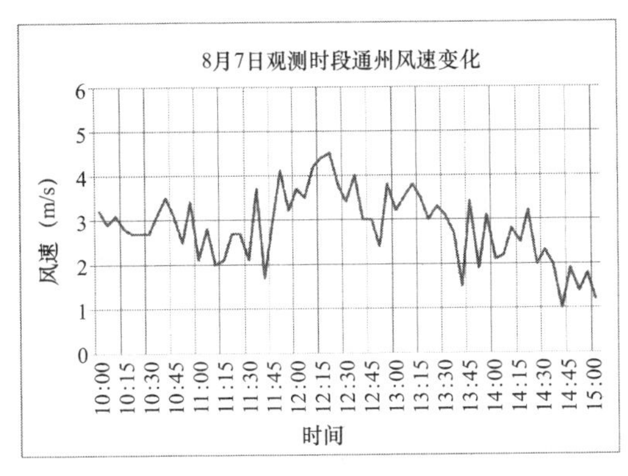

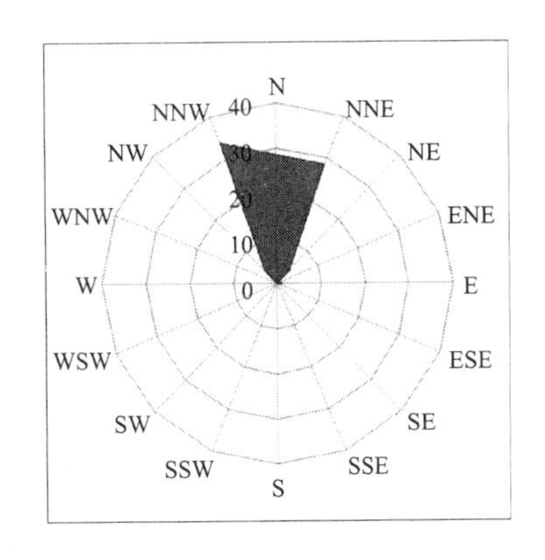

图 3-34　2017 年 8 月 7 日观测时段气象条件（二）

（3）三维风场模拟

2017 年 8 月 7 日 CALMET 模拟结果显示：通州区域以偏北风为主；低层风场（10m）和高层风场（200m）均休现为城区风速小、城郊风速大的特征；高层风速大于低层风速（图 3-35）。

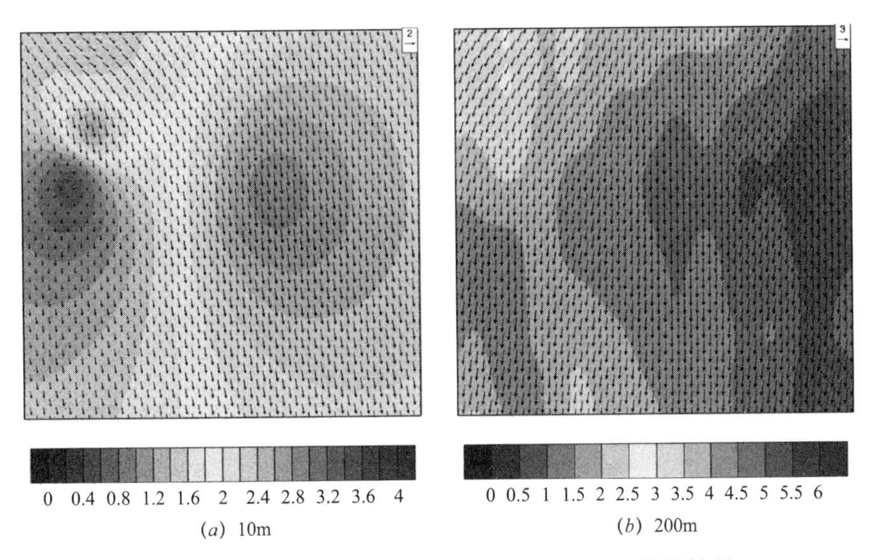

图 3-35　2017 年 8 月 7 日通州区域 CALMET 模拟结果

3）北京大兴国际机场

（1）大气环流特征

地面天气图显示：京津冀地区气压场偏弱，地面风场从东北风渐转至西北风控制。8 时 54511（北京）站探空图上可以看出，不稳定能量较大，湿层很薄，逆温层主要在 925hPa 以下。到 14 时，54511（北京）站上空不稳定能量很小，整层亦变得非常干，没有逆温层。

（2）气象条件分析

2017 年 8 月 15 日观测结果显示：观测时段（13：00～15：00）内，新机场地区以西南偏南风为主，平均气温 30.7℃，平均相对湿度 63%，平均风速 1.9m/s，观测时段内的风速变化较为平稳（图 3-36）。

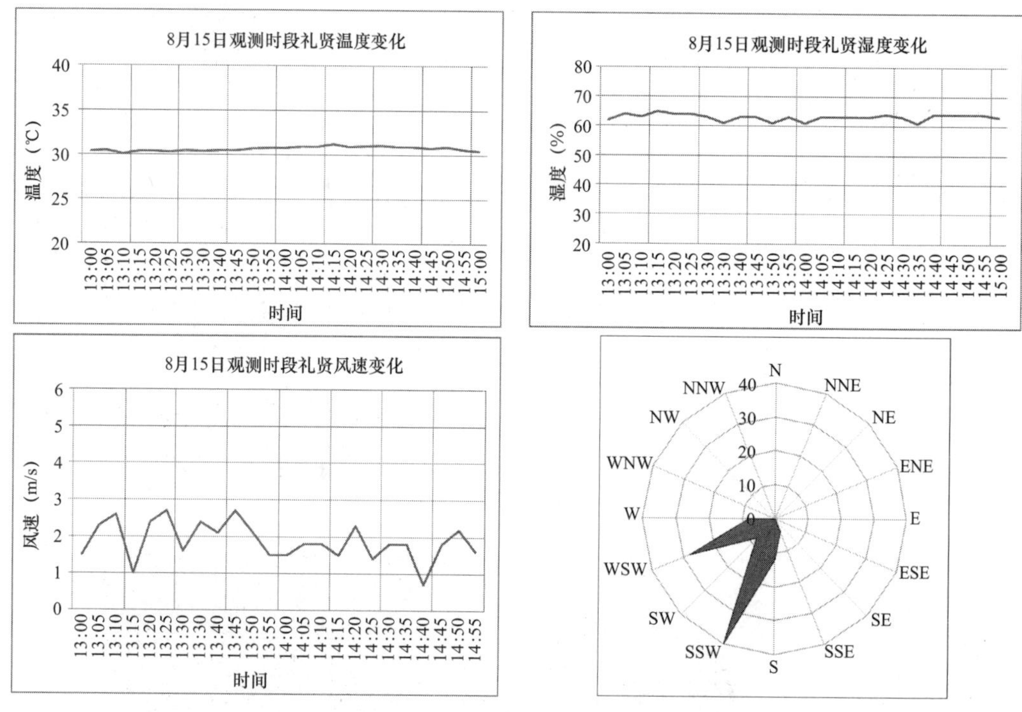

图 3-36　2017 年 8 月 15 日观测时段气象条件

（3）三维风场模拟

2017 年 8 月 15 日 CALMET 模拟结果显示：北京大兴国际机场以偏南风为主，整体风速较小。低层风场（10m）受下垫面影响，风向有东南、西南方向摆动；高层风场（200m）则为较平直的南风，风速大于低层（图 3-37）。

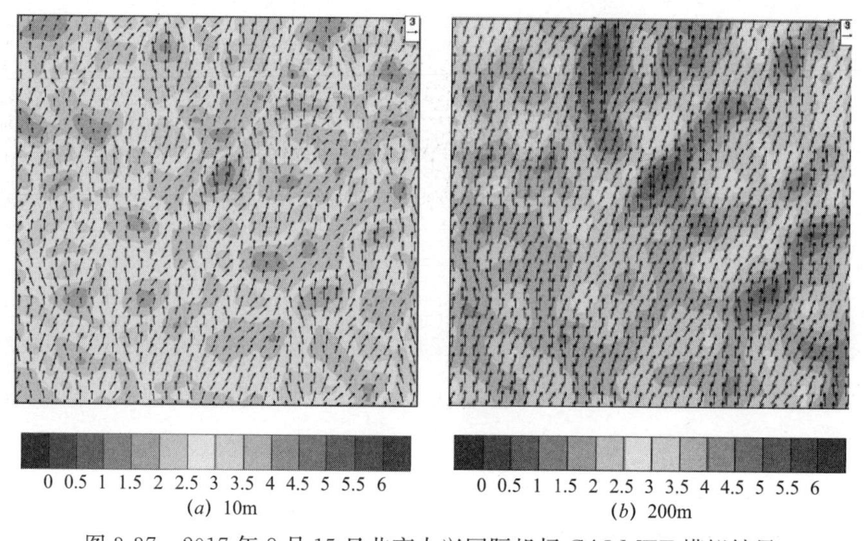

(*a*) 10m　　(*b*) 200m

图 3-37　2017 年 8 月 15 日北京大兴国际机场 CALMET 模拟结果

4）北京—张家口

（1）大气环流特征

2017 年 8 月 5 日地面天气图显示：蒙古国西部有一高压形成，但随时间推移而减弱，对京津冀地区影响并不明显。京津冀地区气压场仍偏弱。8 时 54511（北京）站的探空图上有一定的不稳定能量，8 时 850hPa 以下有两个浅的湿层和逆温层（图 3-38）。8 时 54401（张家口）站的探空图，无不稳定能量，整层较干，近地面层中 850hPa 附近有浅薄的逆温（图 3-39）。

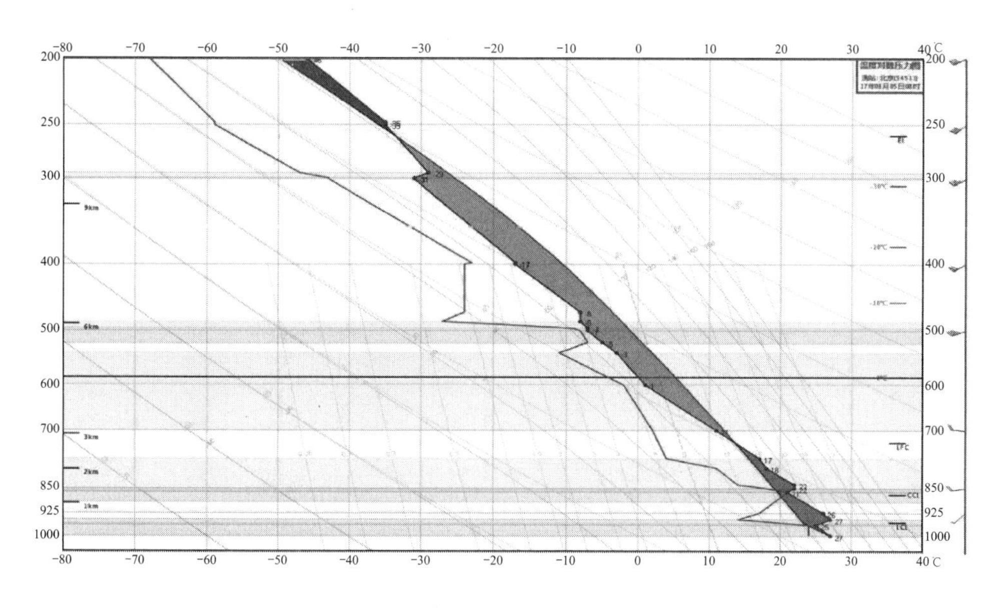

图 3-38　2017 年 8 月 5 日 8 时探空图（北京）

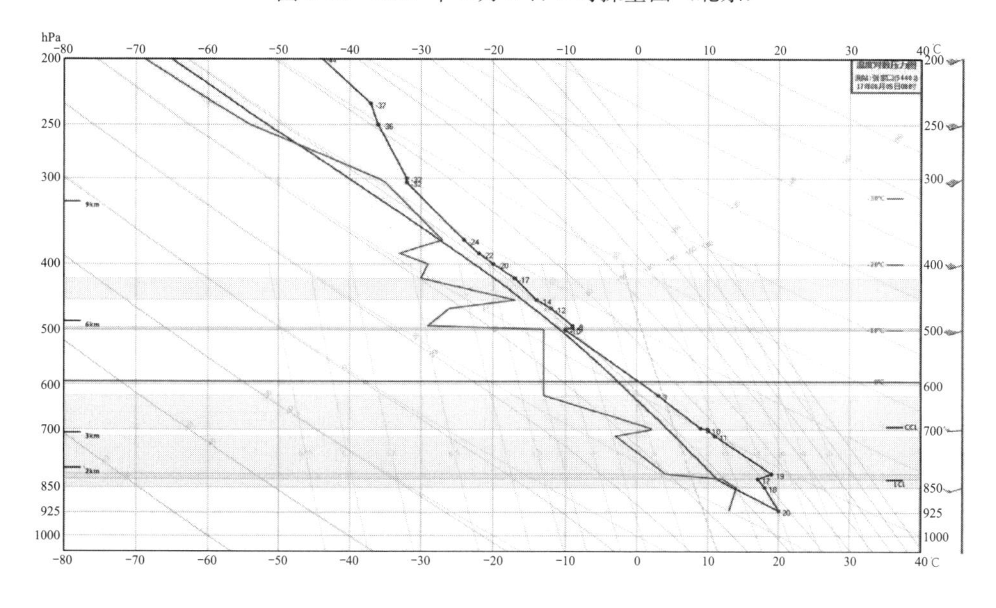

图 3-39　2017 年 8 月 5 日 8 时探空图（张家口）

（2）三维风场模拟

2017 年 8 月 5 日 WRF 模拟结果显示：北京—张家口区域西部以西风和西北风为主，东部以偏南风和东南风为主，交会于燕山山脉处；山区风速大，山谷风速小；高层风向与低层分布基本一致，西风带风速大于低层（图 3-40）。

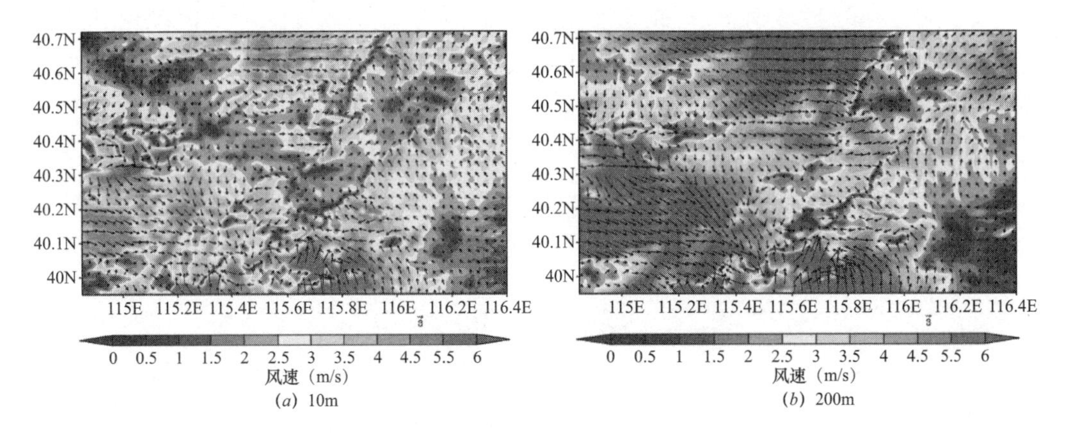

图 3-40　2017 年 8 月 5 日北京—张家口 WRF 模拟结果

5）北京—石家庄

（1）大气环流特征

2017 年 8 月 7 日地面天气图显示：8 时京津冀地区为高压前部控制，以西北风为主；11 时地面风向发生变化，沿山地区以西北风为主，平原地区以东北风为主，其中石家庄地区以西北风为主；14 时，京津冀地区均转为东北风为主，但风力不大。53798（邢台）站 8 时的探空图，近地面有一层浅薄的逆温层，但没有明显湿层（图 3-41）。

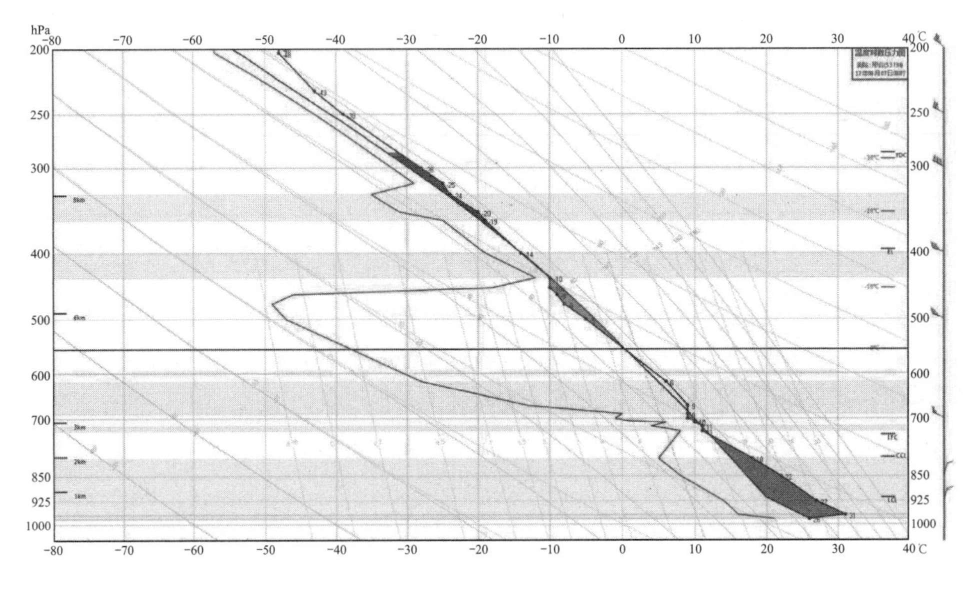

图 3-41　2017 年 8 月 7 日 8 时探空图（邢台）

（2）三维风场模拟

2017 年 8 月 7 日 WRF 模拟结果显示：北京—石家庄区域以偏北风为主，东部和西北角风速较大，山前区域出现南—北向的小风速带；高层大风速区范围和风速均增大（图 3-42）。

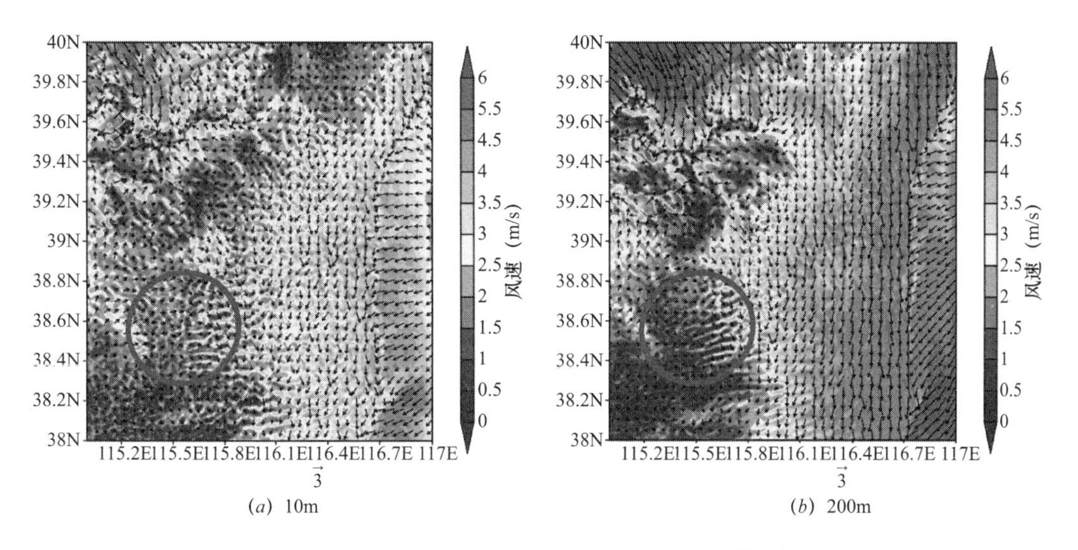

图 3-42　2017 年 8 月 7 日北京-石家庄 WRF 模拟结果

6）北京—沧州

（1）大气环流特征

2017 年 8 月 8 日地面天气图显示：京津冀东北部、东部、东南部为低压区控制，1000hPa 线从该区域经过；8 时地面风场在北京东南部、北京北部、唐山、秦皇岛一线有一条辐合线，其南部以偏南风为主，北部为偏东风为主；11 时地面辐合线从秦皇岛经唐山至天津市中部。14 时地面同样为低压场控制，气压场较上午转弱（即等压线间距离加大，京津冀地区均为 1000hPa 包围），京津冀大部分地区为偏南风控制，特别是沧州、天津、唐山、秦皇岛等沿渤海的城市，均为偏南风。

在 54511（北京）站 8 时探空图上可以看到，近地面均无逆温层，但 500hPa 以下均不稳定，且不稳定能量（cape）值较大，700～500hPa 间湿度略大（图 3-43）。54727（章丘）站（近沧州）8 时近地面没有逆温层，不稳定能量较大，500hPa 湿度略大（图 3-44）。54539（乐亭）站（位于秦皇岛）8 时近地面层同样没有逆温层，不稳定能量加到，700～600hPa 湿度略大（图 3-45）。

（2）三维风场模拟

2017 年 8 月 8 日 WRF 模拟结果显示：北京—沧州区域整体以偏南风为主；区域东部为东南风，风速较大；中部为南风，风速较小；区域西北角出现较大的西北风。高层风向与低层基本一致，风速大于低层（图 3-46）。

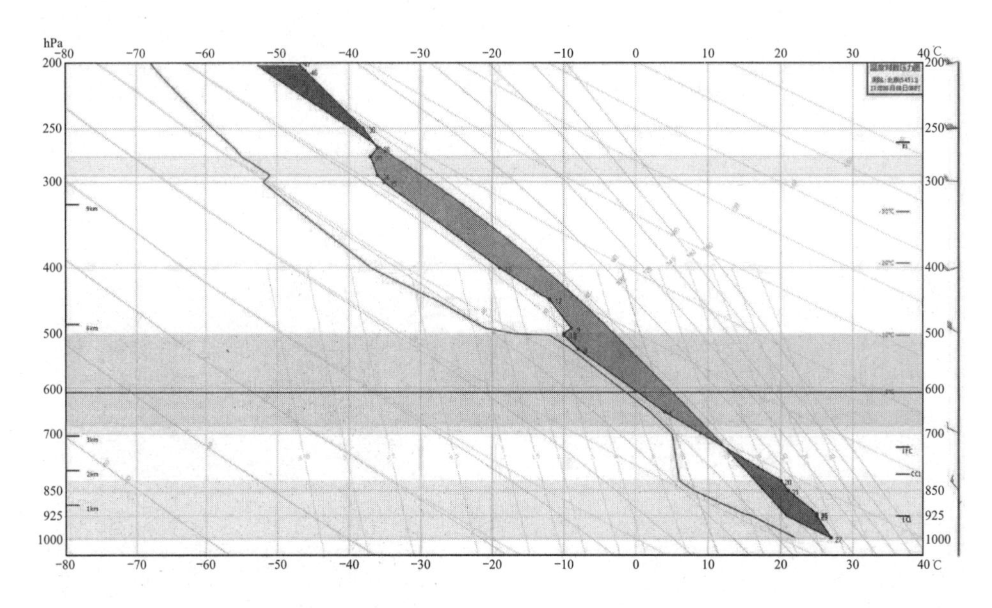

图 3-43　2017 年 8 月 8 日 8 时探空图（北京）

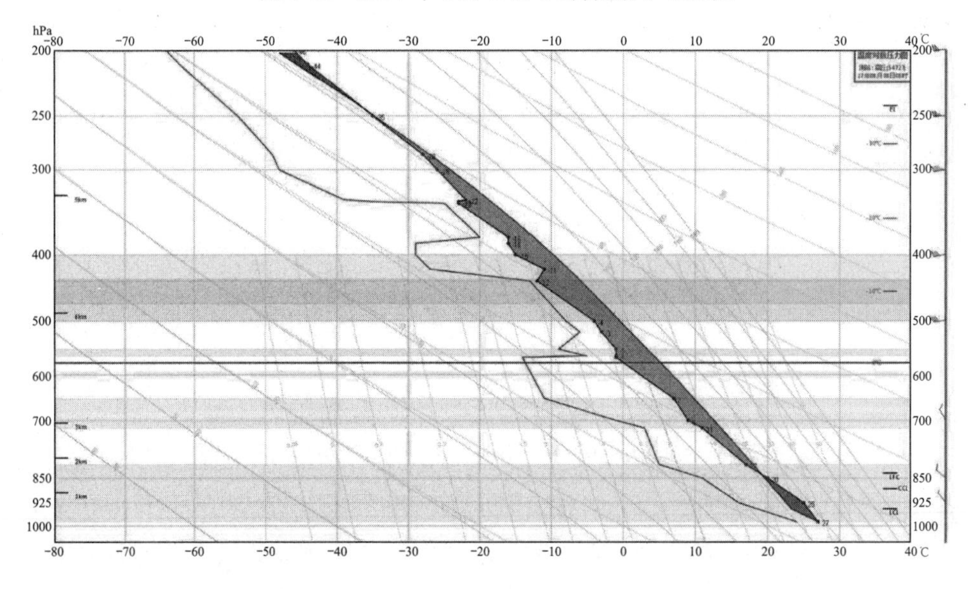

图 3-44　2017 年 8 月 8 日 8 时探空图（章丘）

7）北京—唐山

（1）大气环流特征

大气环流特征与北京—沧州部分相同。

（2）三维风场模拟

2017 年 8 月 8 日 WRF 模拟结果显示：北京—唐山区域低层风场（10m）南部区域以东南风为主，到中部和北部逐渐转为偏东风；高层风场（200m）南部区域以南风为主，到中部和北部逐渐转为东南风。区域整体风速较小，高层风速略大于低层（图 3-47）。

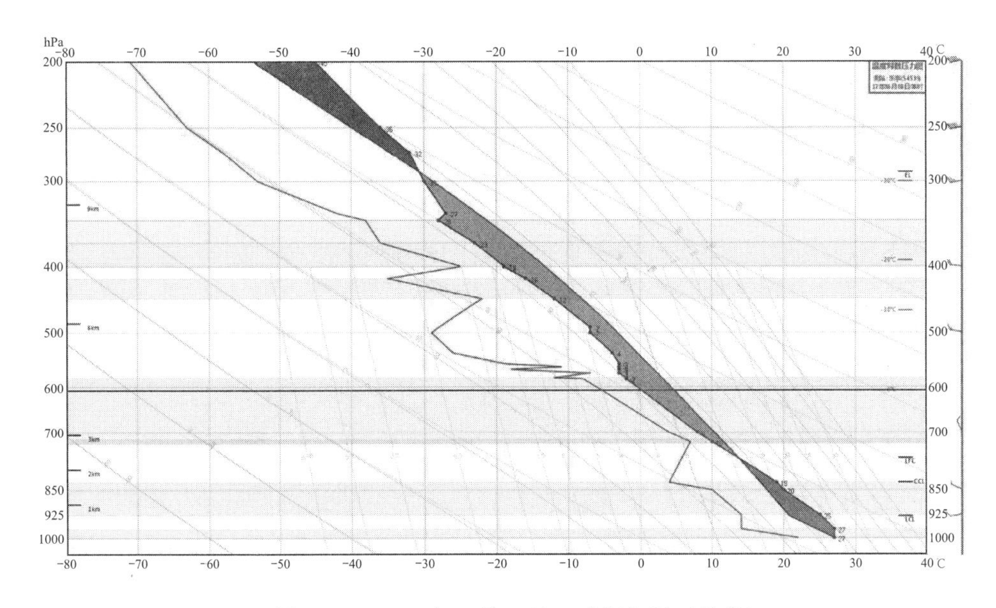

图 3-45　2017 年 8 月 8 日 8 时探空图（乐亭）

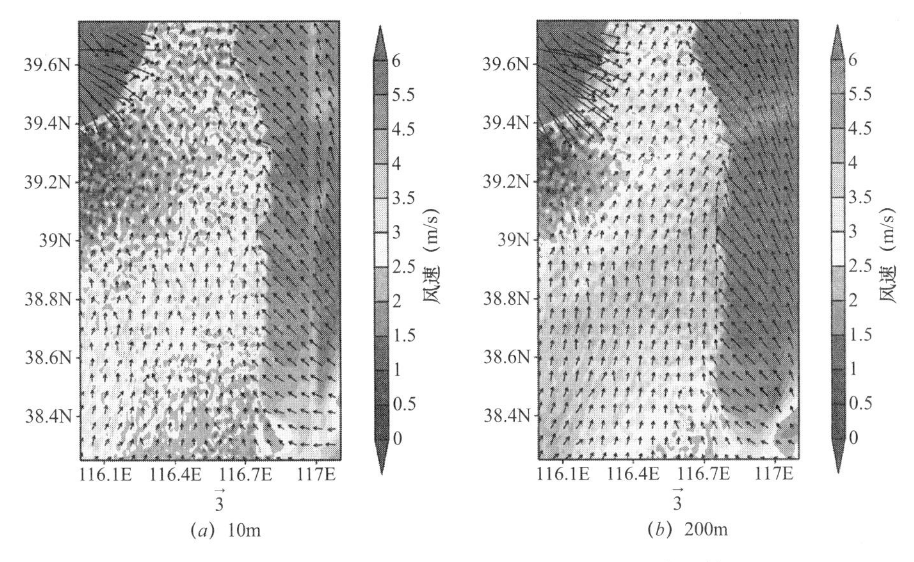

(*a*) 10m　　(*b*) 200m

图 3-46　2017 年 8 月 8 日北京—沧州 WRF 模拟结果

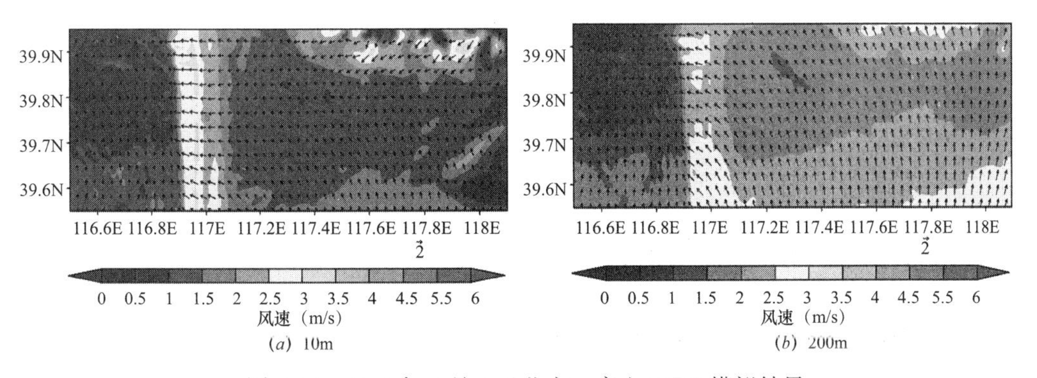

(*a*) 10m　　(*b*) 200m

图 3-47　2017 年 8 月 8 日北京—唐山 WRF 模拟结果

8）北京—保定—沧州

（1）大气环流特征

2017 年 8 月 10 日地面天气图显示：蒙古国西部有一高压、东部有一低压，随着时间推移，这一高、低压不断东移，京津冀地区逐渐转为低压前部控制，地面风场也逐步转为西南风，风速也逐渐转大。

54511（北京）站 8 时探空图，不稳定能量较大，低层湿度较大（图 3-48）。53798（邢台）站 8 时的探空图，不稳定能量较小，925hPa 以下为一逆温层，较深厚（图 3-49）。54727（章丘）站 8 时的探空图，有一定的不稳定能量，925hPa 以下为一湿层（图 3-50）。

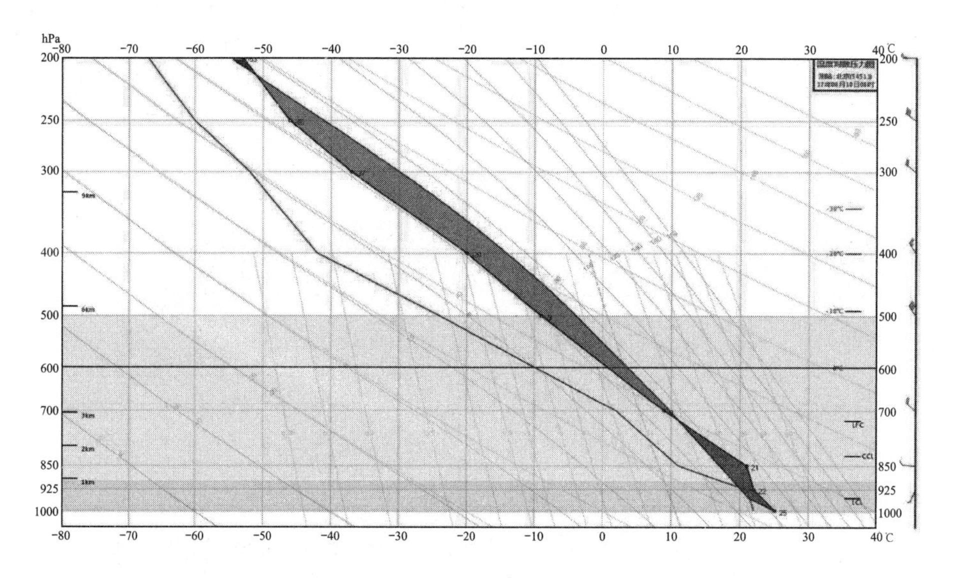

图 3-48　2017 年 8 月 10 日 8 时探空图（北京）

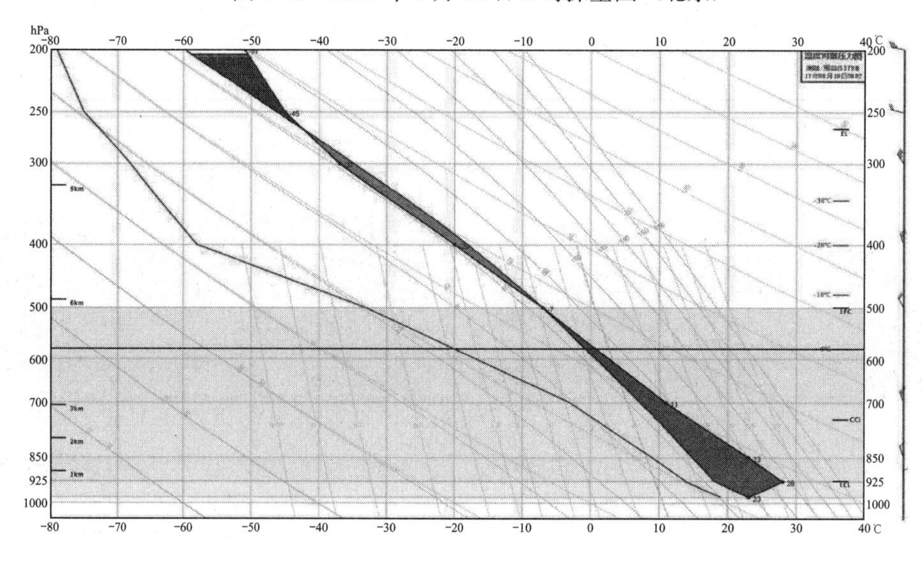

图 3-49　2017 年 8 月 10 日 8 时探空图（邢台）

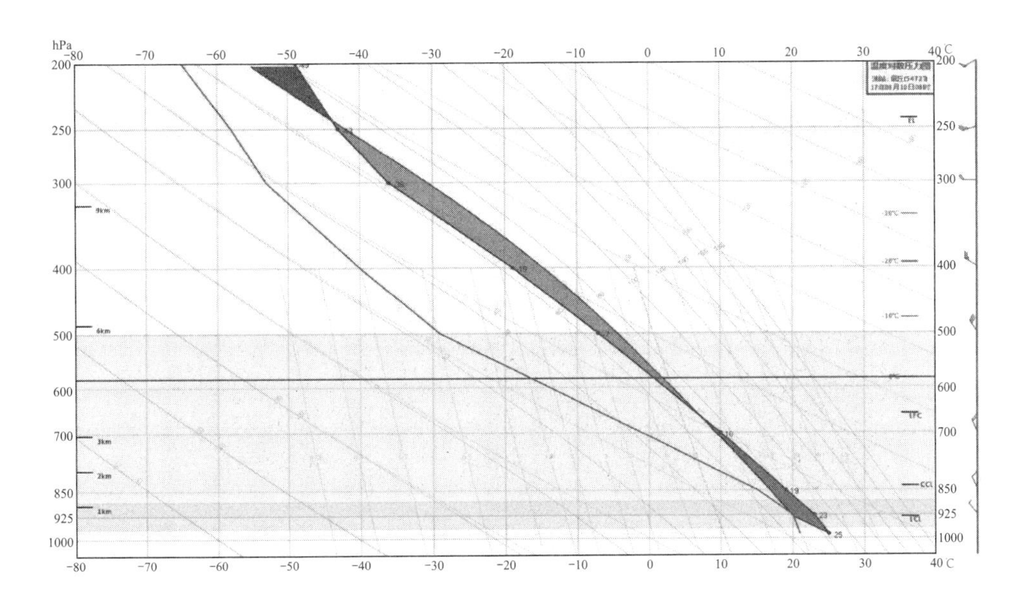

图3-50　2017年8月10日8时探空图（章丘）

（2）三维风场模拟

2017年8月10日WRF模拟结果显示：北京—保定—沧州区域以偏南风为主，南部为西南风，北部转为南风；整体风速较小；高层风速略大于低层（图3-51）。

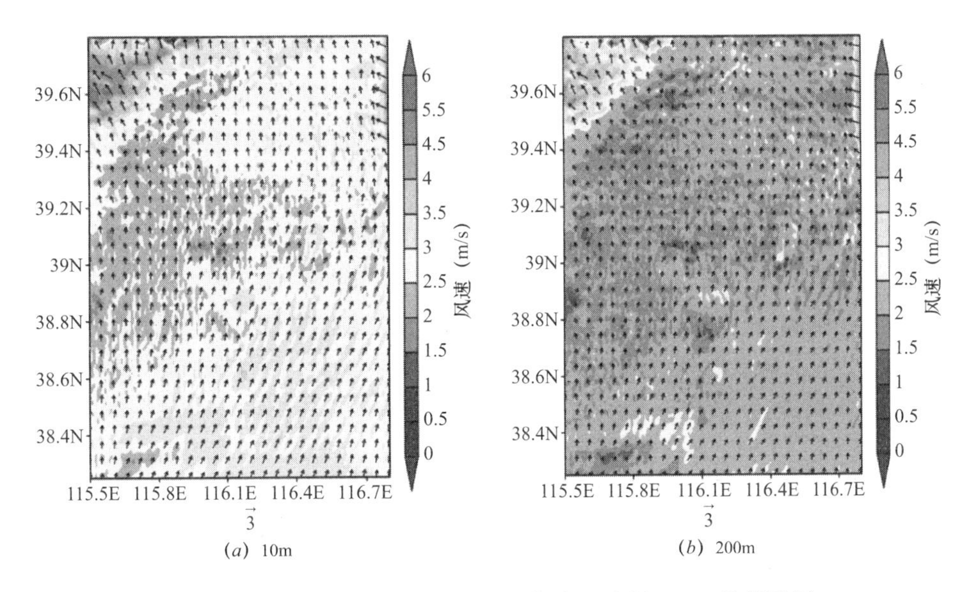

(*a*) 10m　　(*b*) 200m

图3-51　2017年8月10日北京—保定—沧州WRF模拟结果

2. 污染物分布

京津冀地区2017年夏季观测结果如图3-52所示。

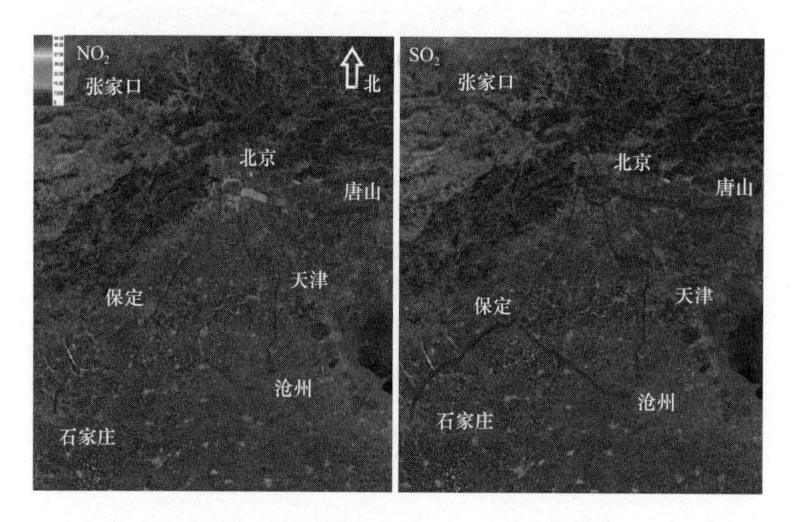

图 3-52　京津冀地区 2017 年夏季观测结果

3.1.4　2017 年秋季观测结果

在 11 月 5 日至 11 月 13 日进行了为期 6 天的秋季观测，秋季观测时间见表 3-3。

2017 年秋季观测时间表　　**表 3-3**

日期	时间	区域	天气
11 月 5 日	9：00～14：00	北京-沧州	晴，南风，1～3m/s
11 月 8 日	9：30～13：30	国贸 CBD、十里河、通州区域、北京—唐山	晴，南风，2～3m/s
11 月 9 日	9：00～14：30	北京至张家口、北京至石家庄	晴，偏北风，1～2m/s
11 月 11 日	10：00～14：30	北京二环、三环、四环、五环、放射线	晴，偏南风，1～3m/s
11 月 12 日	9：30～14：00	北京二环、三环、四环、五环、放射线	晴，西风，1～2m/s
11 月 13 日	9：30～14：30	北京大兴国际机场、北京保定至沧州	晴，西风，5～6m/s

1. 气象观测结果

1）北京主城区

（1）大气环流特征

2017 年 11 月 11 日地面天气图显示，京津冀地区为一高压中心，地面风场较杂乱，整体以西北风为主，风力不大，北京东部地区以偏北风为主，西部地区以偏西风为主；随时间推移，系统向东移动发展，京津冀地区逐渐转受高压后部控制，地面风场转以偏南风为主，风速略加大，北京平原地区以西南风为主。

在 8 时 54511（北京）站探空图上，湿度很小，在近地面、925hPa 和 850hPa 各有一个较浅薄的逆温（图 3-53）。

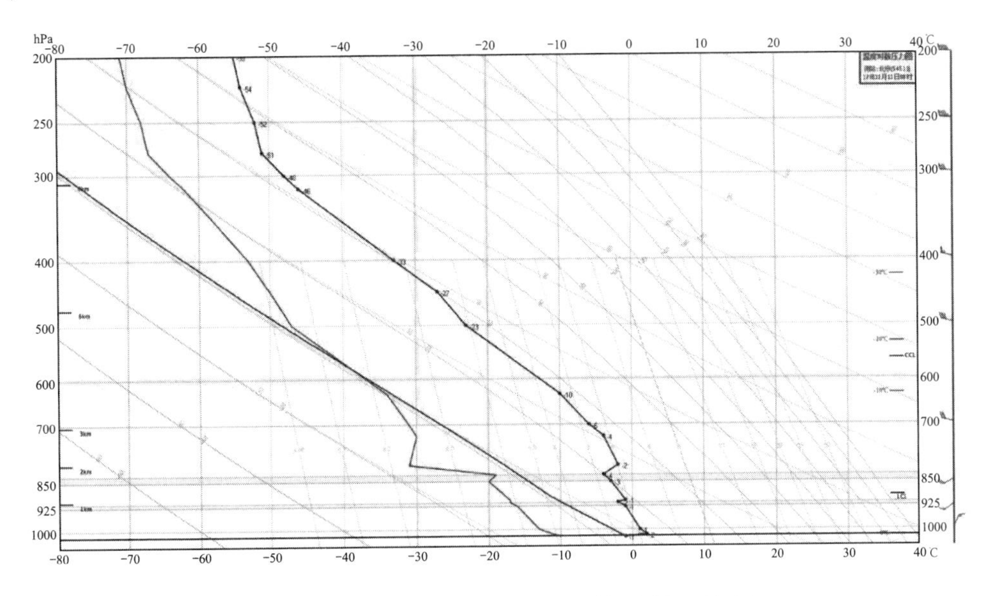

图3-53　2017年11月11日8时探空图（北京）

（2）气象条件分析

2017年11月11日观测结果显示：在11月11日观测时段（9：00～15：00）内，主城区以西南偏南风（海淀站和丰台站）和西南偏西风（朝阳站和观象台站）为主，平均气温6.6℃，平均相对湿度30.3%，平均风速2.8m/s，观测时段内的风速呈明显的增大趋势，午后12：00—15：00间的平均风速为3.7m/s（图3-54）。

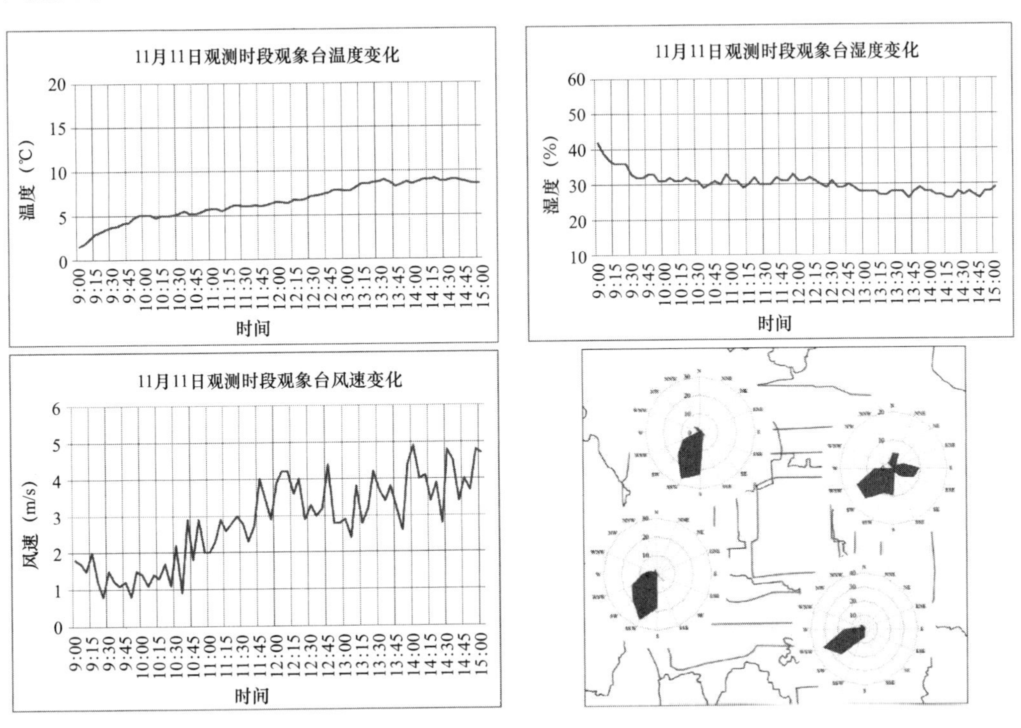

图3-54　2017年11月11日观测时段气象条件

（3）三维风场模拟

2017 年 11 月 11 日 CALMET 模拟结果显示：低层风场（10m）以西南为主，风速较小（1.5～3.5m/s）；高层风场（200m）风速增大（3～5m/s），以西南风、南风为主（图 3-55）。

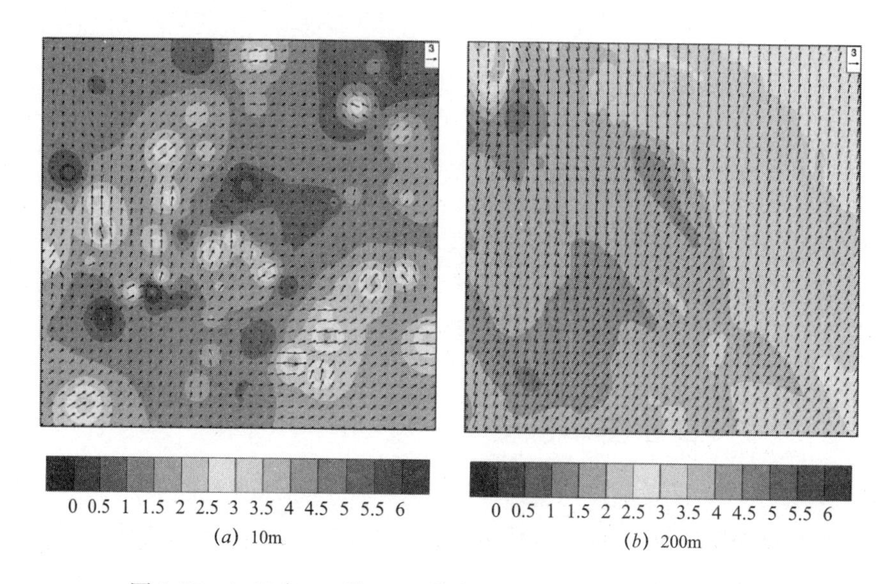

图 3-55　2017 年 11 月 11 日北京主城区 CALMET 模拟结果

2）通州区域

（1）大气环流特征

2017 年 11 月 8 日地面天气图显示，京津冀东部出现一个高压中心，京津冀地区由高压前部（8 时）转为高压后部（11 时、14 时）控制。8 时京津冀地区由南向北出现一条明显的风向辐合线，辐合线东侧以偏东风为主，西侧以西北风为主。其中，北京地区以西北风为主，唐山以偏东风为主。11 时京津冀地区受高压区控制，辐合线北段略南压、南段略西进，风速略增（由 2m/s 增至 4m/s）。

在探空图上，8 时 54511（北京）站近地面层均有一浅层逆温（1000hPa 以下），湿度均很小（图 3-56）。

（2）气象条件分析

2017 年 11 月 8 日观测结果显示：在 11 月 8 日观测时段（9：00～13：00）内，主城区以东南偏东风和东南风为主，平均气温 11.9℃，平均相对湿度 33.7%，平均风速 2.5m/s，观测时段内的风速变化较为平稳（图 3-57）。

（3）三维风场模拟

2017 年 11 月 8 日 CALMET 模拟结果显示：通州区域以偏南风为主；低层风速小（2.5m/s 左右）；高层风速大（4.0m/s 左右）（图 3-58）。

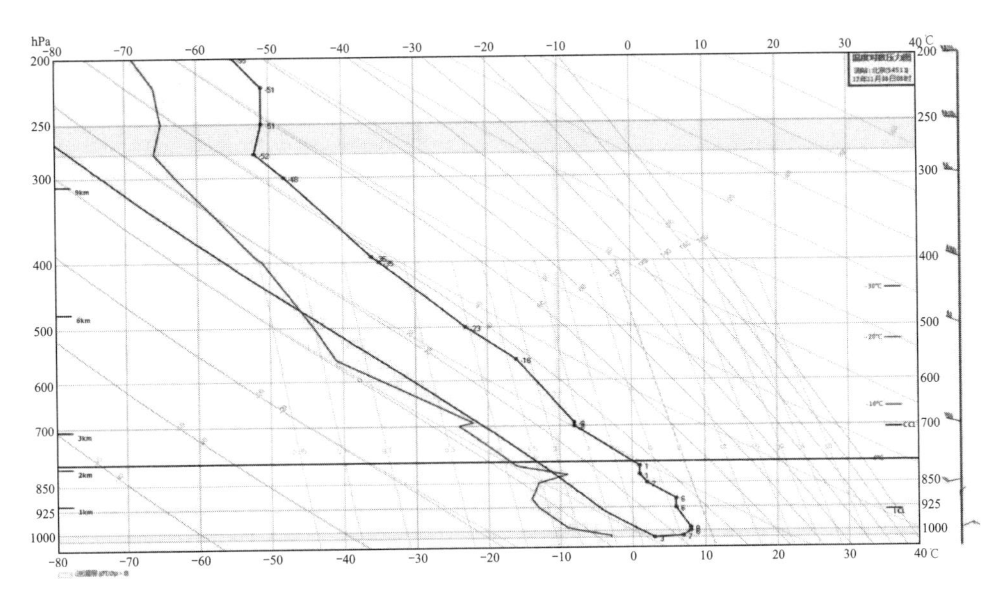

图 3-56　2017 年 11 月 8 日 8 时探空图（北京）

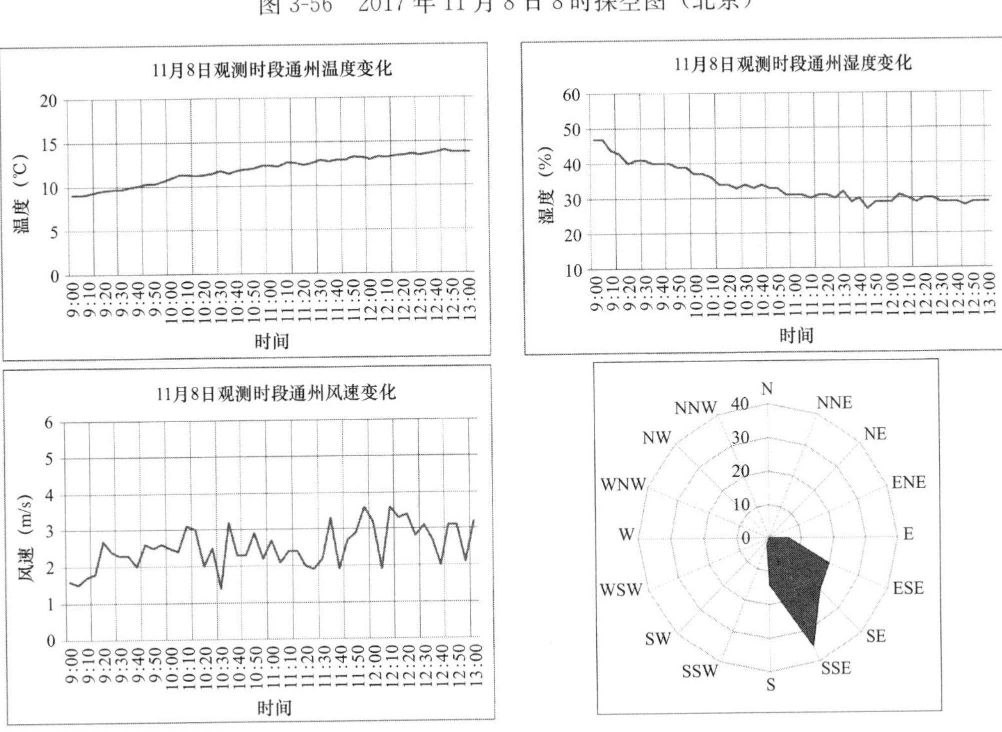

图 3-57　2017 年 11 月 8 日观测时段气象条件

3）北京大兴国际机场

（1）大气环流特征

地面天气图上，京津冀地区位于低压后部、高压前部，等压线较密，气压梯度较大，风速偏大。京津冀地区，特别是北京、保定、沧州地区，8：00～14：00 地面均以西北风为主，风速较大（注：14 时由于部分数据缺失，形势场较难分辨，但对比 17 时地面图来看，14 时高、低压位置应未发生太大的变化，而京津冀地区仍以西北风为主，但风速较 8 时和 11 时有增大）。

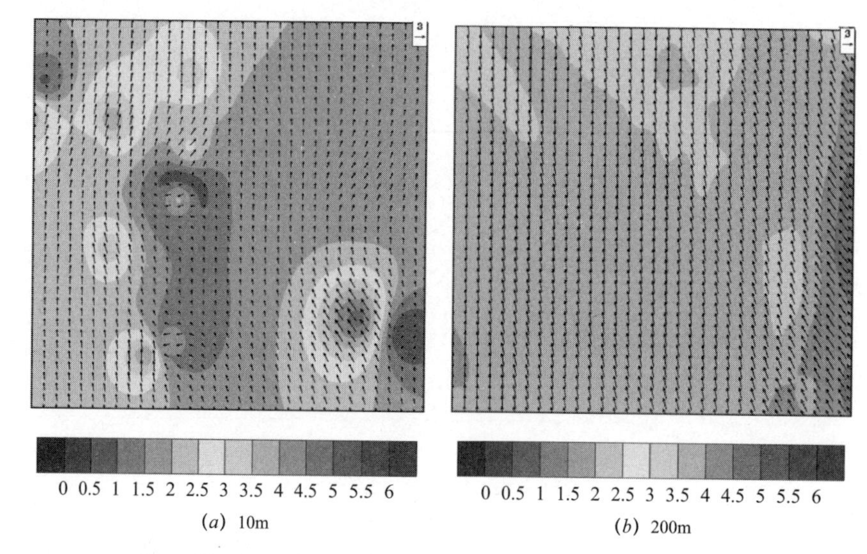

图 3-58　2017 年 11 月 8 日通州区域 CALMET 模拟结果

8 时 54511（北京）站近地面有一层浅薄的逆温，700hPa 略有湿度。53798（邢台）站近地面无逆温，500hPa 略有湿度。

（2）气象条件分析

2017 年 11 月 13 日观测结果显示：在 11 月 13 日观测时段（13：00～15：00）内，主城区以北风和东北偏北风为主，平均气温 12.0℃，平均相对湿度 13.2%，平均风速 3.4m/s，观测时段内的风速在 14：30 之后有所增大（图 3-59）。

（3）三维风场模拟

2017 年 11 月 13 日 CALMET 模拟结果显示：低层风场（10m）偏北风为主，风速 3m/s 左右，与观测较为吻合；高层风场（200m）西北风为主，风速大、10m/s 左右；北部风速大、南部风速小（图 3-60）。

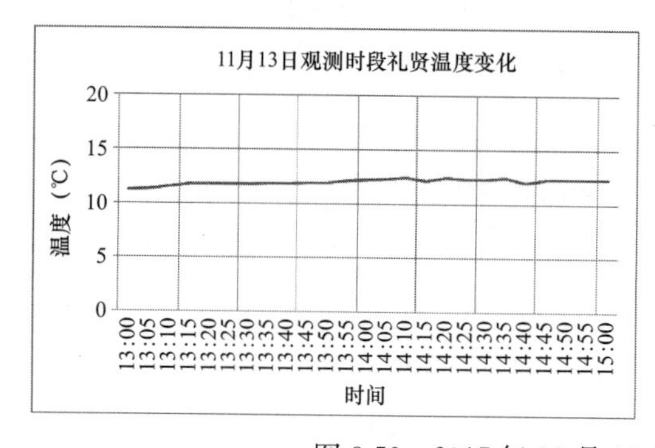

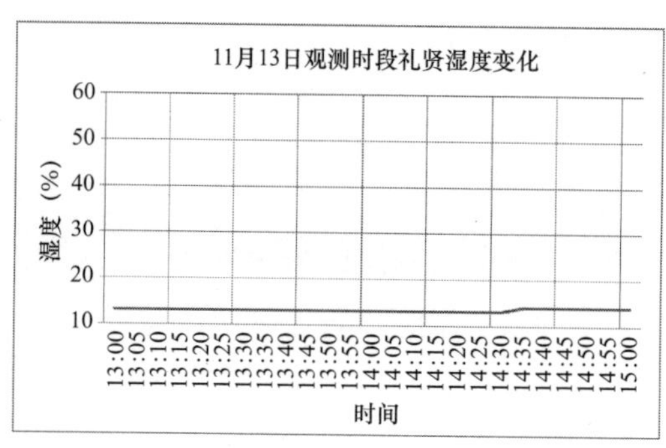

图 3-59　2017 年 11 月 13 日观测时段气象条件（一）

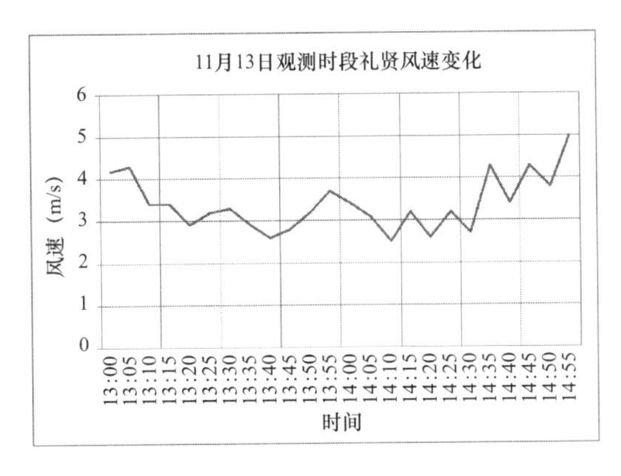

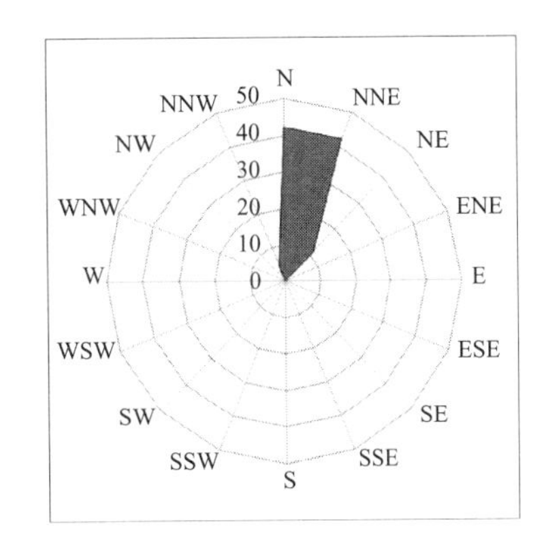

图 3-59　2017 年 11 月 13 日观测时段气象条件（二）

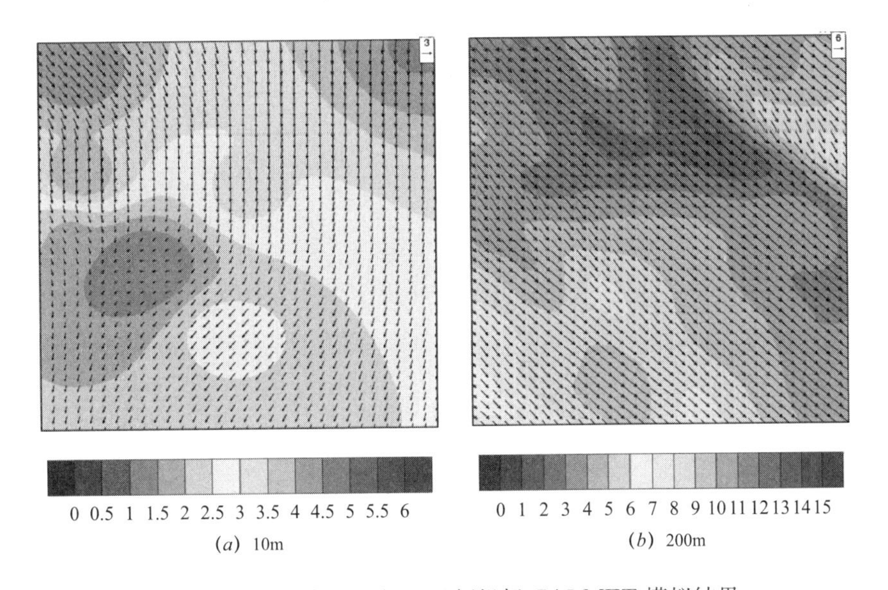

图 3-60　2017 年 11 月 13 日新机场 CALMET 模拟结果

4）北京—沧州

（1）大气环流特征

2017 年 11 月 5 日地面天气图，8 时京津冀北京以南地区等压线较稀疏平缓，地面风以西南风为主，北京地区以东北风为主，但风速较小，从京津冀东北至西南有一条明显的地面风辐合。11 时类似，14 时 1020hPa 线略北抬，京津冀大部分地区均转为西南风，包括北京大部分地区和沧州地区，而沧州市南部地区地面风速也明显加大。

8 时 54511（北京）站逆温层较厚，从地面一直到 925hPa，且近地面湿度几乎达到饱和（图 3-61）；同时的 54727（章丘）站近地面仅有浅薄的逆温，且湿度很小（图 3-62）。

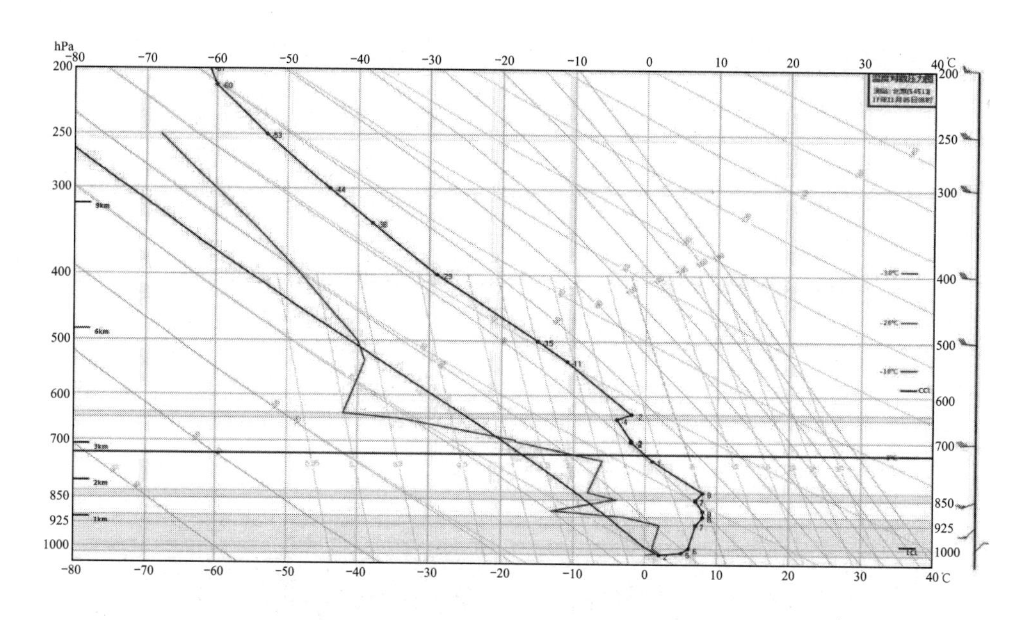

图 3-61　2017 年 11 月 5 日 8 时探空图（北京）

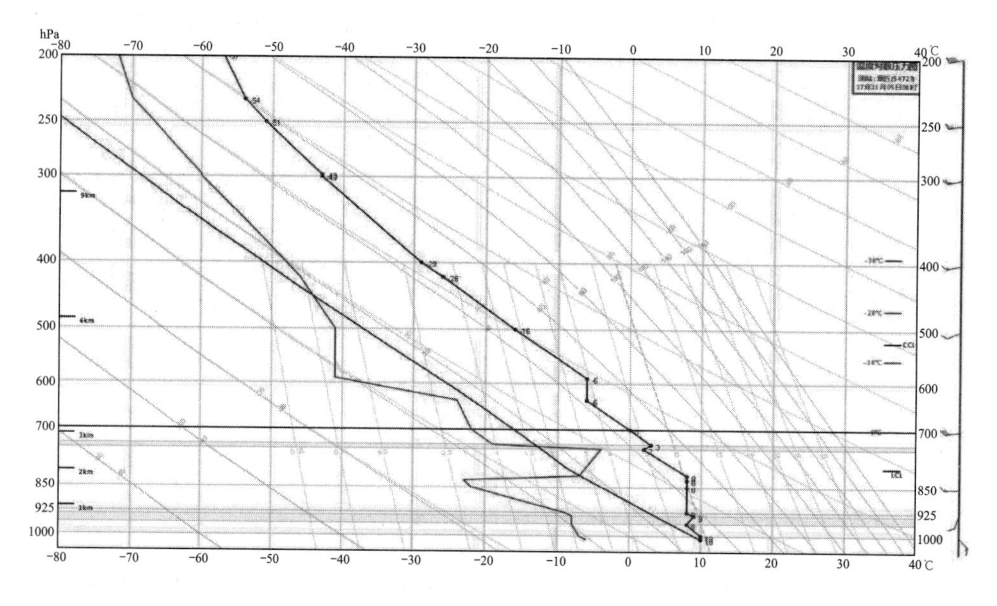

图 3-62　2017 年 11 月 5 日 8 时探空图（章丘）

（2）三维风场模拟

2017 年 11 月 5 日 WRF 模拟结果显示：以西南风为主；低层风场（10m）风速 1～4m/s 左右；高层风场（200m）风速 4～6m/s 左右；北部风速小、南部风速大（图 3-63）。

5）北京—唐山

（1）大气环流特征

大气环流特征与通州区域部分相同。

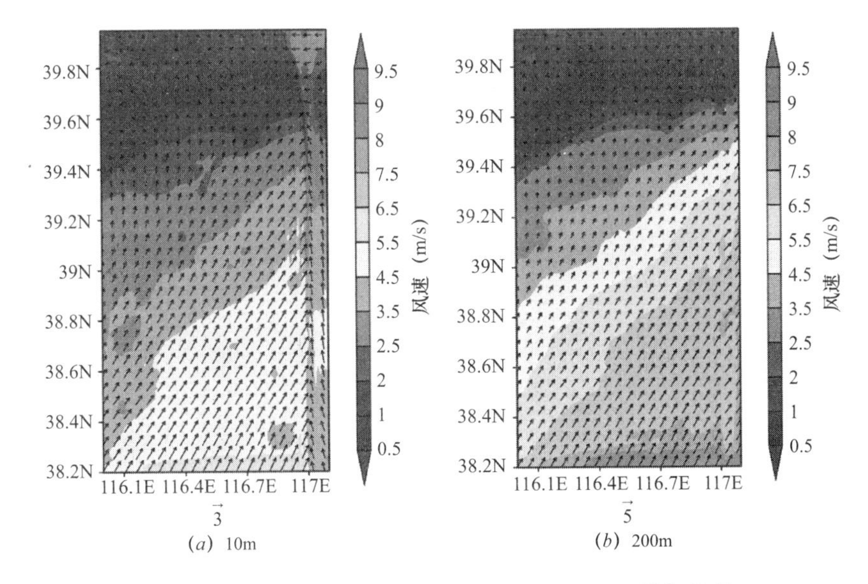

图 3-63　2017 年 11 月 5 日北京—沧州 WRF 模拟结果

（2）三维风场模拟

2017 年 11 月 8 日 WRF 模拟结果显示：北京—唐山区域低层风场（10m）以偏东风为主；高层风场（200m）东部区域以偏东风为主，到西部逐渐转为东南风；区域整体风速 1～3m/s 左右，东部风速较小、西部风速较大。

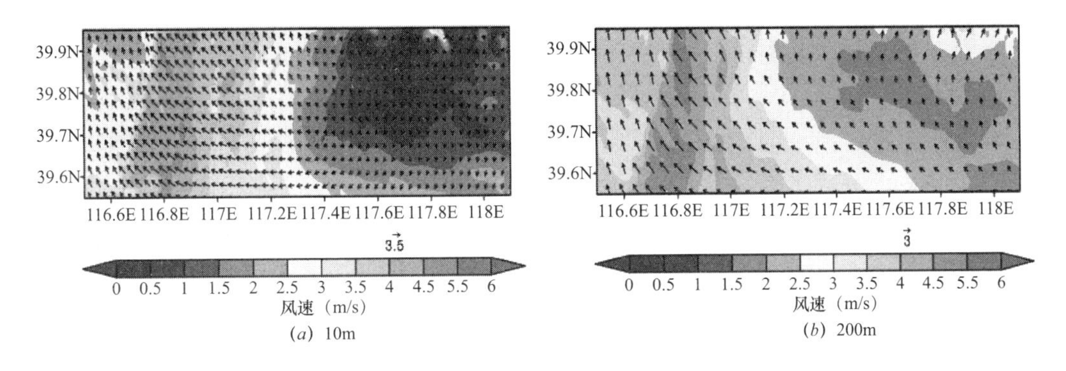

图 3-64　2017 年 11 月 8 日北京—唐山 WRF 模拟结果

6）北京—张家口

（1）大气环流特征

2017 年 11 月 9 日 8 时地面天气图，京津冀地区在朝鲜高压后部、蒙古低压前部。北京地区以偏北风为主，张家口地区以西北风为主，石家庄地区以偏西风为主。11：00～17：00，京津冀北京以北地区逐渐由低压前部转低压底部控制，而北京和其南部地区转为两高间低压辐合区，该时段，张家口地区仍以西北风为主，且风力逐渐加大，北京和石家庄地区转为东南风为主。

在探空图上可以看出，54511（北京）站8时600hPa以下略有湿度，近地面有浅薄的逆温，925hPa附近也有一层浅薄的逆温（图3-65）；54401（张家口）站近地面有浅薄逆温层，850hPa附近还有一层略厚的逆温层，同样700hPa附近湿度略大（图3-66）。

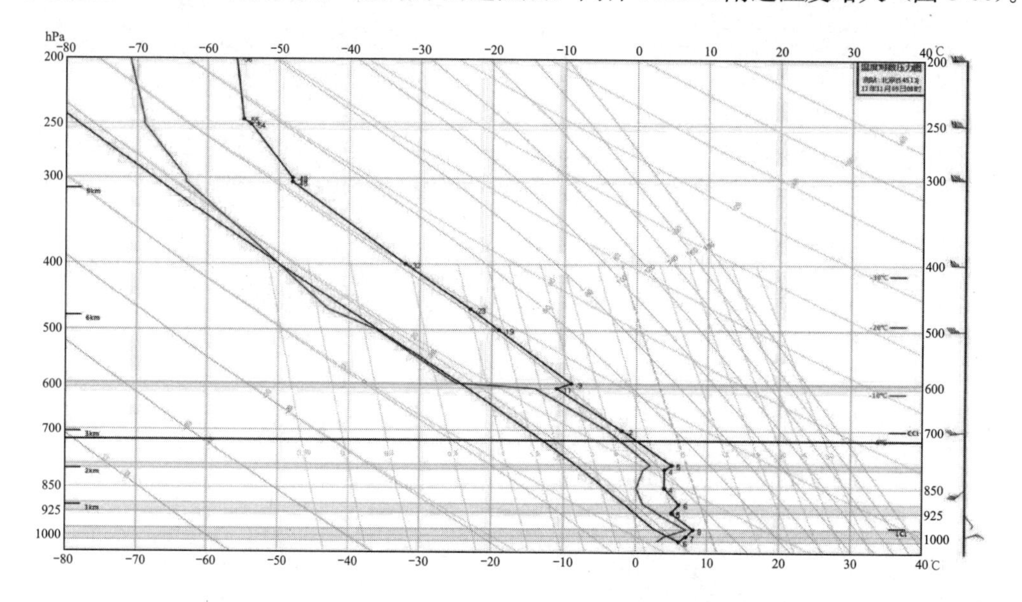

图3-65　2017年11月9日8时探空图（北京）

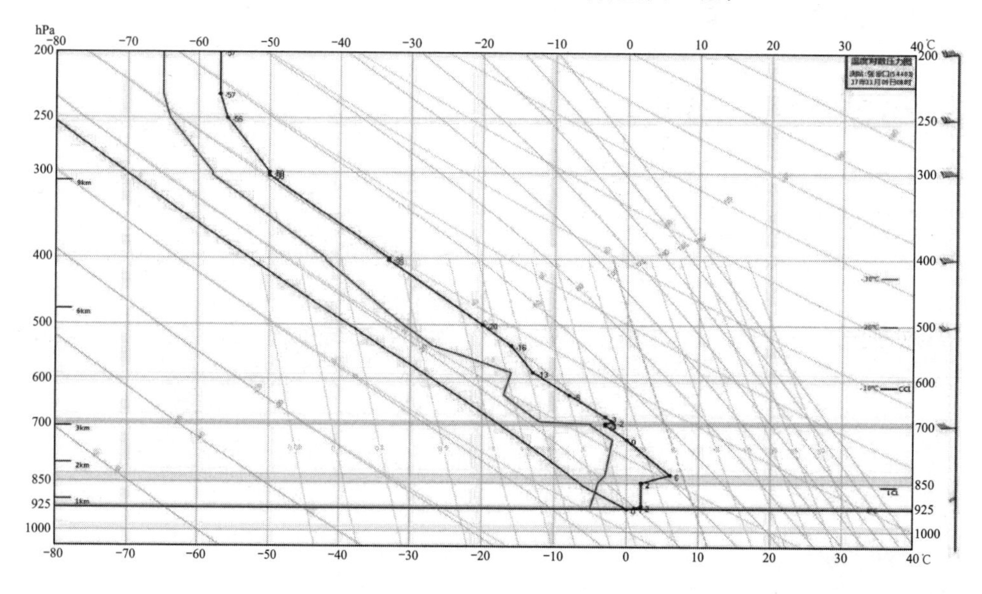

图3-66　2017年11月9日8时探空图（张家口）

（2）三维风场模拟

2017年11月9日WRF模拟结果显示：北京—张家口区域高低层风场较为一致；山区以偏西风为主，风速大（5m/s左右），通道区域以偏东风为主，风速小（2m/s左右）（图3-67）。

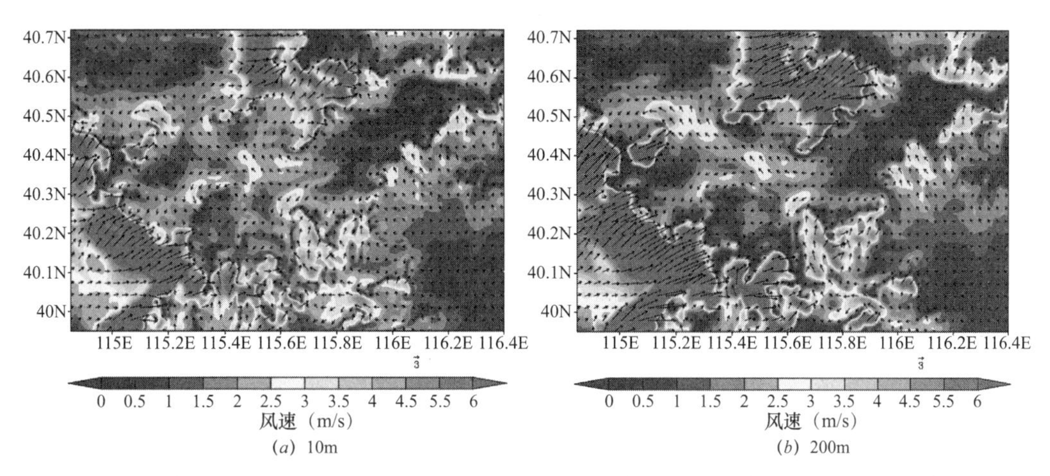

图3-67　2017年11月9日北京—张家口WRF模拟结果

7）北京—石家庄

（1）大气环流特征

大气环流特征与北京—张家口部分相同。

（2）三维风场模拟

北京—石家庄区域高低层风场较为一致；北部以偏北风为主，南部以偏西风为主；东南部角风速较大（4m/s左右）；通道区域风速较小（1m/s）（图3-68）。

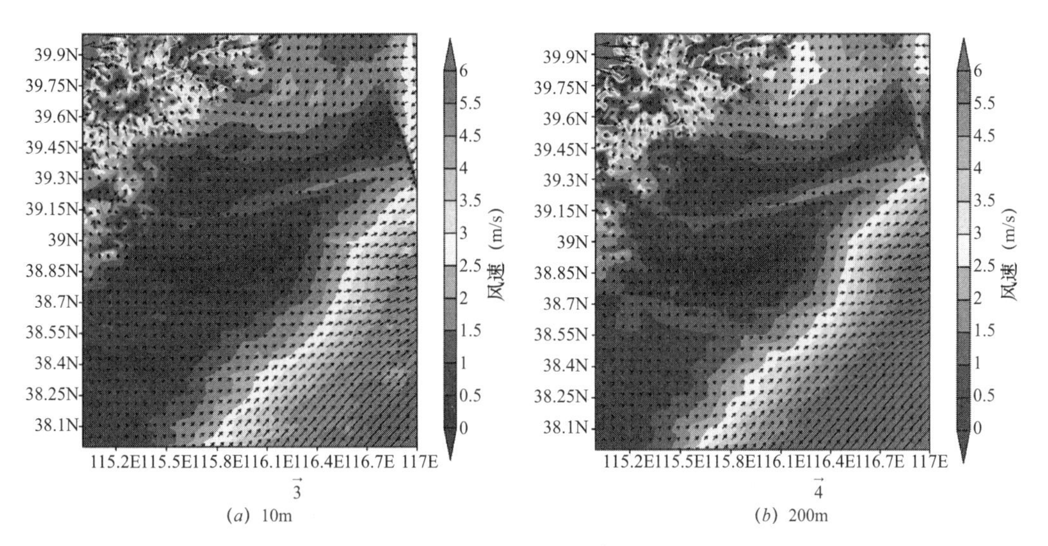

图3-68　2017年11月9日北京—石家庄WRF模拟结果

8）北京—保定—沧州

（1）大气环流特征

大气环流特征与北京大兴国际机场部分相同。

（2）三维风场模拟

2017年11月13日WRF模拟结果显示：北京—保定—沧州区域以西北风为

主，风速较大。低层（10m）风速 6m/s 左右；高层（200m）风速 10m/s 左右（图 3-69）。

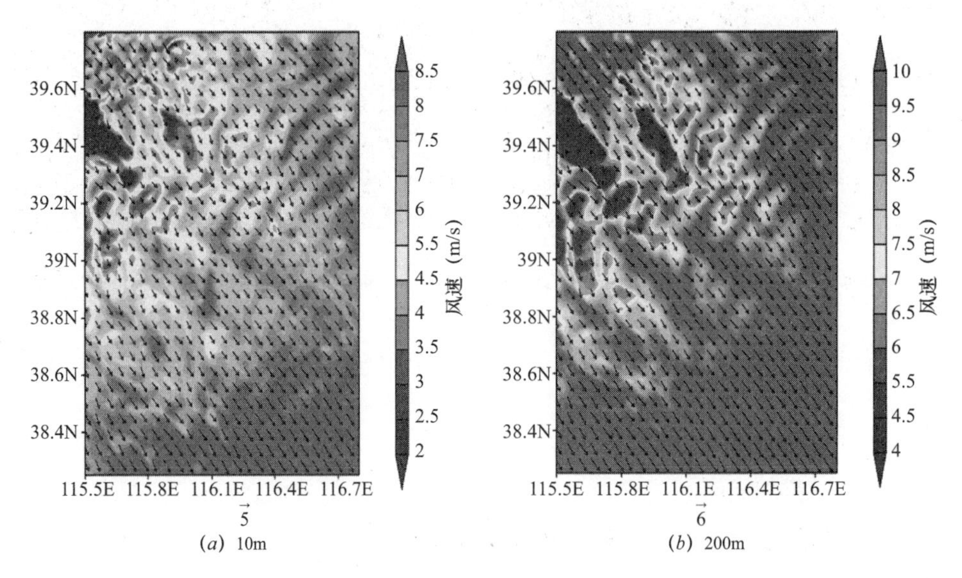

图 3-69 2017 年 11 月 13 日北京—保定—沧州 WRF 模拟结果

2. 污染物分布

京津冀地区 2017 年秋季观测结果如图 3-70 所示。

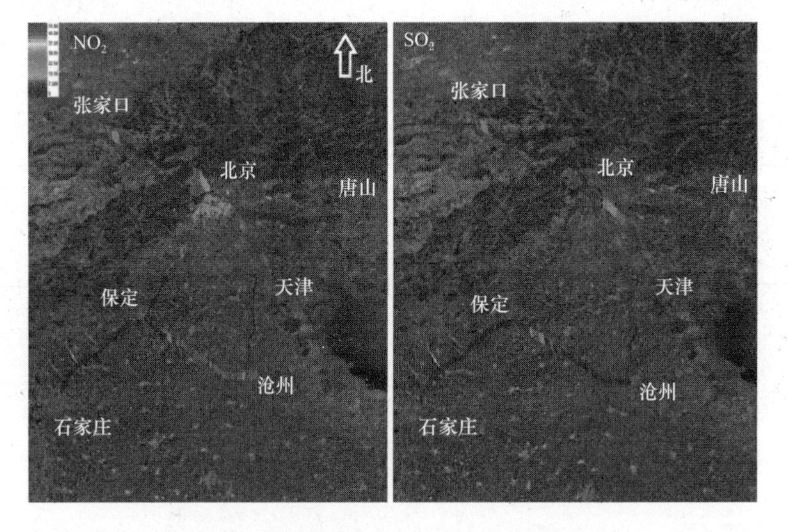

图 3-70 京津冀地区 2017 年秋季观测结果

3.1.5 2017 年冬季观测结果

在 2018 年 1 月 18 日至 1 月 23 日进行了为期 6 天的冬季观测，冬季观测时间见表 3-4。

2017 年冬季观测时间表（2018 年 1 月）　　表 3-4

日期	时间	区域	天气
1 月 18 日	9：00～14：30	北京二环、三环、四环、五环、放射线	晴，偏南风，1～2m/s
1 月 19 日	9：30～15：00	北京二环、三环、四环、五环、放射线	晴，偏北风，5～6m/s
1 月 20 日	9：00～14：30	国贸 CBD、十里河、通州区域、北京—唐山	晴，东风，3～4m/s
1 月 21 日	9：00～14：00	北京保定至沧州、北京—张家口	晴，南风，2～4m/s
1 月 23 日	9：30～14：30	北京大兴国际机场、北京—沧州、北京—石家庄	晴，西北风，5～6m/s

1. 气象观测结果

1）北京主城区

（1）大气环流特征

2018 年 1 月 18 日 8 时、14 时和 17 时地面图上，新疆北疆地区有一高压中心，其前部延伸至京津冀地区，北京地区亦受该高压前部控制；同时，贝加尔湖有一低压中心。其中，8 时、14 时地面图显示，北京地区地面以东北风为主；至 17 时转为西南风控制。

8 时 54511（北京）站探空图上，近地面有浅层逆温（图 3-71）。

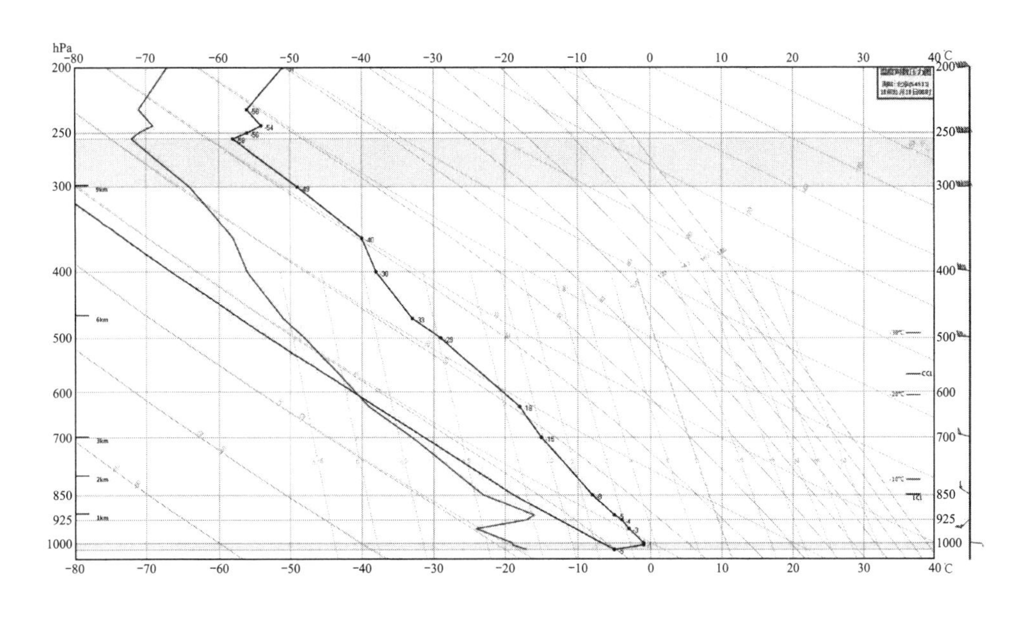

图 3-71　2018 年 1 月 18 日 8 时探空图（北京）

在 2018 年 1 月 19 日地面天气图上，京津冀地区主要受东北低压底后部控制。8 时、14 时北京城区地面以东北风为主，至 17 时，转为西北风为主。

从 8 时 54511（北京）站探空图上可以看到，近地面有一层浅薄但温度梯度较大的逆温（图 3-72）。

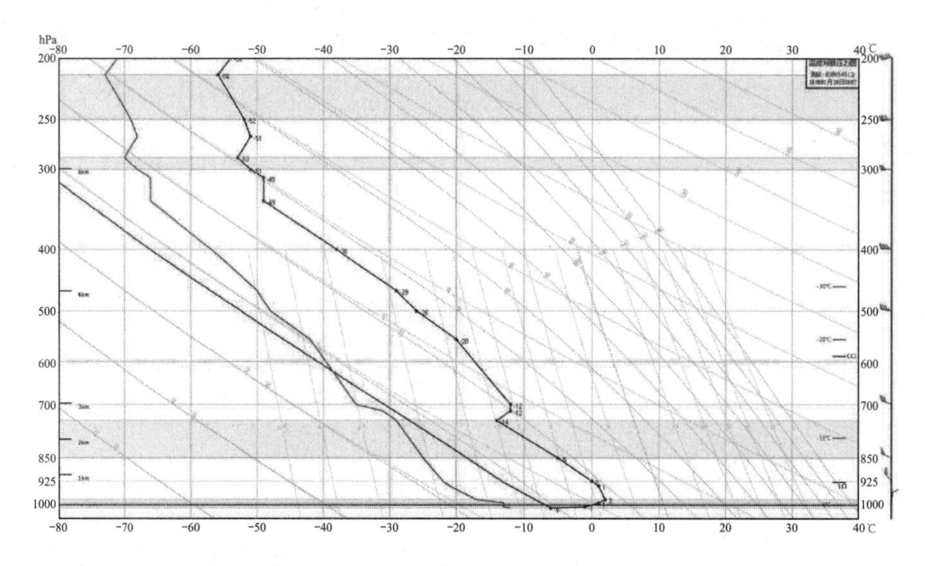

图 3-72　2018 年 1 月 19 日 8 时探空图（北京）

（2）气象条件分析

2018 年 1 月 18 日观测结果显示：在 1 月 18 日观测时段（9：00～15：00）内，主城区以东北偏东风（海淀区、朝阳站、观象台站）或西南偏西风（丰台站）为主，平均气温 1.6℃，平均相对湿度 27.3%，平均风速 1.5m/s。观测时段 9：00～12：00 平均风速 1.5m/s 左右，12：00～13：30 风速有所减弱，平均风速在 1m/s 左右，13：00～15：00 风速又开始呈上升趋势，午后的平均风速在 1.6m/s 左右（图 3-73）。

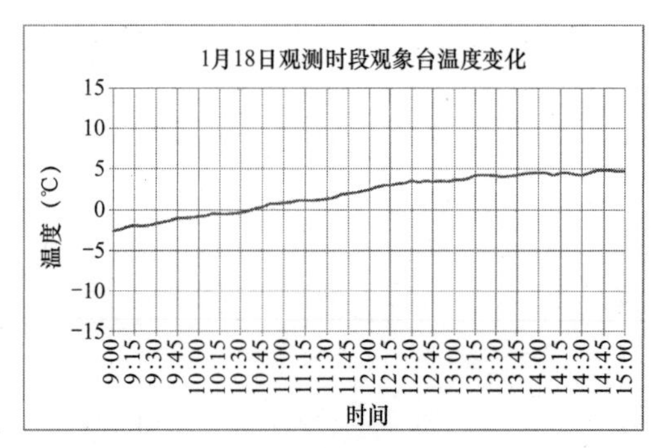

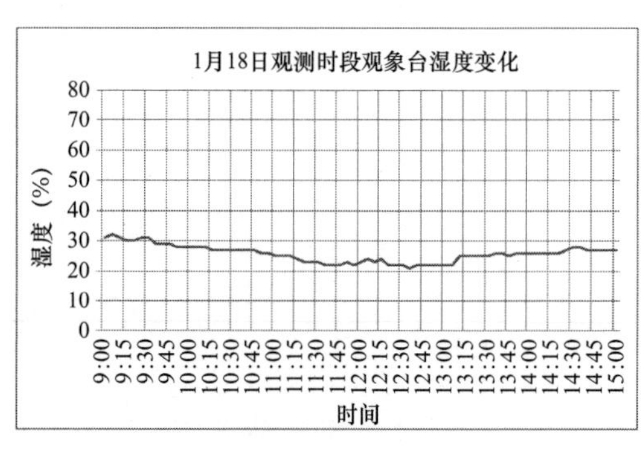

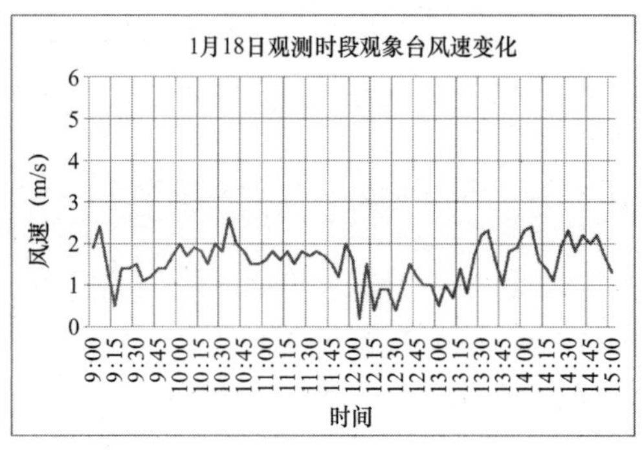

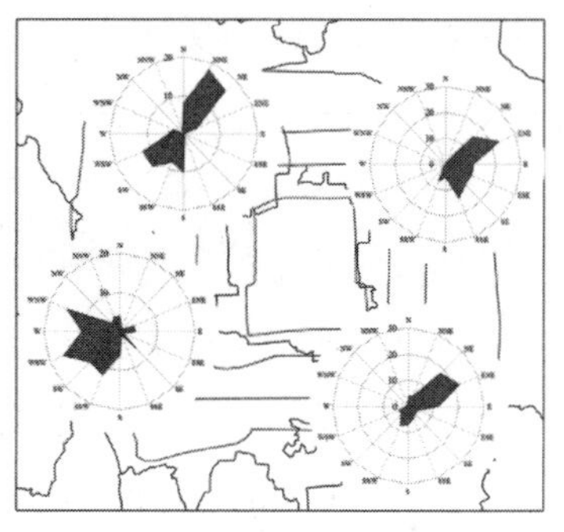

图 3-73　2018 年 1 月 19 日观测时段气象图

（3）三维风场模拟

2018年1月18日CALMET模拟结果显示：北京主城区低层风场（10m）以西南风为主，风速较小（1.5m/s左右）；高层风场（200m）转为偏北风，西北部出现风速大值区（图3-74）。

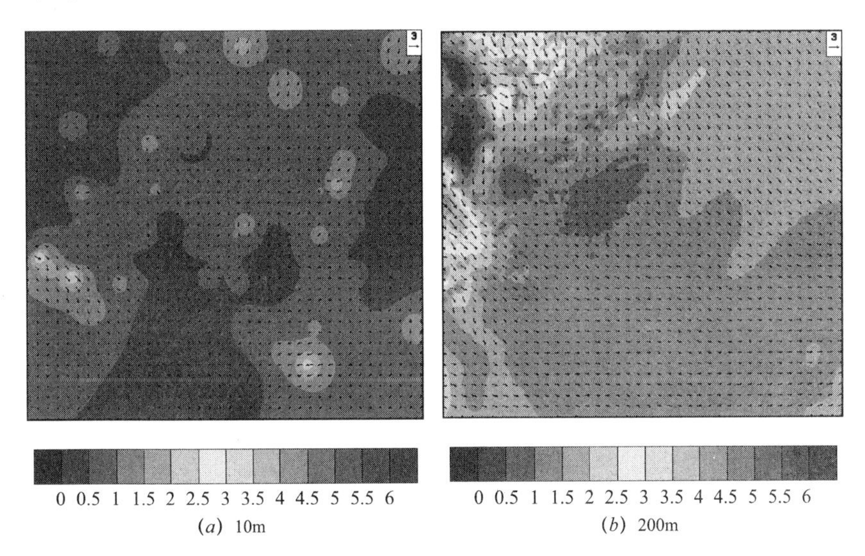

图3-74　2018年1月18日北京主城区CALMET模拟结果

2）通州区域

（1）大气环流特征

在2018年1月20日地面天气图上，8时北京城区地面风以偏北风为主，11时、14时转为偏东风为主；而北京东南部的通州地区和京津冀东部地区，从早8时至14时，地面风向均以东南偏东风为主。

8时54511（北京）站探空图上近地面有明显的逆温层（图3-75）。

（2）气象条件分析

2018年1月20日观测结果显示：在4月25日观测时段（12：30～14：30）内，通州区以东南偏东风为主，平均气温2.2℃，平均相对湿度48.0%，平均风速3.8m/s，观测时段内的风速呈微弱的下降趋势（图3-76）。

（3）三维风场模拟

2018年1月20日CALMET模拟结果显示：通州区域以东南风为主；低层风速小（2.5m/s左右）；东南区域有风速大值区；高层风速大（6.0m/s左右）；东部风速偏大（图3-77）。

3）北京大兴国际机场

（1）大气环流特征

2018年1月23日地面天气图上，京津冀地区为蒙古高压前部控制，等压线较密，气压梯度较大，地面风速较大。具体来看，8 时京津冀中部地区以西北风为主，东南部和南部地区以东北风为主；11 时京津冀地区风向基本与 8 时相同；14 时京津冀大部分地区均转为西北风，仅在京津冀南部一些地区仍为东风或东北风。

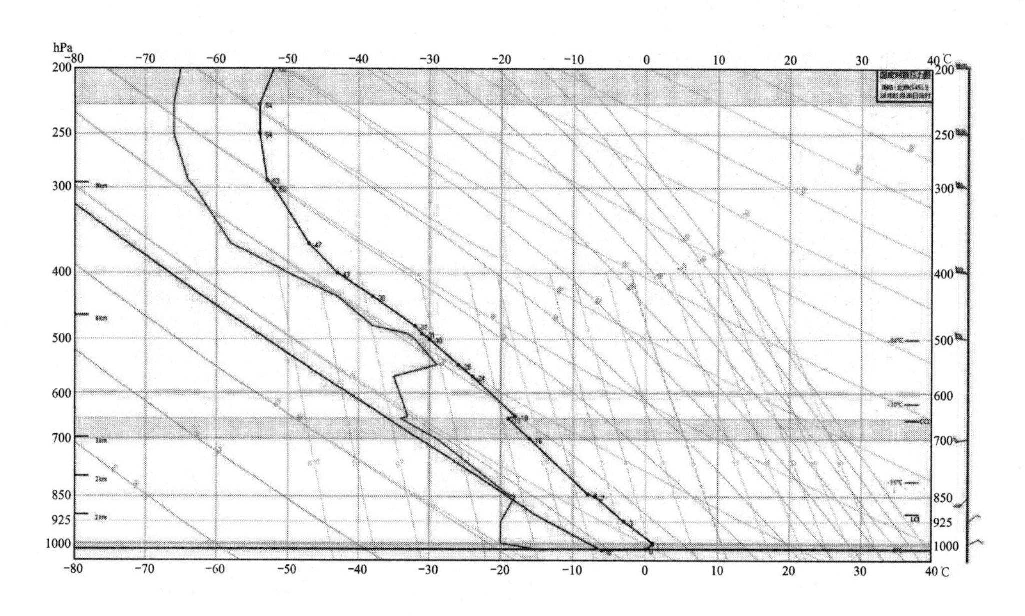

图 3-75　2018 年 1 月 20 日 8 时探空图（北京）

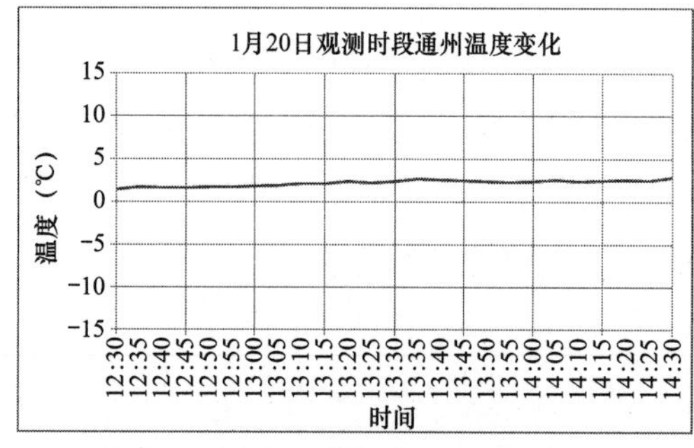

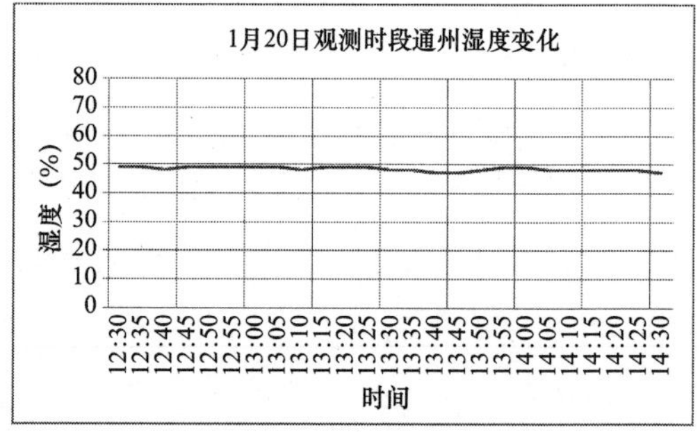

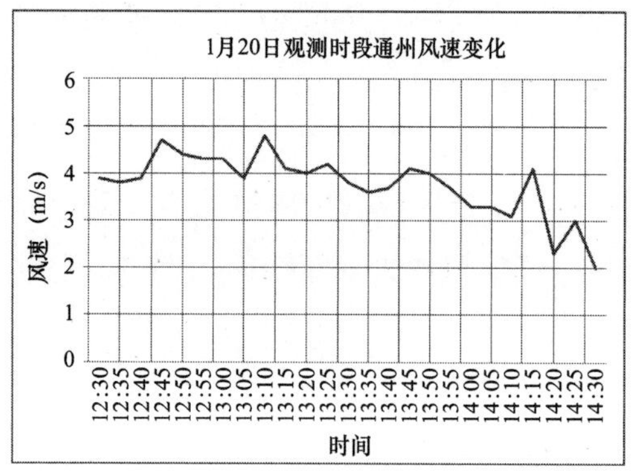

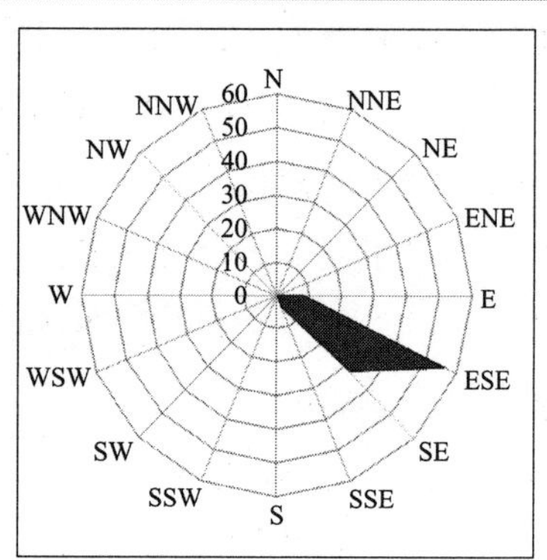

图 3-76　2018 年 1 月 20 日观测时段气象条件

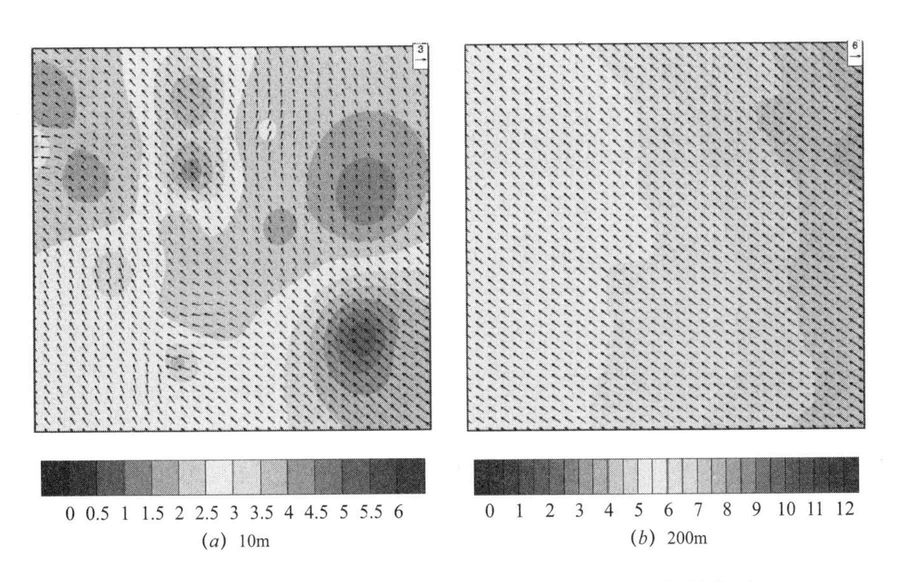

图3-77　2018年1月20日通州区域CALMET模拟结果

在探空图上，23日8时53798（邢台）站和54727（章丘）站近地面均没有明显的逆温层，但近地面湿度较大（图3-78、图3-79）。23日8时54511（北京）站无数值，故未分析。

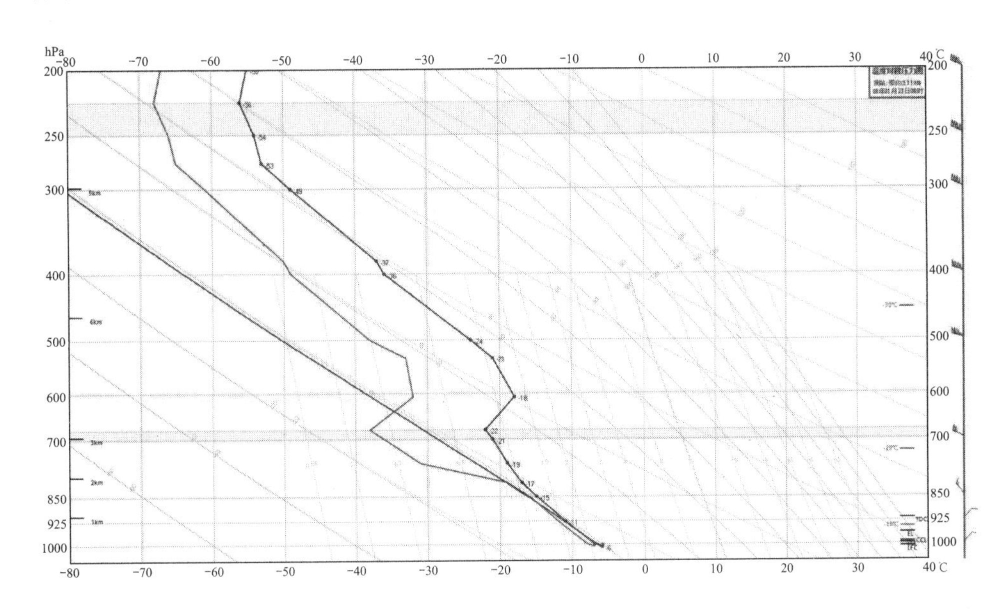

图3-78　2018年1月23日8时探空图（邢台）

（2）气象条件分析

2018年1月23日观测结果显示：在1月23日观测时段（9：00～11：00）内，新机场地区的主导风为北风和东北风，平均气温－8.9℃，平均相对湿度14.0%，平均风速2.7m/s，观测时段内的风速呈现先上升后下降的变化趋势（图3-80）。

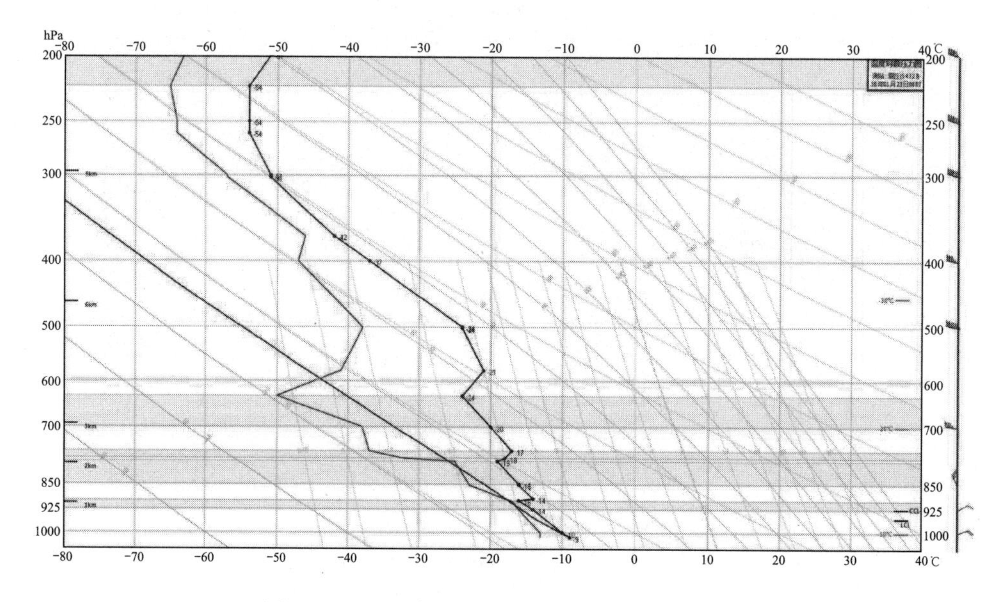

图 3-79　2018 年 1 月 23 日 8 时探空图（章丘）

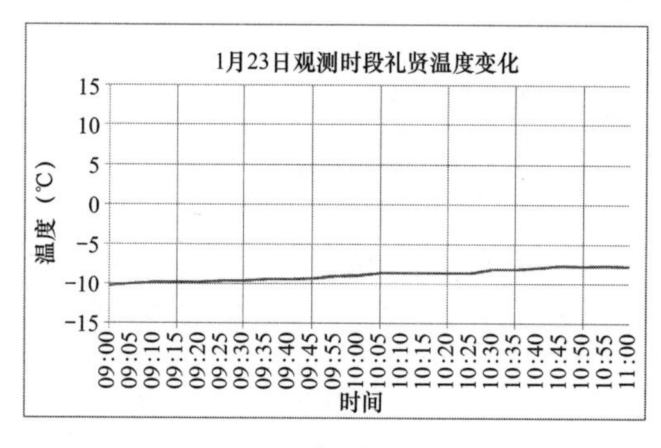

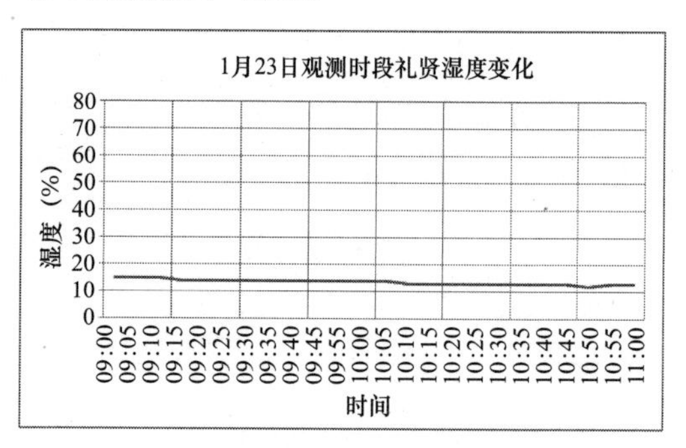

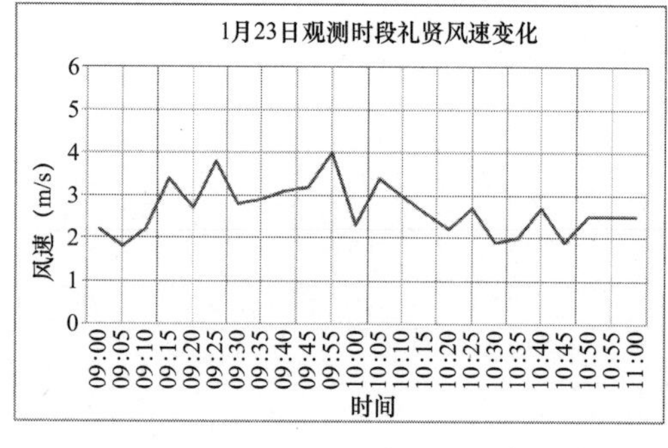

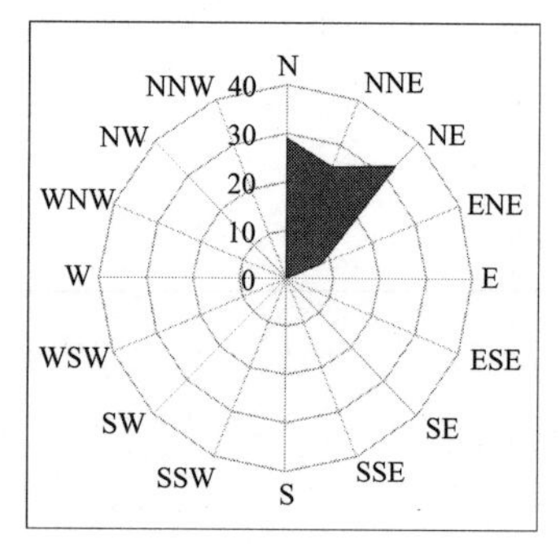

图 3-80　2018 年 1 月 23 日观测时段气象条件

（3）三维风场模拟

2018 年 1 月 23 日 CALMET 模拟结果显示：北京大兴国际机场以偏北风为主；高层风场风速大于低层；东部区域风速高于西部（图 3-81）。

4）北京—唐山

（1）大气环流特征

大气环流特征与通州区域部分相同。

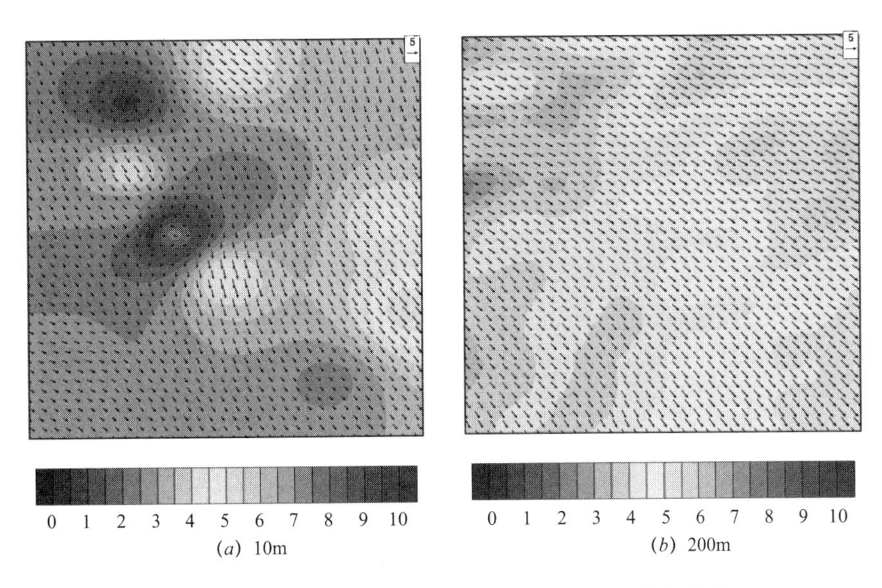

图 3-81　2018 年 1 月 23 日新机场 CALMET 模拟结果

（2）三维风场模拟

2018 年 1 月 20 日 WRF 模拟结果显示：北京—唐山区域东部区域以偏东风为主，到西部逐渐转为东北风；低层风场（10m）风速 1～3m/s；高层风场（200m）风速较大 4～7m/s（图 3-82）。

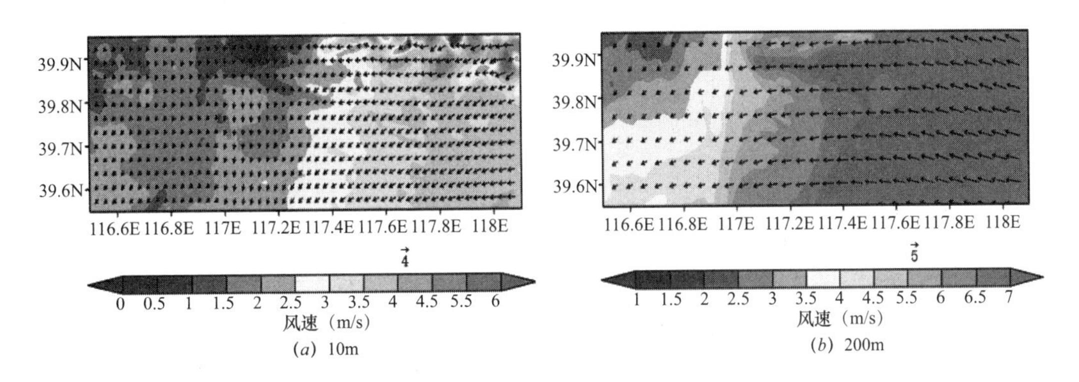

图 3-82　2018 年 1 月 20 日北京—唐山 WRF 模拟结果

5）北京—保定—沧州

（1）大气环流特征

2018 年 1 月 21 日地面天气图上，8 时京津冀中部、东南部地区以东北风为主，南部地区以偏北风为主，京津冀西北部地区以西北风为主。11 时和 14 时京津冀中部、东南部和南部地区与 8 时相近，京津冀西北地区，即张家口地区北部以偏西风为主，张家口南部地区以偏东风为主。

在探空图上，54511（北京）站近地面没有逆温层（图 3-83）。

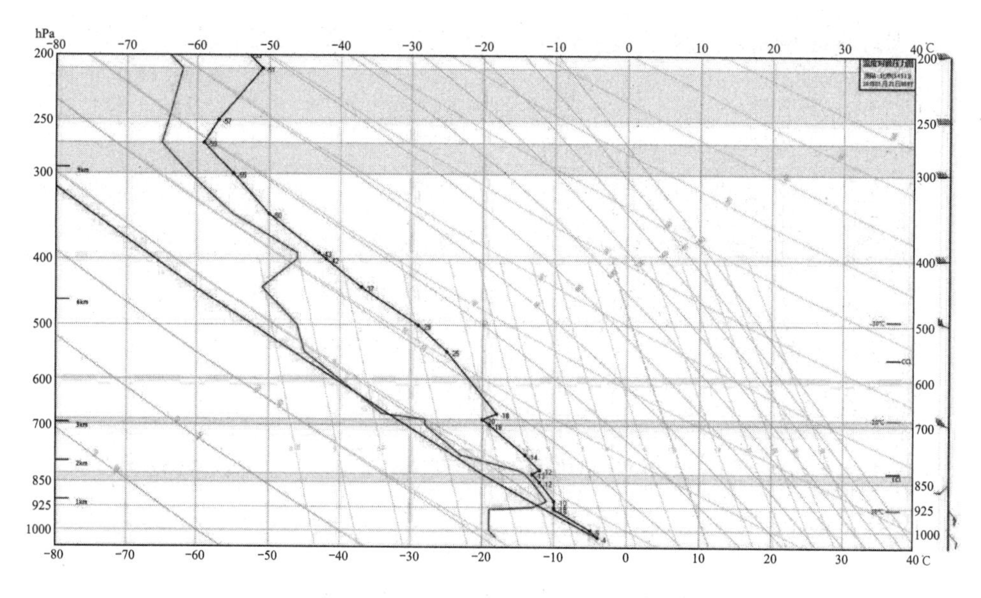

图 3-83　2018 年 1 月 21 日 8 时探空图（北京）

（2）三维风场模拟

2018 年 1 月 21 日 WRF 模拟结果如图 3-84 所示。

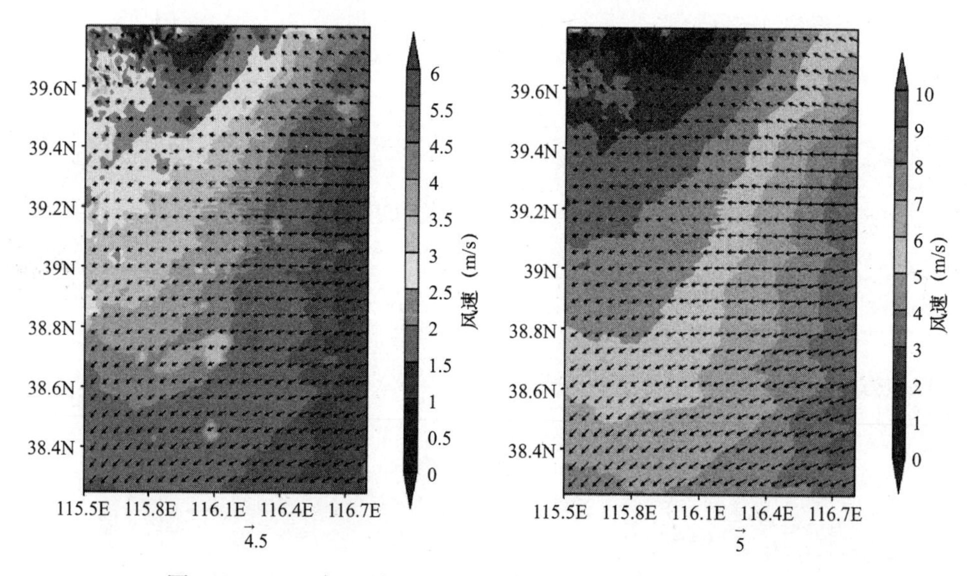

图 3-84　2018 年 1 月 21 日北京—保定—沧州 WRF 模拟结果

6）北京—张家口

（1）大气环流特征

大气环流特征与北京—保定—沧州部分相同。

（2）三维风场模拟

2018 年 1 月 21 日 WRF 模拟结果显示：北京—张家口区域高低层风场较为一致；通道区域以偏东风和东北风为主，风速 1～4m/s，见图 3-85。

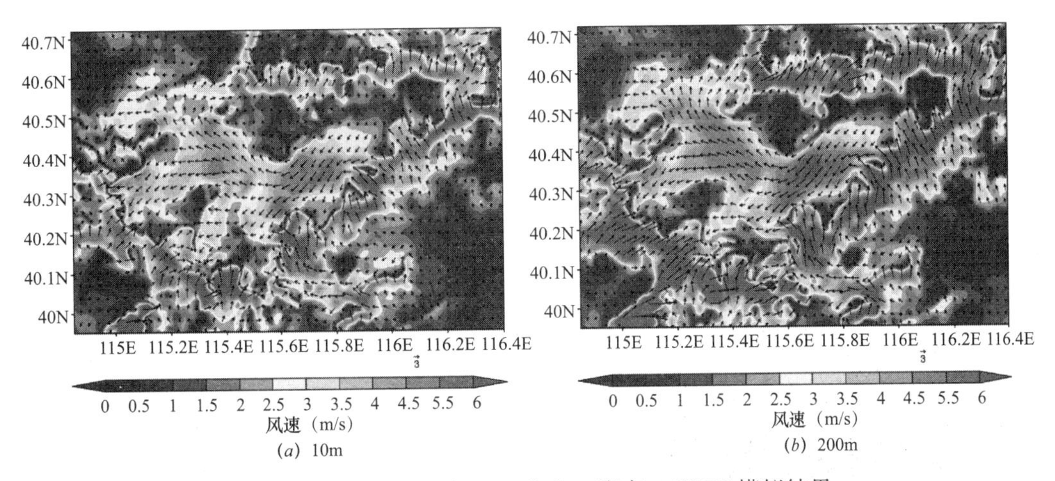

图 3-85　2018 年 1 月 21 日北京—张家口 WRF 模拟结果

7）北京—沧州

（1）大气环流特征

大气环流特征与北京大兴国际机场部分相同。

（2）三维风场模拟

2018 年 1 月 23 日 WRF 模拟结果显示：北京—沧州区域高低层风场较为一致；以西北风为主，高层风速略大于低层；风速 1～5m/s；北部风速大、南部风速小（图 3-86）。

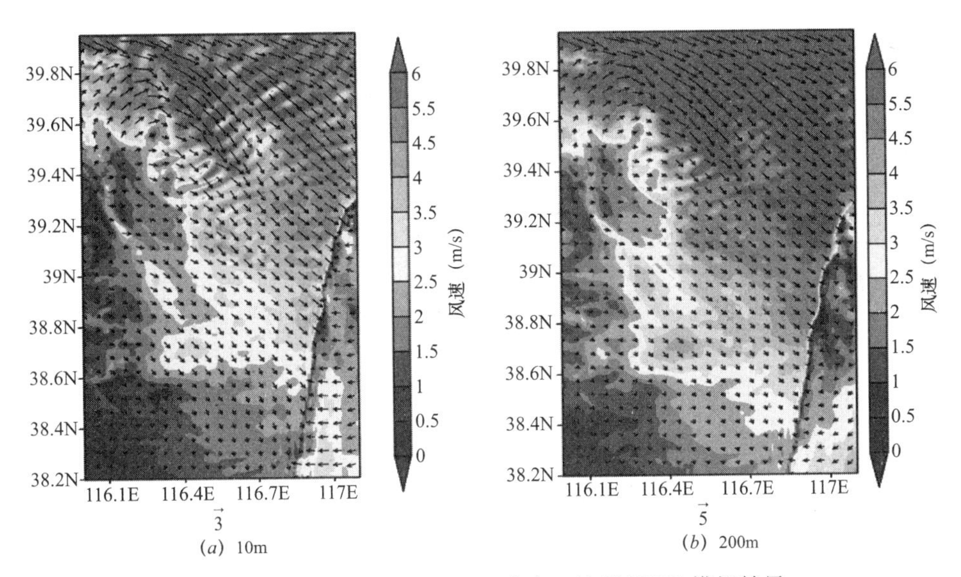

图 3-86　2018 年 1 月 23 日北京—沧州 WRF 模拟结果

8）北京—石家庄

（1）大气环流特征

大气环流特征与北京大兴国际新机场部分相同。

（2）三维风场模拟

2018 年 1 月 23 日 WRF 模拟结果显示：北京—石家庄通道区域；以偏南风为主；低层风速小（1～2m/s），高层风速大（4～5m/s）（图 3-87）。

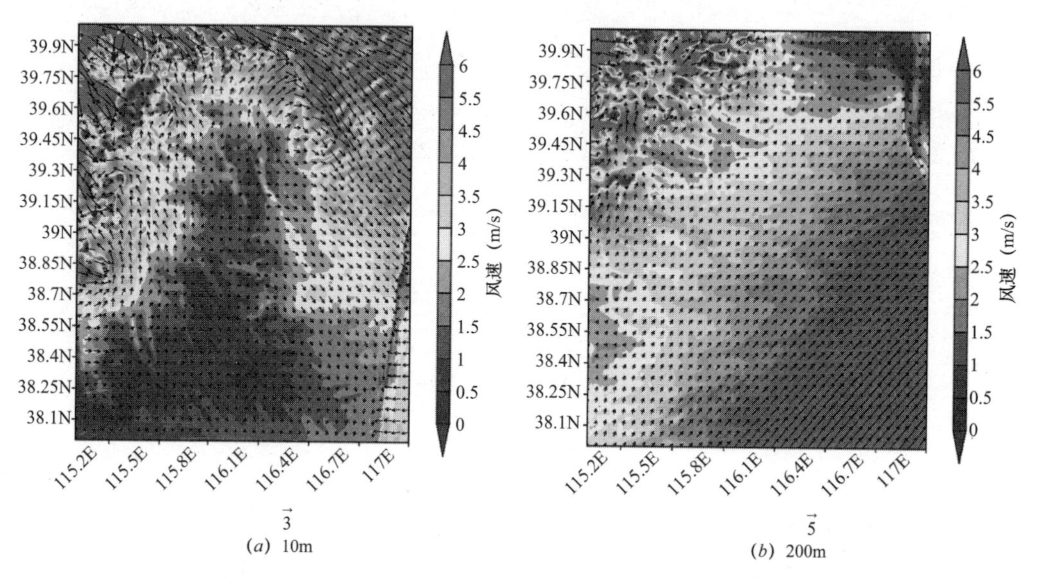

图 3-87　2018 年 1 月 23 日北京—石家庄 WRF 模拟结果

2. 污染物分布

京津冀地区 2017 年冬季观测结果如图 3-88 所示。

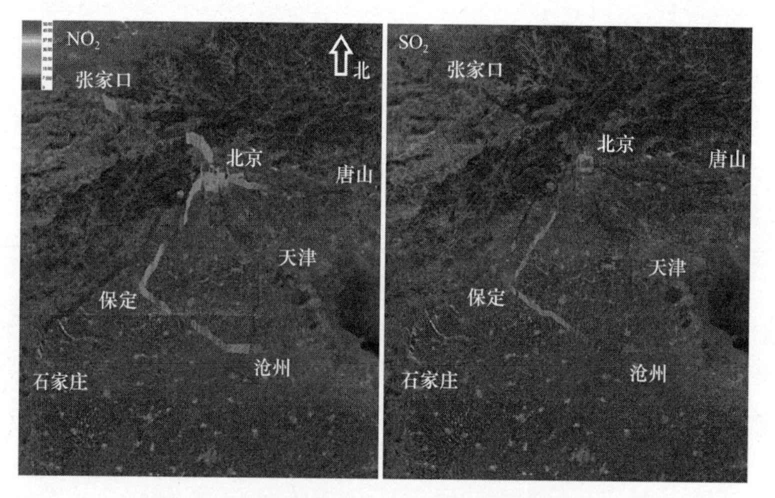

图 3-88　京津冀地区 2017 年冬季观测结果

3.1.6　2018 年春季观测结果

在 2018 年 4 月 17 日至 5 月 12 日进行了为期 9 天的春季观测，春季观测时间见表 3-5。

2018 春季观测时间表　　表 3-5

日期	时间	区域	天气
4 月 17 日	9：30～14：30	国贸 CBD、十里河、通州区域、北京—唐山	晴，南风，2～3m/s
4 月 18 日	9：00～15：40	北京二环、三环、四环、五环、放射线	晴，南风，1～3m/s
4 月 19 日	9：00～14：30	北京大兴国际机场北京至石家庄	晴，南风，2～3m/s
4 月 20 日	9：30～15：00	北京二环、三环、四环、五环、放射线	多云，南风，2～3m/s
4 月 23 日	9：30～15：00	北京—沧州	晴，北风，2～3m/s
4 月 24 日	9：30～15：00	北京—保定—沧州	晴，北风，2～3m/s
5 月 10 日	9：30～15：00	北京至张家口	多云，偏南风，1～2m/s
5 月 11 日	9：55～13：00	石景山热电	晴，东风，1～2m/s
5 月 12 日	9：55～12：00	石景山热电	多云，东风，1～2m/s

1. 气象观测结果

1）北京主城区

（1）大气环流特征

2018 年 4 月 18 日地面天气图上，8 时至 11 时北京处于一低压底部；14 时北京西北方低压中心移至河西走廊，海上高压仍旧存在，北京地区为东南高西北低气压梯度区内。从 8 时和 14 时京津冀地区地面图上看出来，京津冀地区地面以西南风为主，在北京山前形成一条辐合线。

在 8 时 54511（北京）站探空图上，850～925hPa 有一层逆温（图 3-89）。

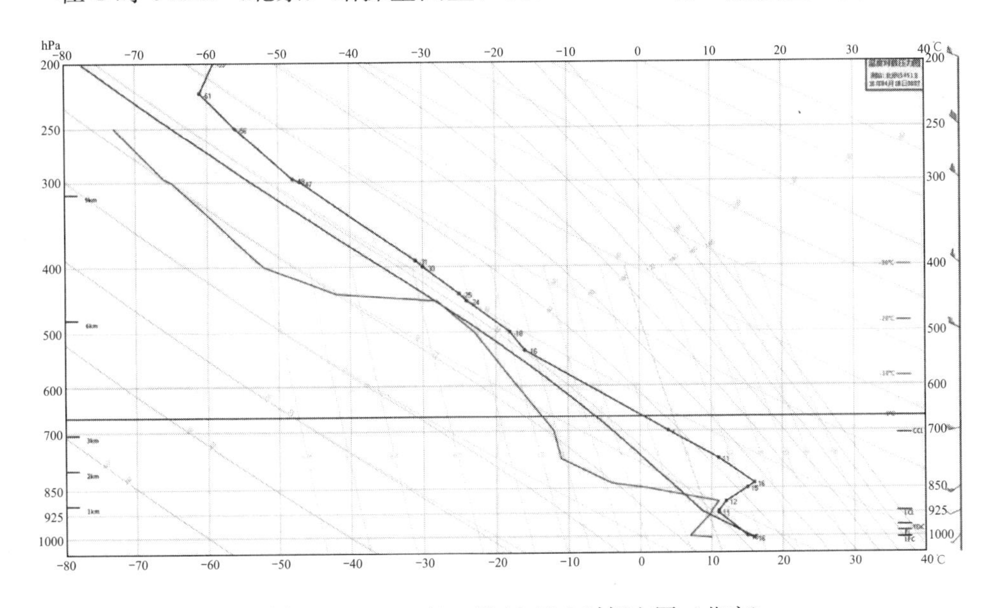

图 3-89　2018 年 4 月 18 日 8 时探空图（北京）

（2）气象条件分析

2018 年 4 月 18 日观测结果显示：在 4 月 18 日观测时段（9：00～15：40）内，主城区以南风或者西南偏南风（海淀区、朝阳站、观象台站）或西南风（丰台站）

为主，平均气温 22.5℃，平均相对湿度 49%，平均风速 2.5m/s，观测时段 9：00～12：00 风速呈现上升趋势，12：00～13：00 风速有所减弱，13：00～15：40 风速又开始呈上升趋势，午后的平均风速在 1.6m/s 左右（图 3-90）。

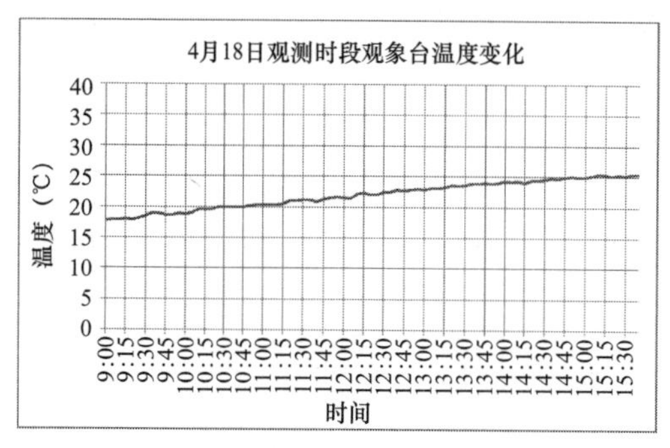

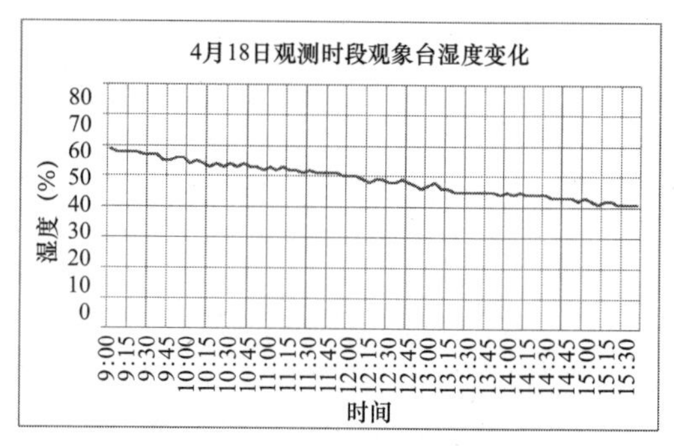

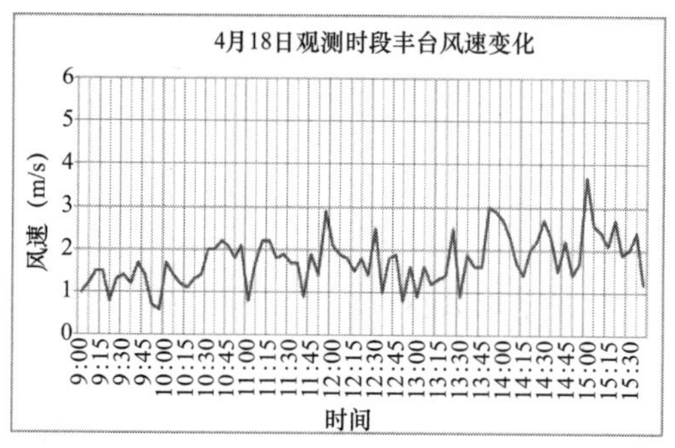

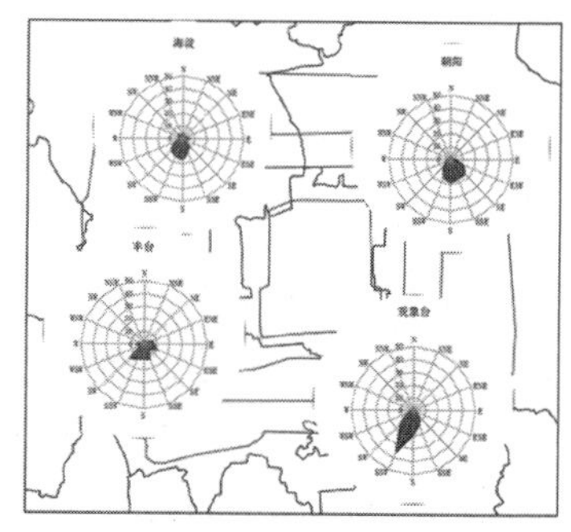

图 3-90　2018 年 4 月 18 日观测时段气象条件

（3）三维风场模拟

2018 年 4 月 18 日 CALMET 模拟结果显示：低层风场（10m）以偏南风为主（图 3-91），风速 2m/s 左右；高层风场（200m）。

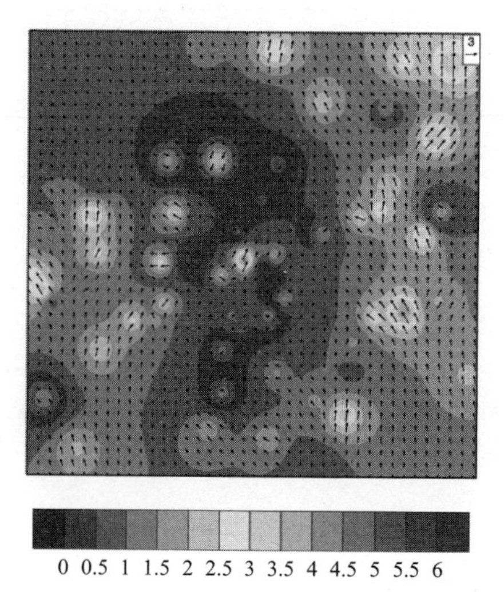

图 3-91　2018 年 4 月 18 日北京主城区 CALMET 模拟结果

2）通州区域

（1）大气环流特征

2018 年 4 月 17 日从 8 时 54511（北京）站探空图看，925～850hPa 有逆温（图 3-92）。

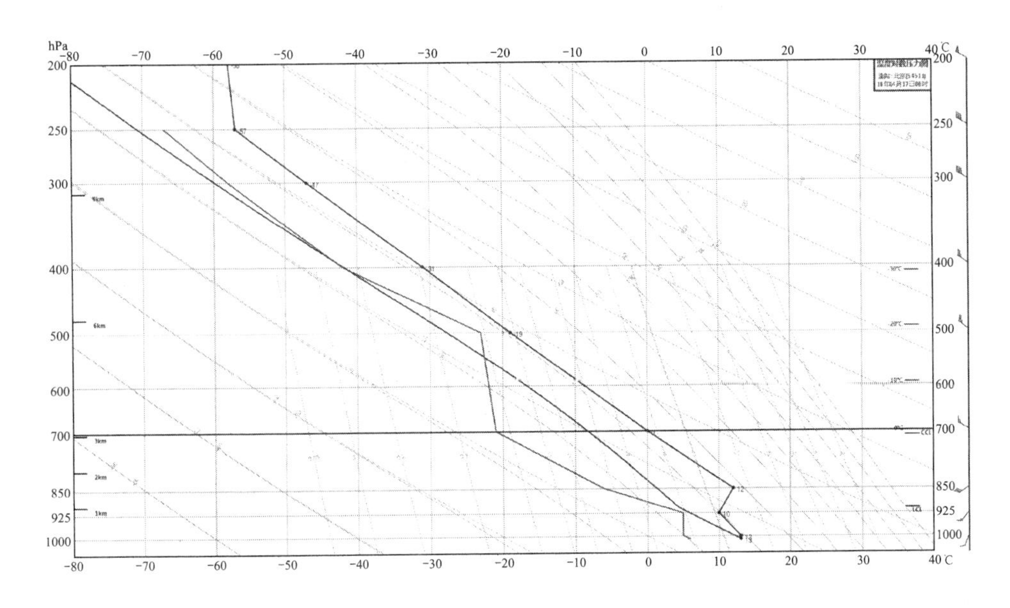

图 3-92　2018 年 4 月 17 日 08 时探空图（北京）

（2）气象条件分析

2018 年 4 月 17 日观测结果显示：在 4 月 17 日观测时段（12：50～14：20）内，通州区以南风为主，平均气温 22.2℃，平均相对湿度 38.0%，平均风速 3.0m/s，观测时段内的风速基本在 3.0m/s 上下波动（图 3-93）。

（3）三维风场模拟

2018 年 4 月 17 日 CALMET 模拟结果显示：通州区域以南风为主；低层风场（10m）风速 2～3m/s；高层风场（200m）风速 5～7m/s（图 3-94）。

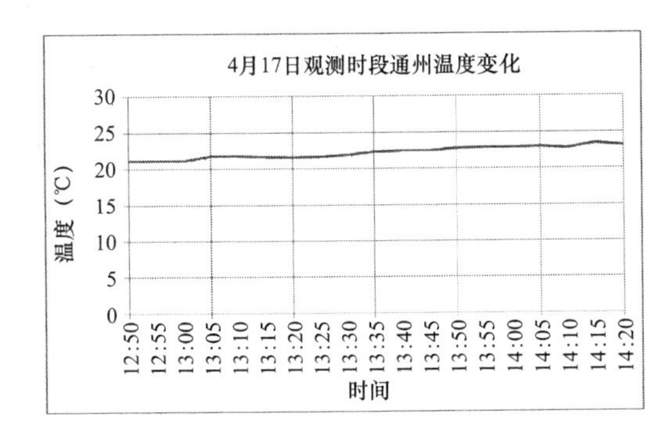

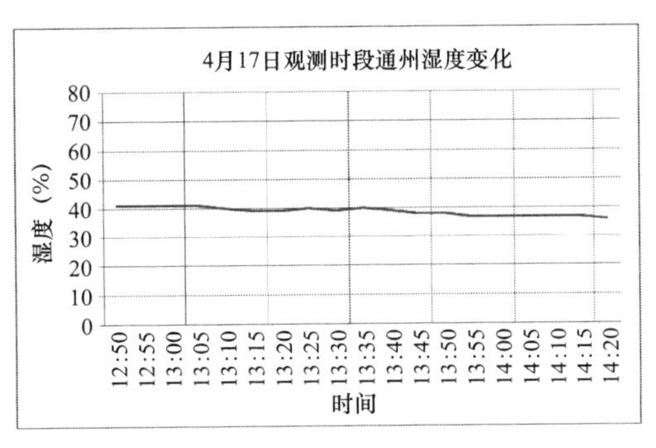

图 3-93　2018 年 4 月 17 日观测时段气象条件（一）

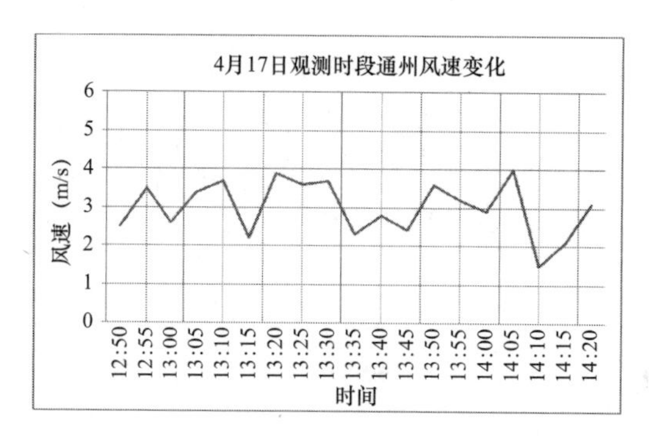

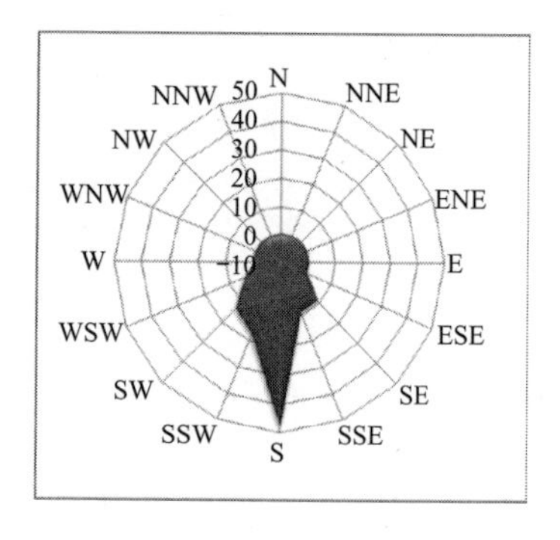

图 3-93　2018 年 4 月 17 日观测时段气象条件（二）

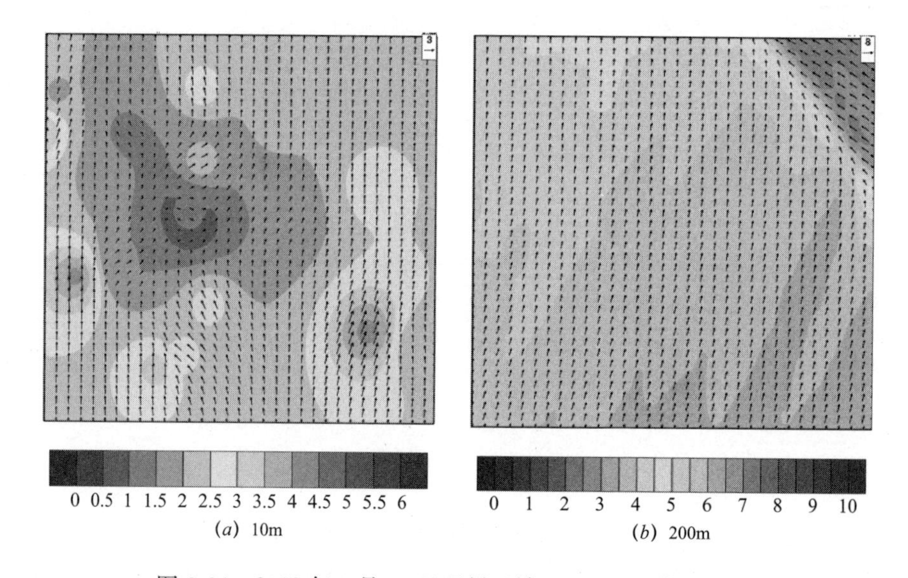

图 3-94　2018 年 4 月 17 日通州区域 CALMET 模拟结果

3）北京大兴国际机场

（1）大气环流特征

在 8 时至 14 时的地面图上，京津冀地区位于低压东侧。8 时北京地区以东北风为主，京津冀南部地区以东南风为主，北京向南至石家庄附近太行山之前有一条较明显的辐合线。11 时，因观测资料少，地面辐合线并不明显。但是 14 时的地面图上又可以看到一条较明显的辐合线，该辐合线不仅表现为风向上的辐合，也表现出风速的辐合，即风速由大变小。地面场形势比较有利于空气污染物在太行山前的聚集。

在 19 日 8 时 53798（邢台）站的探空图上［资料中缺少 19 日 8 时 54511（北京）站的探空图］可以看到，19 日 8 时 850～925hPa 之间有一层逆温。

（2）气象条件分析

2018 年 4 月 19 日观测结果显示：在 4 月 19 日观测时段（13：00～14：20）

内，礼贤地区的主导风为东南偏南风，平均气温28.8℃，平均相对湿度46%，平均风速3.2m/s，观测时段内的风速呈下降趋势（图3-95）。

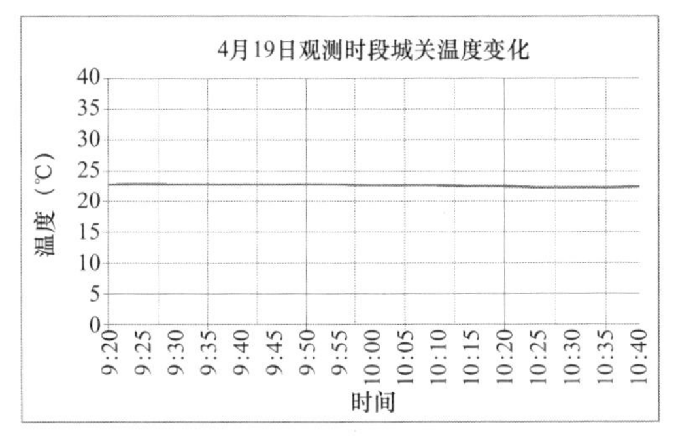

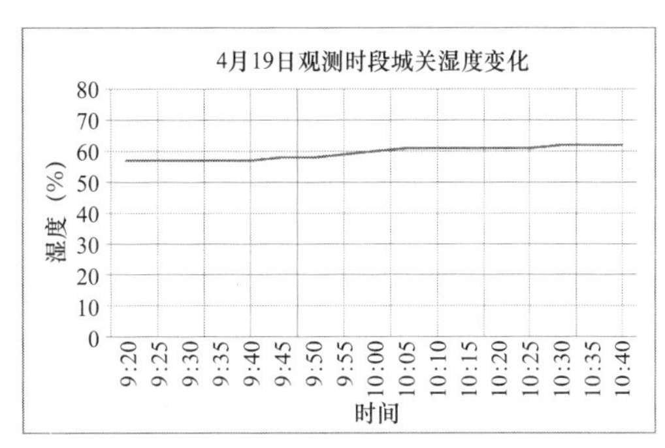

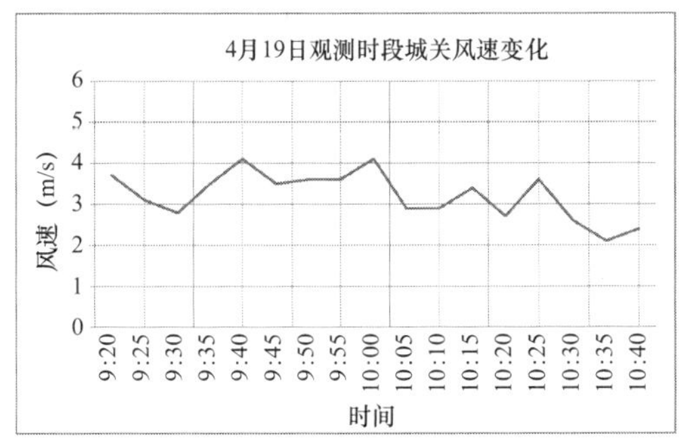

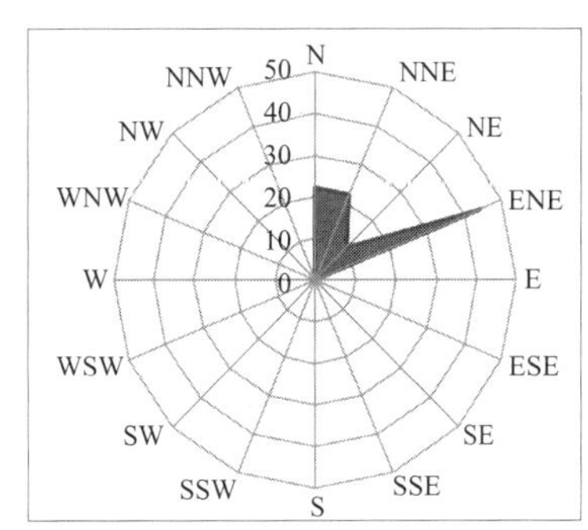

图3-95　2018年4月19日观测时段气象条件

（3）三维风场模拟

2018年4月19日CALMET模拟结果显示：北京大兴国际机场以东南风为主；低层风场（10m）风速3～4m/s；高层风场（200m）风速6～7m/s（图3-96）。

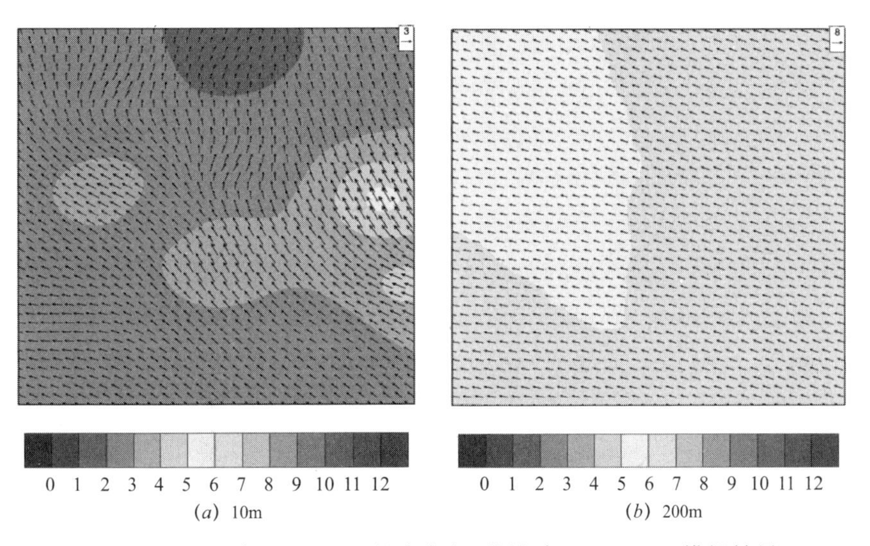

图3-96　2018年4月19日北京大兴国际机场CALMET模拟结果

4）北京—唐山

（1）大气环流特征

大气环流特征与通州区域部分相同。

（2）三维风场模拟

2018 年 4 月 17 日 WRF 模拟结果显示：北京—唐山区域以偏南风为主；低层风场（10m）风速 2～5m/s；高层风场（200m）风速较大 5～9m/s（图 3-97）。

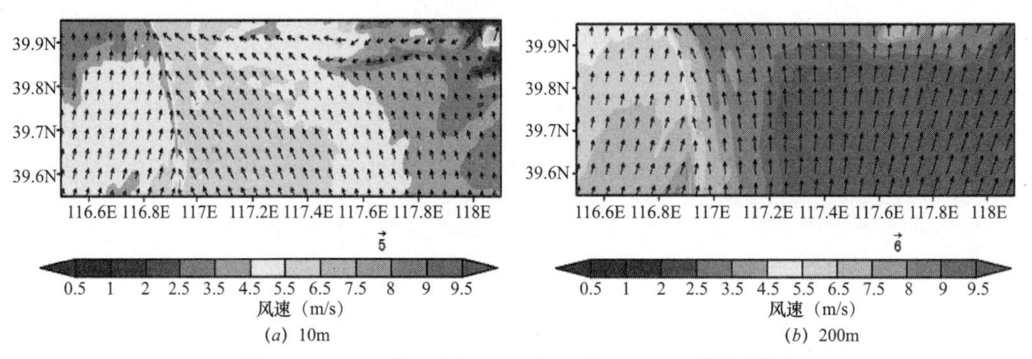

(*a*) 10m　(*b*) 200m

图 3-97　2018 年 4 月 17 日北京-唐山 WRF 模拟结果

5）北京—石家庄

（1）大气环流特征

大气环流特征与大兴新机场部分相同。

（2）三维风场模拟

2018 年 4 月 19 日 WRF 模拟结果显示：北京—石家庄通道区域低层风场（10m）以偏东风为主，风速 3m/s 左右；高层风场（200m）北部为偏东风，南部为东南风，风速 6m/s 左右（图 3-98）。

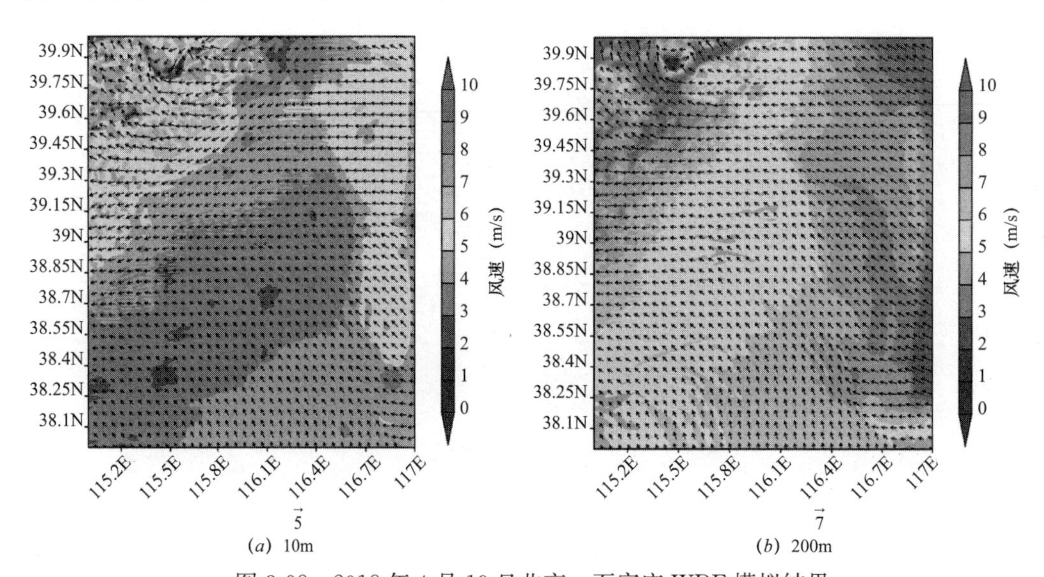

(*a*) 10m　(*b*) 200m

图 3-98　2018 年 4 月 19 日北京—石家庄 WRF 模拟结果

6）北京—沧州

（1）大气环流特征

北京地区以偏北风为主，沧州地区地面风逐渐由偏北风转为东北风。

（2）三维风场模拟

2018年4月23日WRF模拟结果显示：北京—沧州通道区域低层风场（10m）以偏东风、东南风为主，风速3m/s左右；高层风场（200m）以东南风为主，东部风速大6m/s左右；西部风速小1m/s左右（图3-99）。

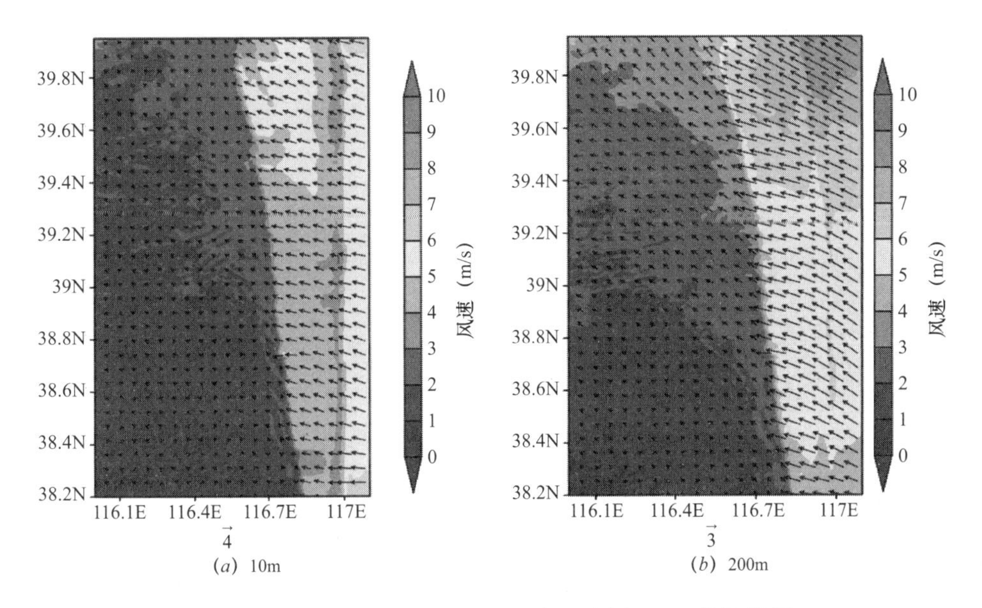

图3-99　2018年4月23日北京—沧州WRF模拟结果

7）北京—张家口

（1）大气环流特征

2018年5月10日8时地面图上，京津冀地面有两条辐合线：一条位于张家口市境内，另一条由承德市和秦皇岛市边界经唐山市西北部、天津市北部至北京市南部，北京地区以偏东风或东北风为主，张家口市辐合线两侧分别为偏东风和西北风。11时地面图，京津冀地面有一辐合线从唐山市中部经天津市北部、北京市中部一直到张家口市中部，辐合线北侧以东北风为主，其南侧以西北风为主。

在8时54511（北京）站探空图上，整层湿度很小，没有逆温等情况（图3-100）。

（2）三维风场模拟

2018年5月10日WRF模拟结果显示：北京—张家口区域高低层风场较为一致；通道区域以东南风为主，风速1～6m/s（图3-101）。

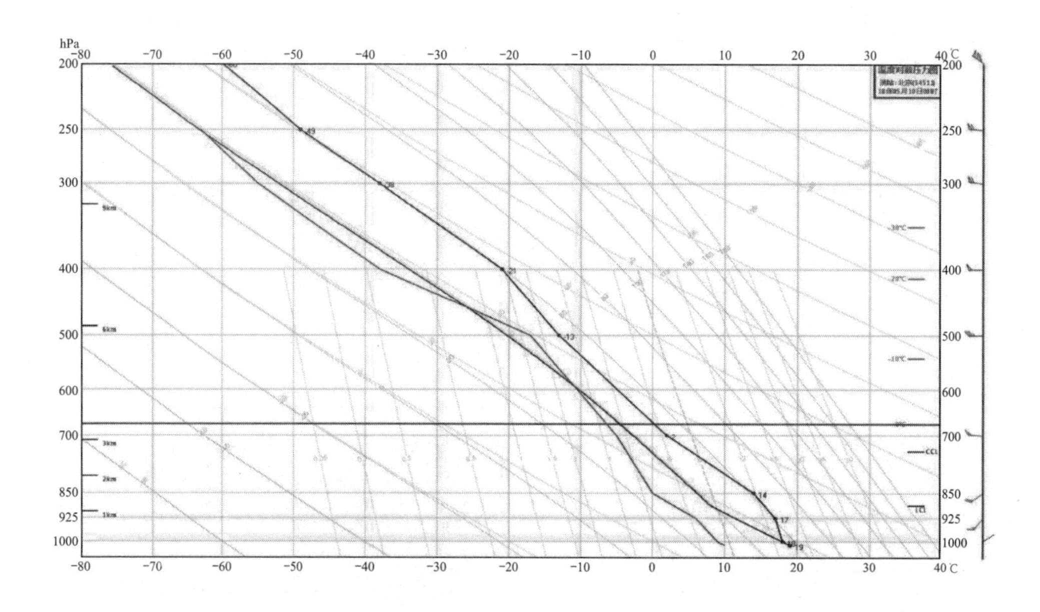

图 3-100　2018 年 5 月 10 日 8 时探空图（北京）

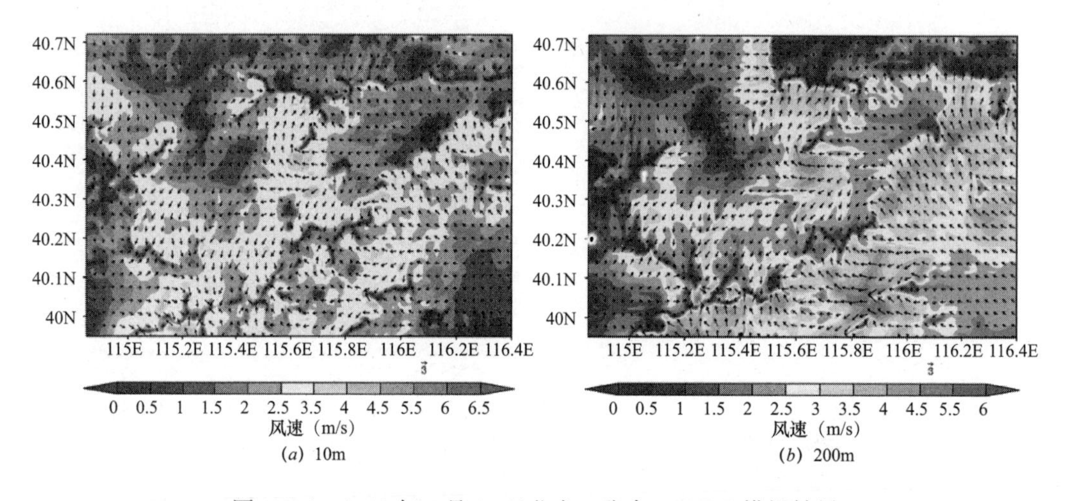

图 3-101　2018 年 5 月 10 日北京—张家口 WRF 模拟结果

8）北京—保定—沧州

（1）大气环流特征

2018 年 4 月 24 日 8 时地面图上，蒙古国南部有一高压中心，朝鲜海峡附近有一低压中心，京津冀地区处于高压前部、低压后部的梯度区中，中心气压强度较强（1027.5hPa 左右），气压梯度略大，大部分地区地面风（包括北京、保定、沧州）为西北风。11 时，高压中心南移至河套地区，中心气压减小至 1025hPa 左右，京津冀地区气压梯度减小，京津冀地区地面风转为东北风为主（图 3-102）。

在 8 时 54511（北京）站探空图上可以看到，近地面有浅薄的逆温，整层湿度很差。

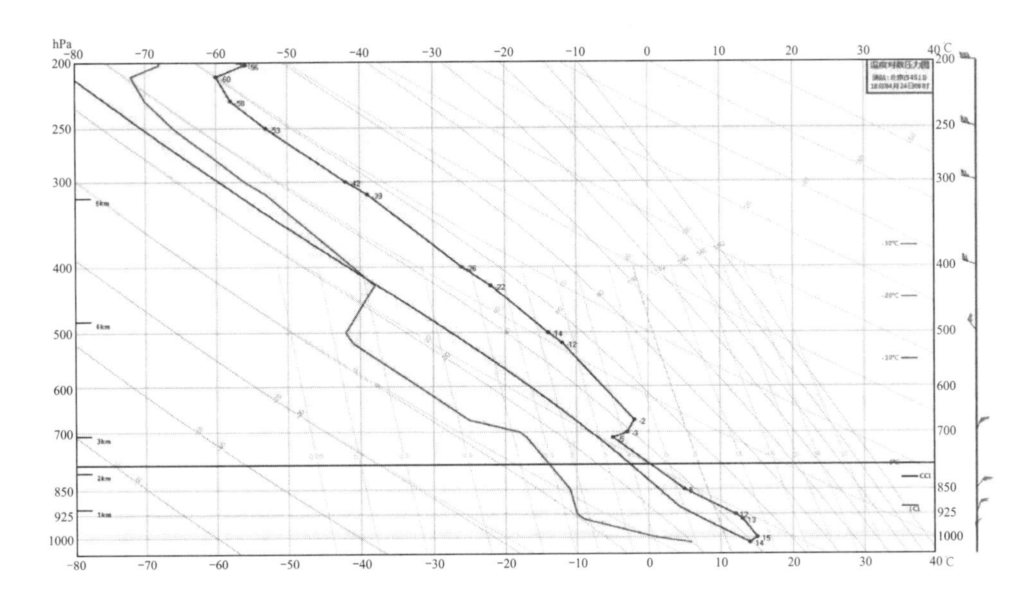

图 3-102　2018 年 4 月 24 日 8 时探空图（北京）

（2）三维风场模拟

2018 年 4 月 24 日 WRF 模拟结果显示：北京—保定—沧州区域以偏北风为主，风速较大。低层（10m）风速 6m/s 左右；高层（200m）风速 3m/s 左右（图 3-103）。

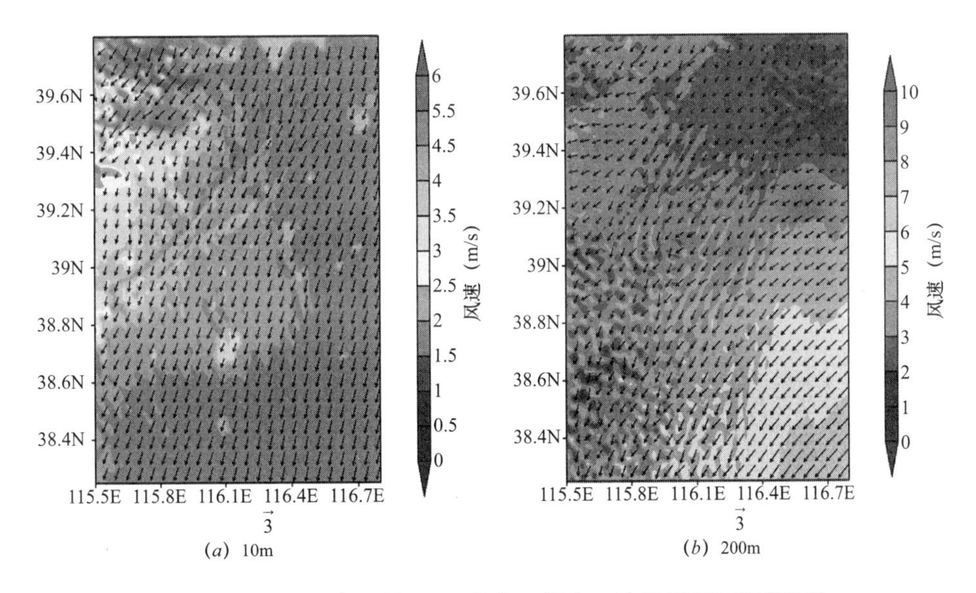

图 3-103　2018 年 4 月 24 日北京—保定—沧州 WRF 模拟结果

2. 污染物分布

京津冀地区 2018 年春季观测结果如图 3-104 所示。

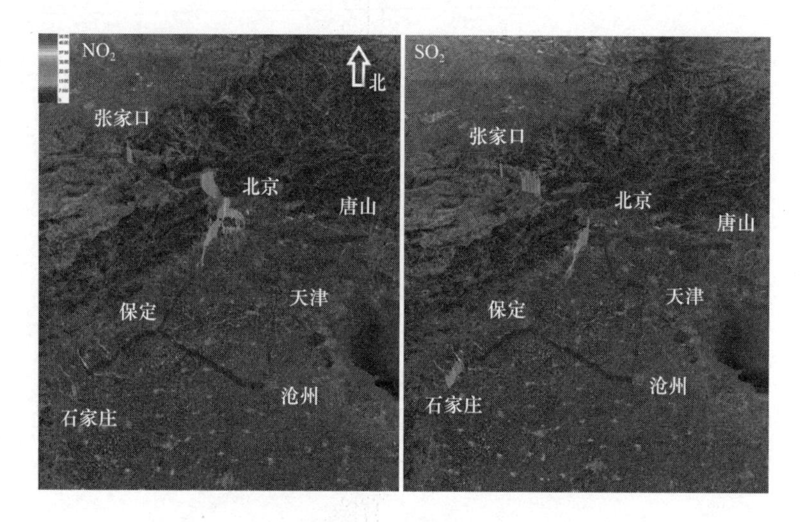

图 3-104 京津冀地区 2018 年春季观测结果

3.1.7 2018 年夏季观测结果

在 2018 年 7 月 4 日至 7 月 9 日进行了为期 6 天的夏季观测，夏季观测时间见表 3-6。

2018 夏季观测时间表 表 3-6

日期	时间	区域	天气
7 月 4 日	9：30～14：30	京二环、三环、四环、五环、放射线	晴，西风，1～2m/s
7 月 5 日	9：00～15：40	北京大兴国际机场、北京—唐山	晴，南风，1～2m/s
7 月 6 日	9：00～14：30	京二环、三环、四环、五环、放射线	晴，偏南风，1～2m/s
7 月 7 日	9：30～15：00	北京—沧州、北京—石家庄	多云，东南风，1～3m/s
7 月 8 日	9：30～15：00	国贸 CBD、十里河、通州、北京—张家口	多云，东南偏东风，1～2m/s
7 月 9 日	9：55～12：00	北京—保定—沧州	多云，东南风，1～3m/s

1. 气象观测结果

1）北京主城区

（1）大气环流特征

2018 年 7 月 6 日 8 时地面天气图上，京津冀地区位于河套低压前部和库页岛高压底后部的梯度区，北京地区地面以东北风为主。11 时地面与 8 时较相似。14 时，京津冀地区仍位于高压后部、低压前部，等压线间隔较 8 时缩小，北京地面转为偏东风为主，且风力较 8 时略有增大。

8 时 54511（北京）站探空图上没有逆温，湿度较小，8 时探空图中无不稳定能量（图 3-105）。

（2）气象条件分析

2018 年 7 月 6 日观测结果显示：在 7 月 6 日观测时段（9：30～14：15）内，

主城区主导风向为东南风，平均温度 32.4℃，平均相对湿度 48%，平均风速 2.2m/s，观测时段风速整体呈现下降趋势（图 3-106）。

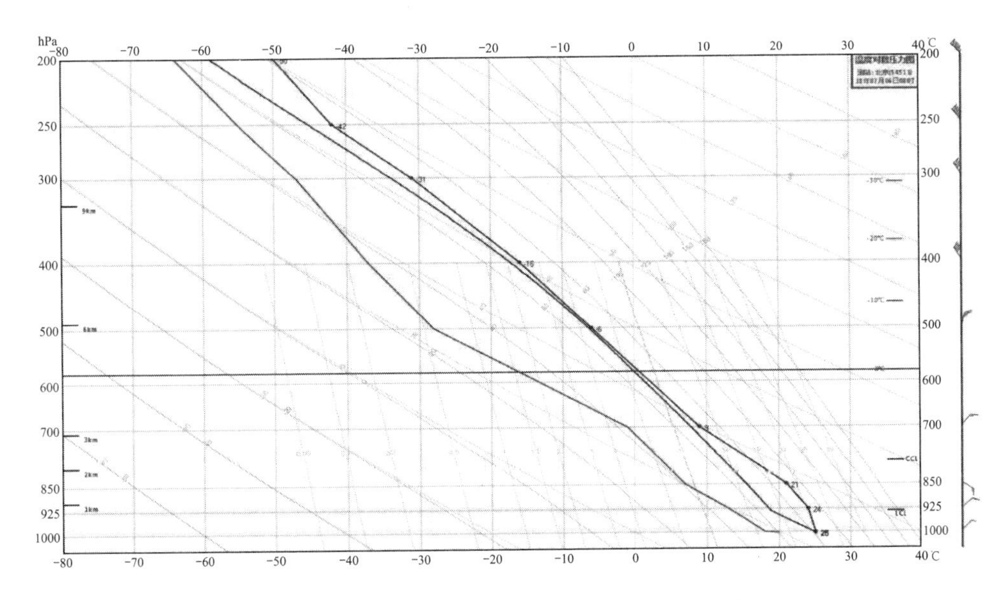

图 3-105 2018 年 7 月 6 日 8 时探空图（北京）

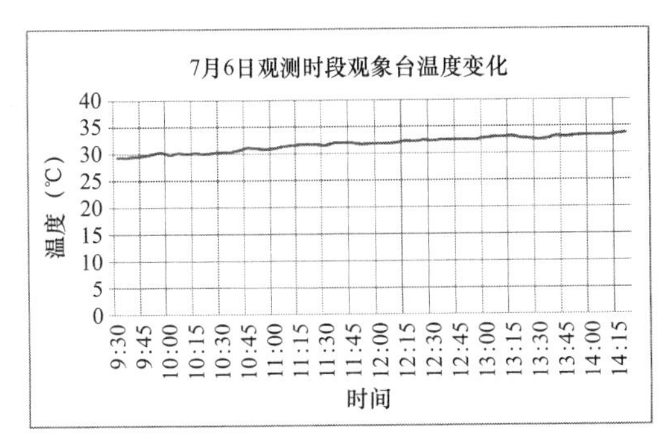

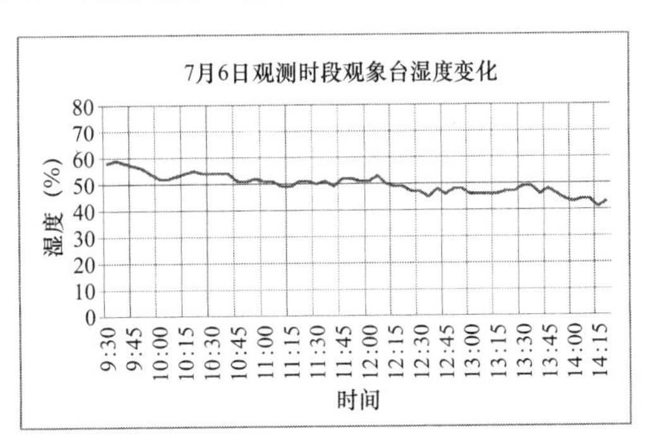

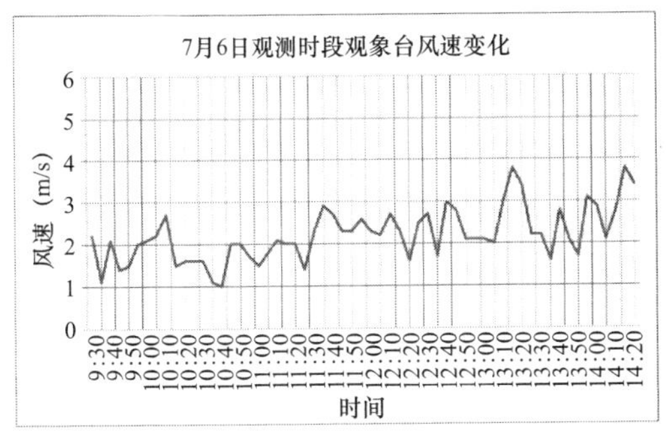

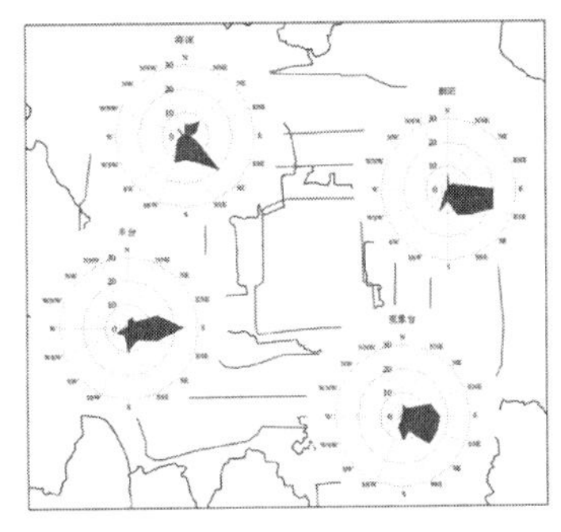

图 3-106 2018 年 7 月 6 日观测时段气象条件

（3）三维风场模拟

2018 年 7 月 6 日 CALMET 模拟结果显示：北京五环区域以东南风为主；低层风场（10m）风速 2m/s 左右；高层风场（200m）风速 4m/s 左右（图 3-107）。

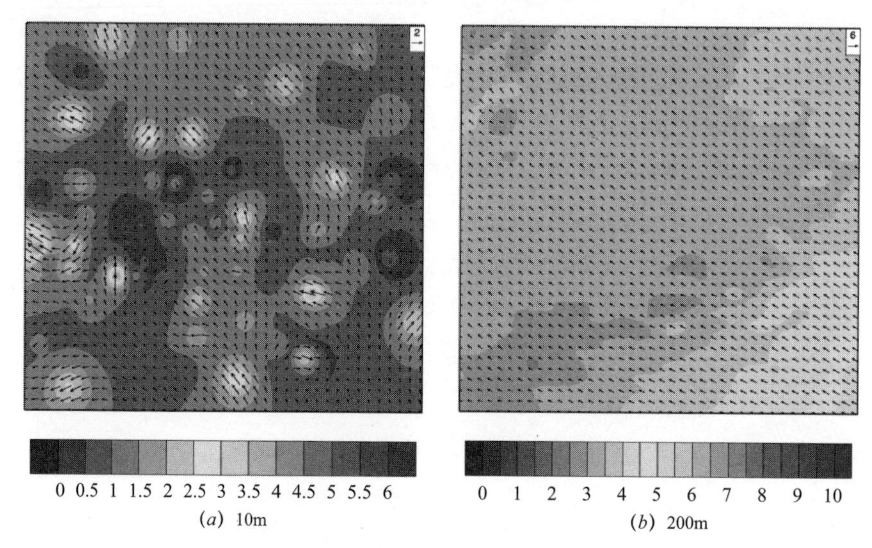

图 3-107　2018 年 7 月 6 日北京主城区 CALMET 模拟结果

2）通州区域

（1）大气环流特征

2018 年 7 月 8 日 11 时，京津冀地区为低压底部弱气压场控制，地面风向较乱，但京津冀中部和西北部以西北风为主。14 时地面图上京津冀地区仍为蒙古低压底部弱气压场控制，大部分地区仍有降水，大部分地区以偏南风为主，其中北京市地面风向较乱，五环内以偏东风为主，通州地区以东南风为主。

在 8 时 54511（北京）站探空图，无逆温，有不稳定能量，850hPa 以下湿度较大（图 3-108）。

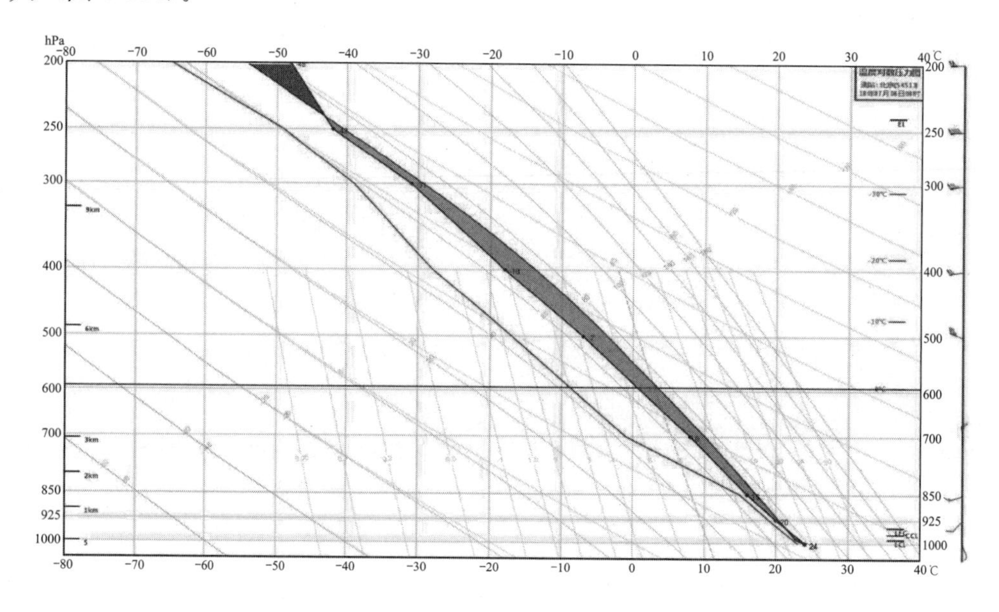

图 3-108　2018 年 7 月 8 日 8 时探空图（北京）

(2) 气象条件分析

2018 年 7 月 8 日观测结果显示：在 7 月 8 日观测时段（11：50～15：00）内，主城区主导风向为东南风，平均气温 28.3℃，平均相对湿度 75%，平均风速 1.5m/s。中午 12：00 之后风速开始下降，到 12：25 降至最低 0.9m/s，之后风速有所升高，但总体风速较小（图 3-109）。

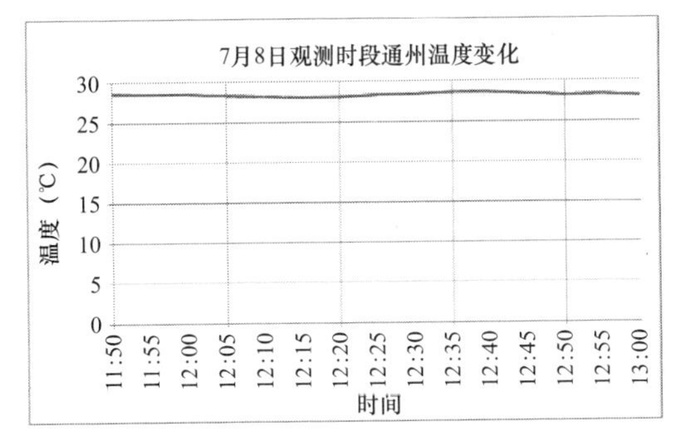

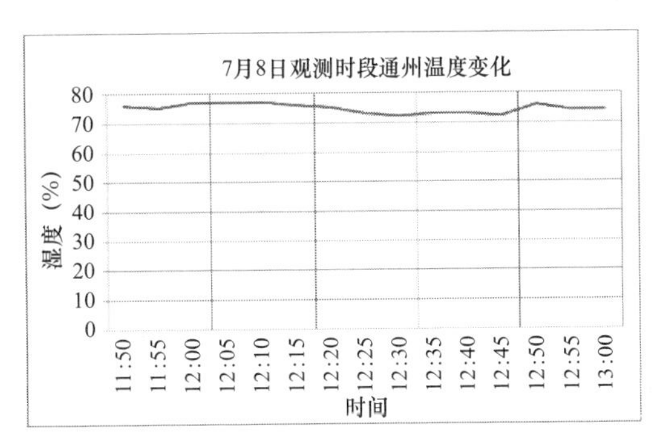

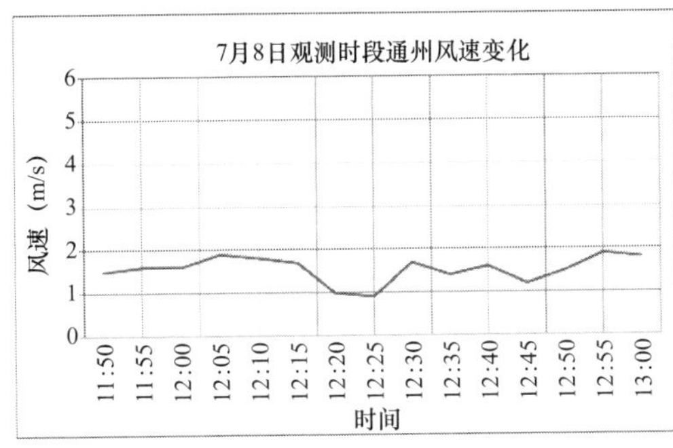

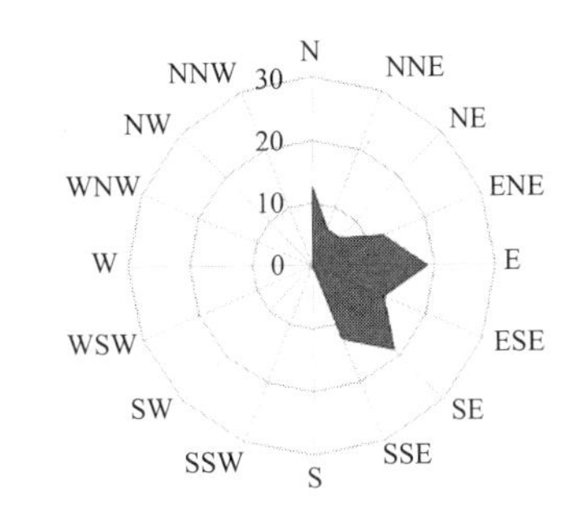

图 3-109　2018 年 7 月 8 日观测时段气象条件

(3) 三维风场模拟

2018 年 7 月 8 日 CALMET 模拟结果显示：通州区域低层风场（10m）以东南风、东风为主；风速 1～2m/s；高层风场（200m）东部为东南风、风速 5m/s；西部为南风、风速略小 3～4m/s；风速自东向西逐渐减小（图 3-110）。

3）北京大兴国际机场

(1) 大气环流特征

京津冀位于低压前部，北京—唐山区域地面风场以偏东风为主。

在探空图上，8 时 54511（北京）站无逆温层，整层湿度较小，有不稳定能量，但低层的对流抑制也较大。

(2) 气象条件分析

2018 年 7 月 5 日观测结果显示：在 7 月 5 日观测时段（12：50～14：10）内，主城区主导风向为偏西风，平均温度 36.5℃，平均相对湿度 38%，平均风速 1.1m/s，观测时段湿度整体较低，风速整体呈现下降趋势（图 3-111）。

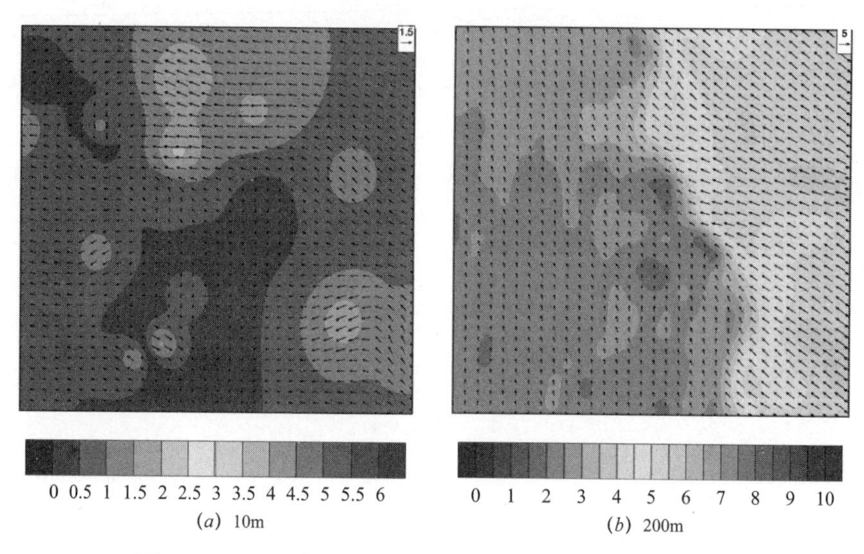

图 3-110　2018 年 7 月 8 日通州区域 CALMET 模拟结果

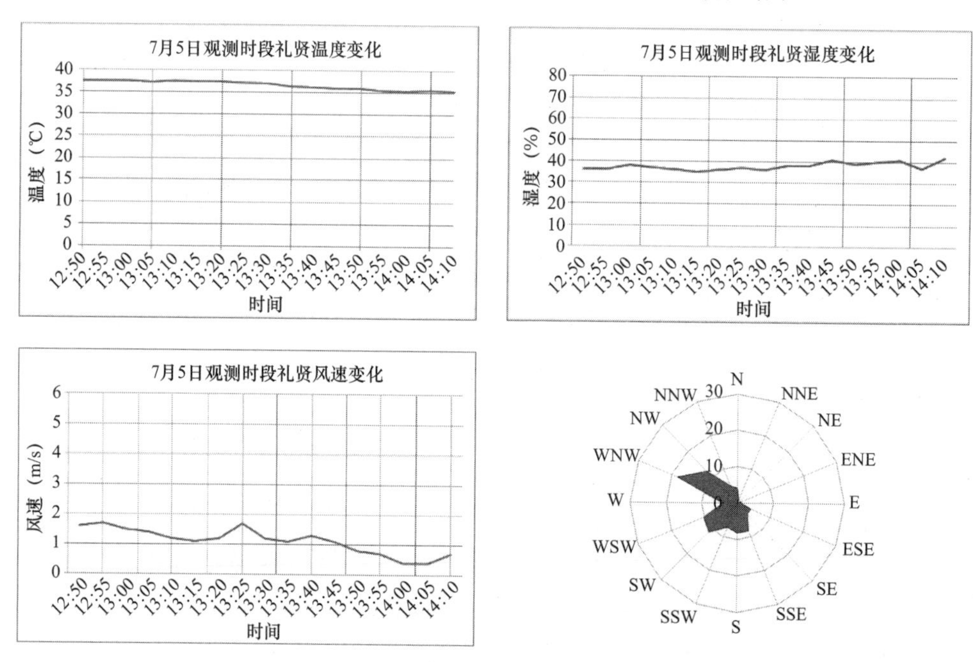

图 3-111　2018 年 7 月 5 日观测时段气象条件

（3）三维风场模拟

2018 年 7 月 5 日 CALMET 模拟结果显示：北京大兴国际机场低层风场（10m）以西南风为主；风速 1～3m/s；高层风场（200m）以偏南风为主，风速 2～4m/s（图 3-112）。

4）北京—唐山

（1）大气环流特征

大气环流特征与燕山石化部分相同。

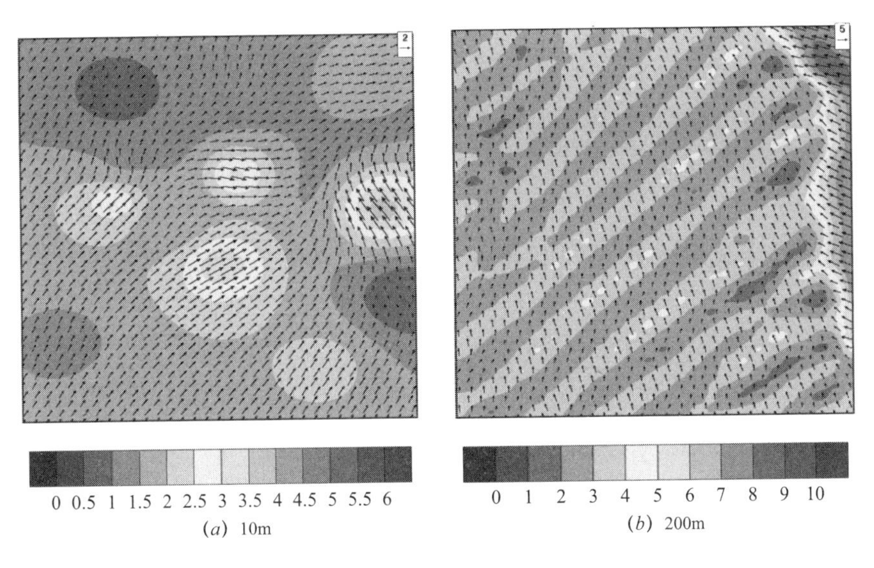

图 3-112　2018 年 7 月 5 日北京大兴国际机场 CALMET 模拟结果

（2）三维风场模拟

2018 年 7 月 5 日 WRF 模拟结果显示：北京—唐山区域以偏东风为主；高低层风场分布较为一致，风速 2～4m/s；10～15 时风速有增大趋势（图 3-113）。

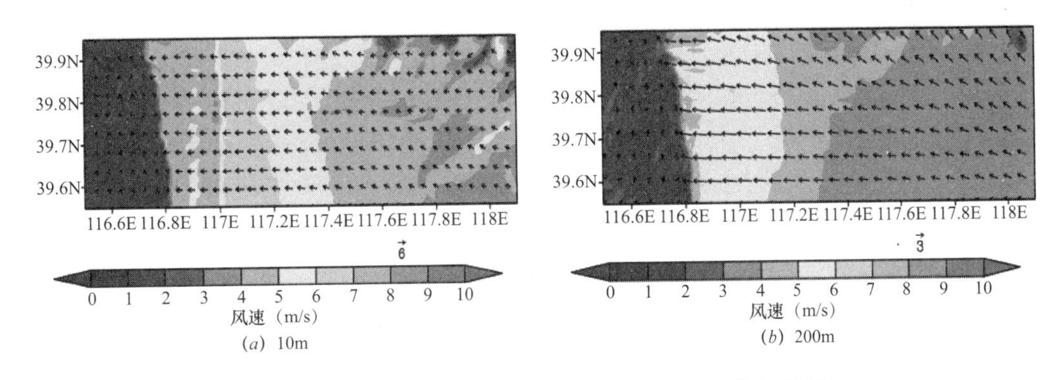

图 3-113　2018 年 7 月 5 日北京—唐山 WRF 模拟结果

5）北京—沧州

（1）大气环流特征

2018 年 7 月 7 日地面天气图上北京—沧州区域位于低压底部，以偏东风为主，8 时无逆温层，湿度较大（图 3-114）。

（2）三维风场模拟

2018 年 7 月 7 日 WRF 模拟结果显示：北京—沧州通道区域以偏东风、东南风为主；10：00～15：00 风速有增大趋势；低层风场（10m）风速 1～3m/s；高层风场（200m）东部风速大 6m/s 左右；西部风速小 1m/s 左右（图 3-115）。

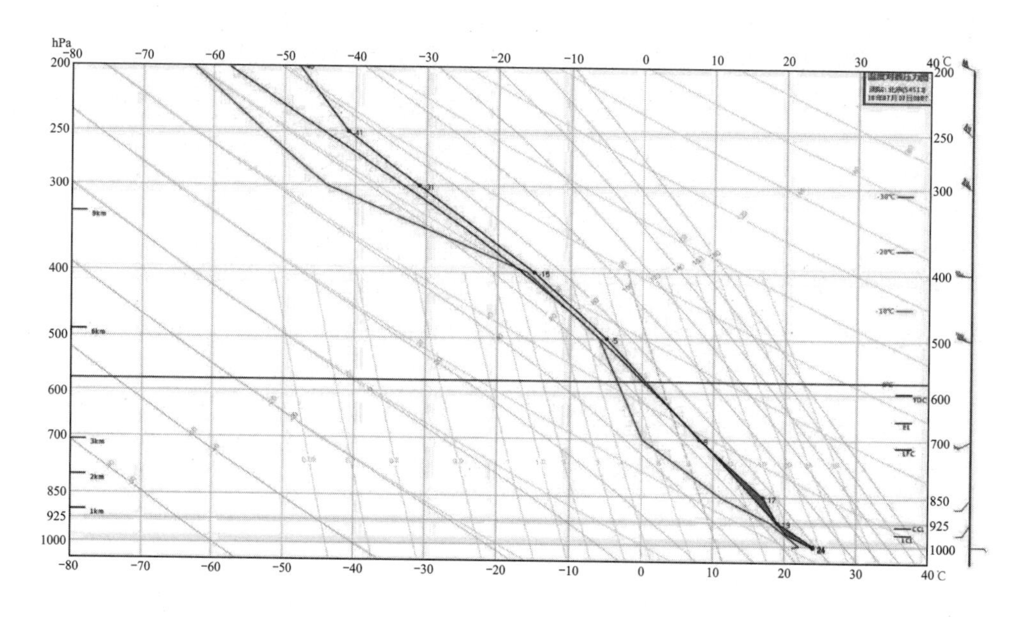

图 3-114　2018 年 7 月 7 日 8 时探空图（北京）

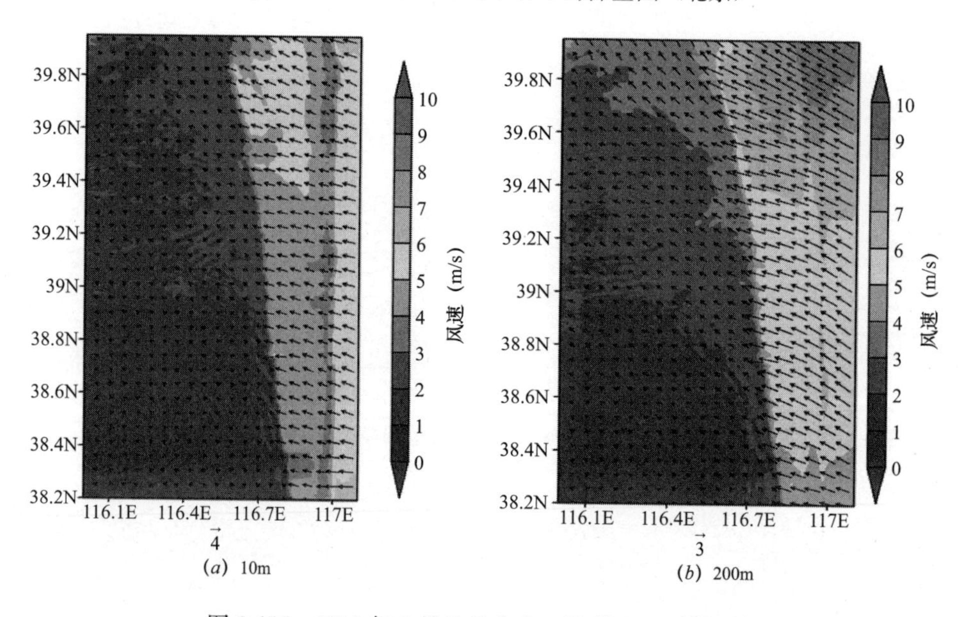

图 3-115　2018 年 7 月 7 日北京—沧州 WRF 模拟结果

6）北京—石家庄

（1）大气环流特征

大气环流特征与北京—沧州部分相同。

（2）三维风场模拟

2018 年 7 月 7 日 WRF 模拟结果显示：北京—石家庄通道区域以偏东风为主，风速 3m/s 左右；高低层风场分布较为一致；10：00～15：00 风速略有增大趋势（图 3-116）。

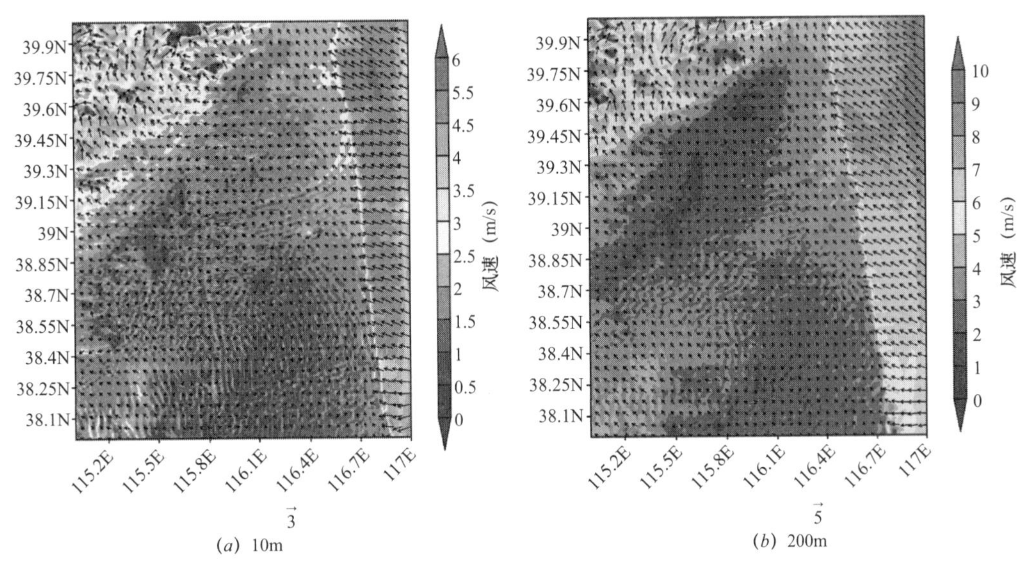

图 3-116 2018 年 7 月 7 日北京—石家庄 WRF 模拟结果

7）北京—张家口

（1）大气环流特征

大气环流特征与通州区域部分相同。

（2）三维风场模拟

2018 年 7 月 8 日 WRF 模拟结果显示：北京—张家口区域高低层风场较为一致；通道区域西部以偏西风为主，东部以东南风为主，风速 1～3m/s，见图 3-117。

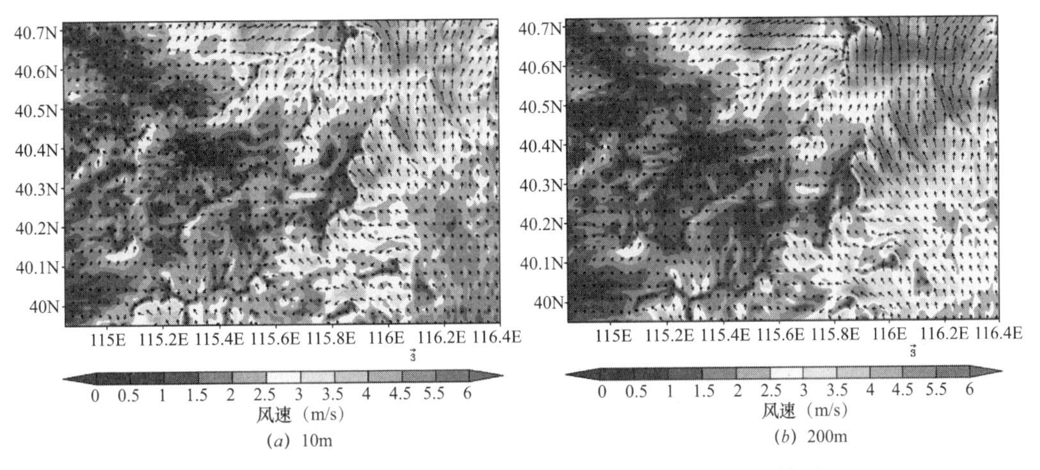

图 3-117 2018 年 7 月 8 日北京—张家口 WRF 模拟结果

8）北京—保定—沧州

（1）大气环流特征

2018 年 7 月 9 日 8 时地面图上，库页岛以东海上有一高压中心，高压后部有一凸起伸入京津冀地区，京津冀南部地区有降水，京津冀中部北京市、保定市和京津冀东南部沧州市地面以东南风为主。11 时高压凸起有所增强，京津冀中部和东南部地面仍以东南风为主。

8 时 54511（北京）站探空图上均无逆温，湿度较大，中层湿度略小，不稳定能量较大（图 3-118）。

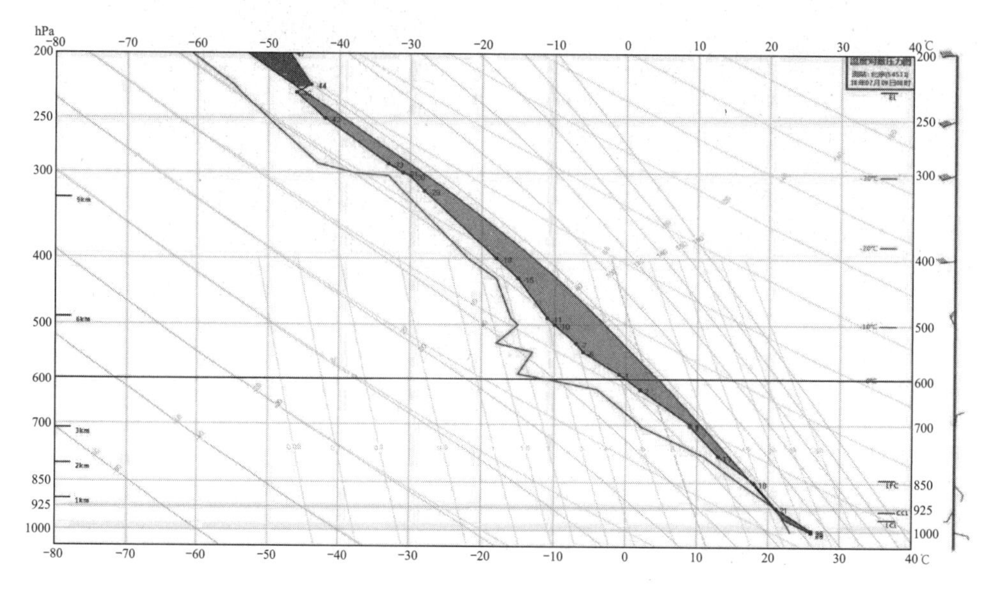

图 3-118　2018 年 7 月 9 日 8 时探空图（北京）

（2）三维风场模拟

2018 年 7 月 9 日 WRF 模拟结果显示：北京—保定—沧州区域：低层（10m）以偏东风为主，风速 2m/s 左右；高层（200m）以东南风、偏东风为主；风速略有增大（图 3-119）。

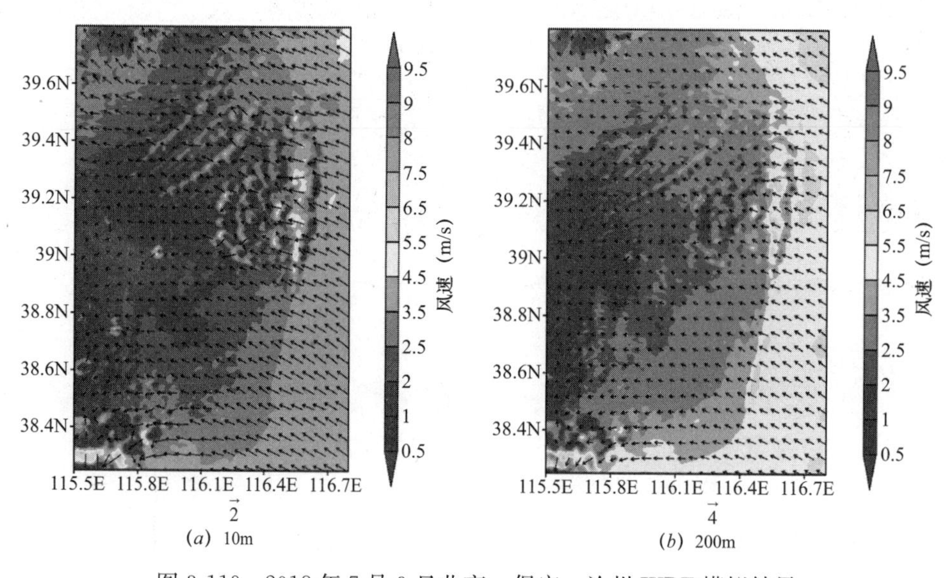

(a) 10m　　(b) 200m

图 3-119　2018 年 7 月 9 日北京—保定—沧州 WRF 模拟结果

2. 污染物分布

京津冀地区 2018 年夏季观测结果如图 3-120 所示。

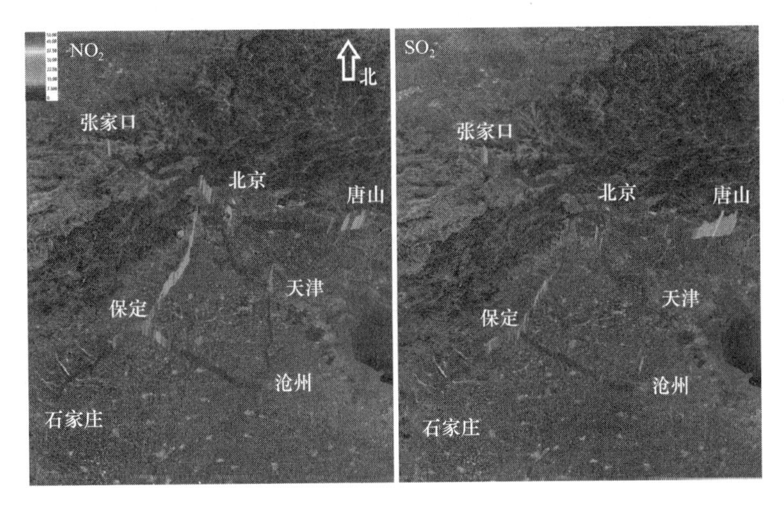

图 3-120　京津冀地区 2018 年夏季观测结果

3.2　特征分析

3.2.1　京津冀大气面源污染分布及排放基本特征

基于车载 DOAS 遥测技术对京津冀的观测表明，柱浓度均值整体上呈现冬季>春季>秋季>夏季的特征，柱浓度高值主要出现在西南输送通道上，城市地区 NO_2 柱浓度高于其他地区。在大气污染煤改气政策实施后，SO_2 污染物浓度在进入 2017 年秋季后保持的较低水平，秋冬季柱浓度均值水平基本一致，均值分别为 5.20 和 5.12ppmm，2018 年春季较 2017 年春季 SO_2 柱浓度均值下降了 16.7%（图 3-121、表 3-7）。

1. 北京区域污染分布及排放基本特征

在 2017 年春季、夏季、秋季、冬季以及 2018 年冬季对北京环路及放射线进行了走航观测，观测结果如图 3-122～图 3-127 所示。

总体来说，在交通拥堵地区 NO_2 柱浓度均值偏高，六季无显著变化。在交通拥堵地区 NO_2 柱浓度均值偏高，六季无显著变化。北京 SO_2 柱浓度均值冬季（13.48ppm・m）>秋季（12.44ppm・m）>春季（7.48ppm・m）>夏季（4.44ppm・m）。NO_2 污染物排放通量冬季（1.98t/h）显著高于其他季节（1.42t/h），SO_2 为冬季（0.81t/h）>秋季（0.75t/h）>春季（0.67kg/h）>夏季（0.61kg/h），HCHO 为夏季（1.23t/h）>春季（0.87t/h）>秋季（0.71t/h）>冬季（0.61kg/h）。

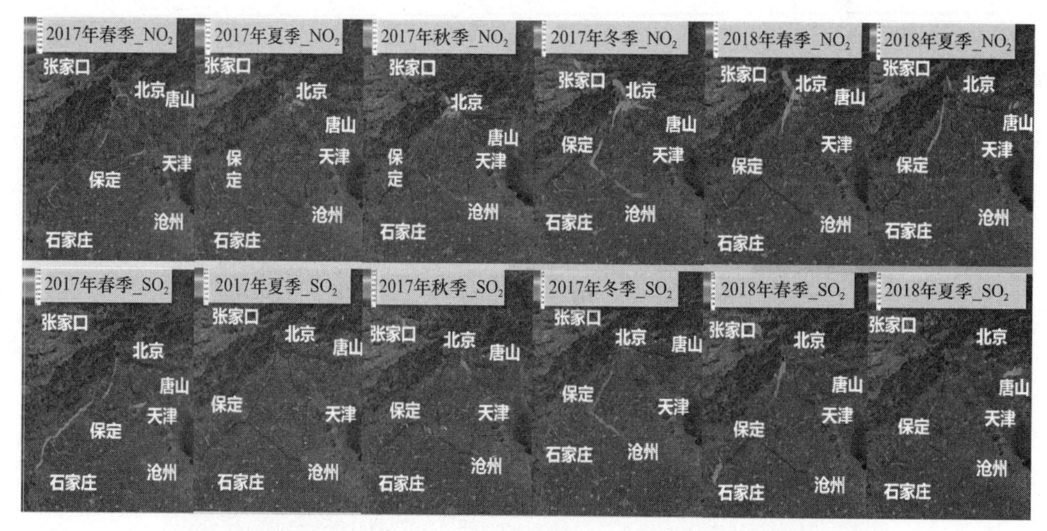

图 3-121　2017 年四季、2018 年春夏 NO_2 和 SO_2 柱浓度总体分布

2017 年四季、2018 年春夏 NO_2 和 SO_2 柱浓度均值（ppm・m）　　**表 3-7**

项目	2017 年春季	2017 年夏季	2017 年秋季	2017 年冬季	2017 年春季	2017 年夏季
NO_2	7.12	5.16	5.68	9.92	7.81	5.46
SO_2	5.26	3.61	5.20	5.32	4.63	3.11

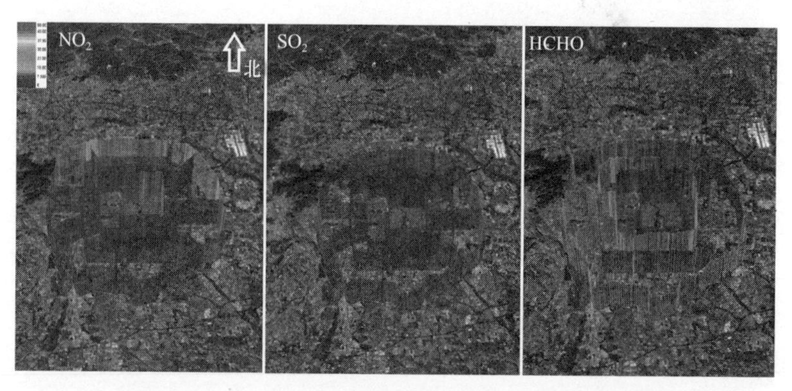

图 3-122　北京环路及放射线 2017 年春季观测结果

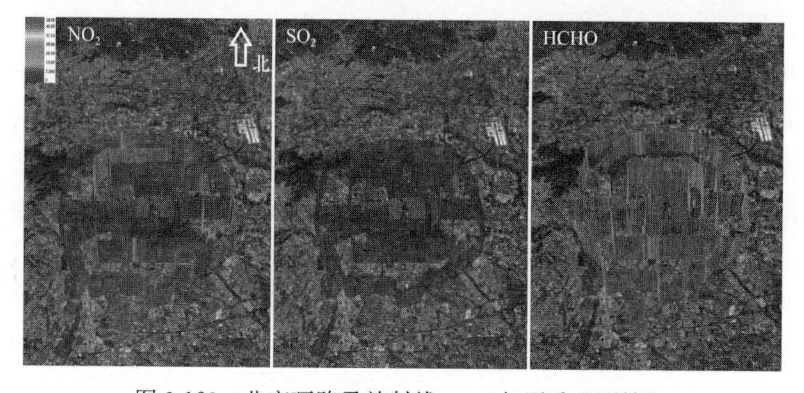

图 3-123　北京环路及放射线 2017 年夏季观测结果

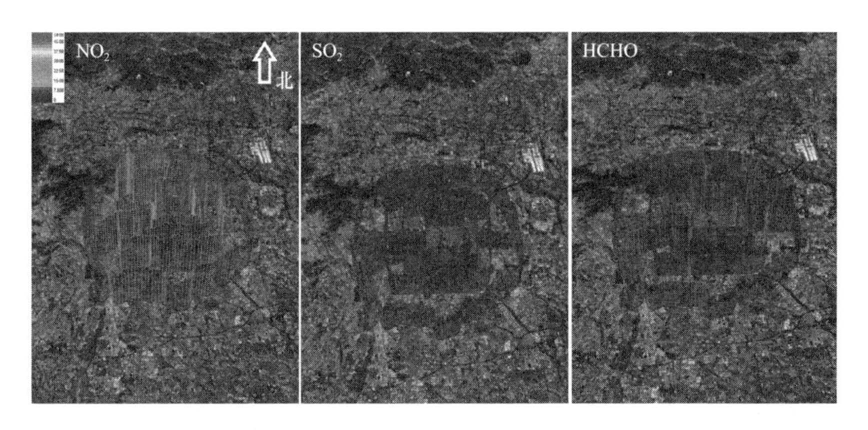

图 3-124　北京环路及放射线 2017 年秋季观测结果

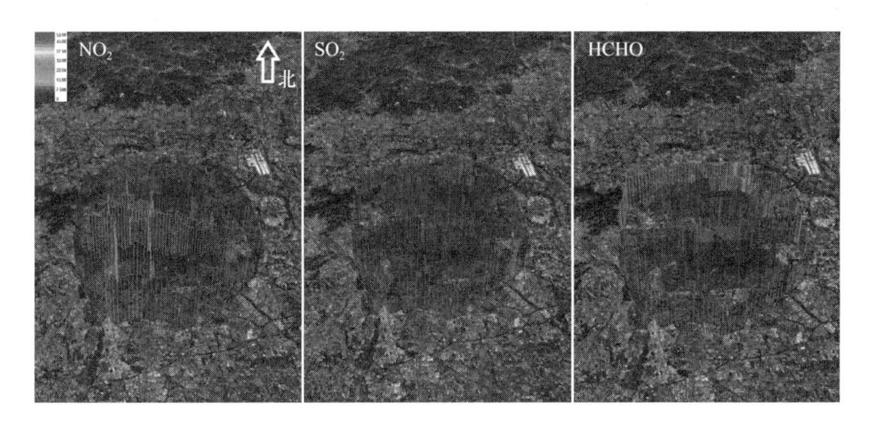

图 3-125　北京环路及放射线 2017 年冬季观测结果

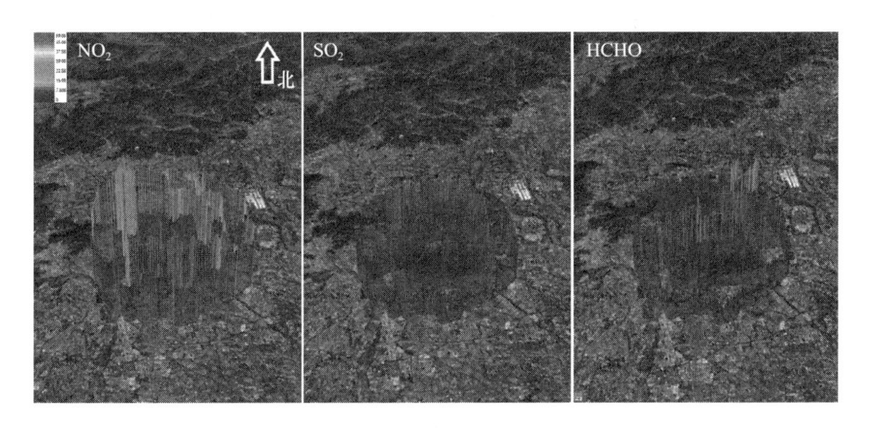

图 3-126　北京环路及放射线 2018 年春季观测结果

由于北京市区已经没有典型污染的工业企业存在，因此 SO_2 浓度保持在极低水平，主要为外来输送，从四季观测结果来看：SO_2 柱浓度保持在极低水平。与 SO_2 不同的是，NO_2 主要受工厂排放和交通排放影响，北京市区交通流量大，交通排放是 NO_2 浓度升高的主要因素，四季的观测结果表明：北京环路的 NO_2 柱浓度在不同季节、不同路段均存在不同程度的升高现象，且 NO_2 柱浓度高值多出现在交通拥堵地区。夏季 SO_2 整体低于其他季节，柱浓度均值相较于春季下降了43.7%，京津冀在2017年秋冬季实施煤改气措施后，秋冬季 SO_2 柱浓度没有明显升高现象，整体较低；夏季光化学反应较其他季节剧烈，HCHO柱浓度及排放通量整体高于其他季节（图3-128）。

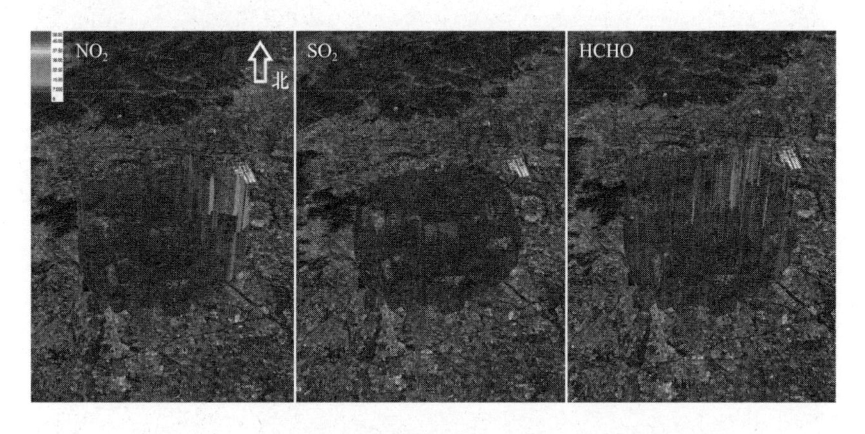

图3-127　北京环路及放射线2018年夏季观测结果

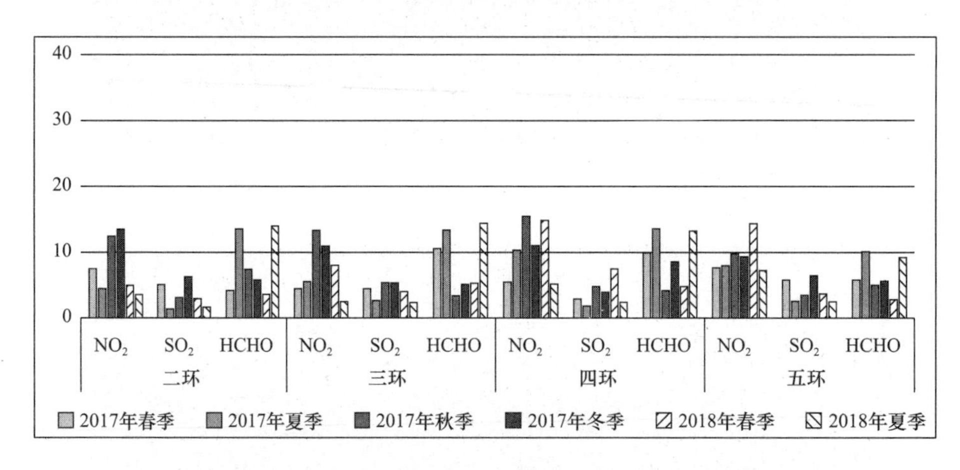

图3-128　北京环路及放射线污染物柱浓度均值

2. 北京及其他城市连接线污染分布基本特征

利用车载DOAS重点走航观测了北京—张家口、北京—石家庄、北京、北京—保定—沧州、北京—沧州和北京—唐山获取了沿线的 NO_2 和 SO_2 污染物分布。整体上，北京及其他城市连接线 NO_2 和 SO_2 污染物柱浓度均值在季节上呈现冬季>秋季>春季>夏季的特点；非重污染过程期间，NO_2 在区域分布上整体呈现城市及其周围高、沿线低的扁担形分布，SO_2 高值多出现在重要的工业城市周围以及西南、东南输送通道上（图3-129～图3-135）。

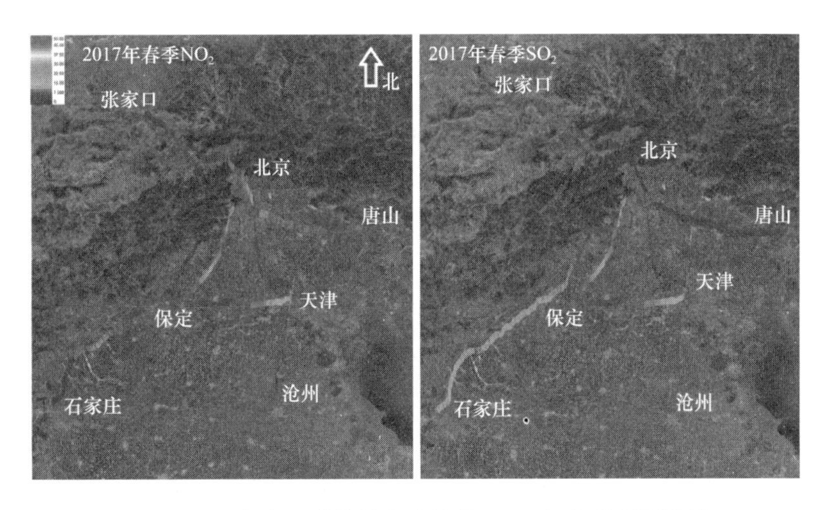

图 3-129　北京及其他城市连接线 2017 年春季观测结果

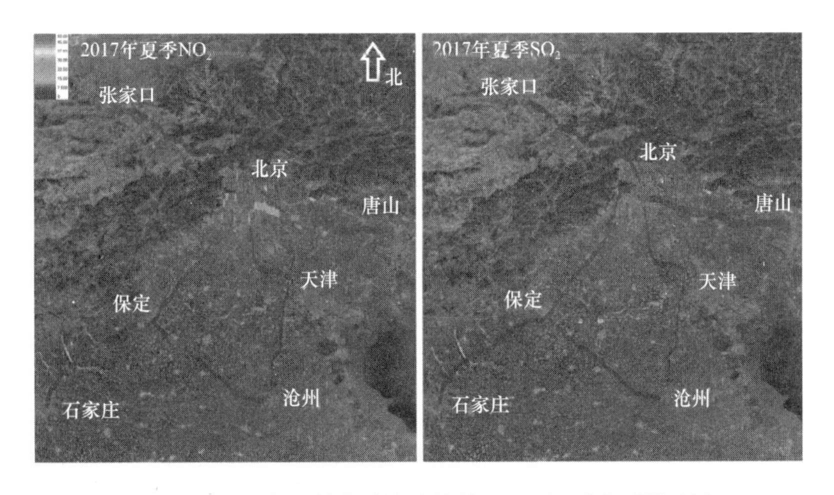

图 3-130　北京及其他城市连接线 2017 年夏季观测结果

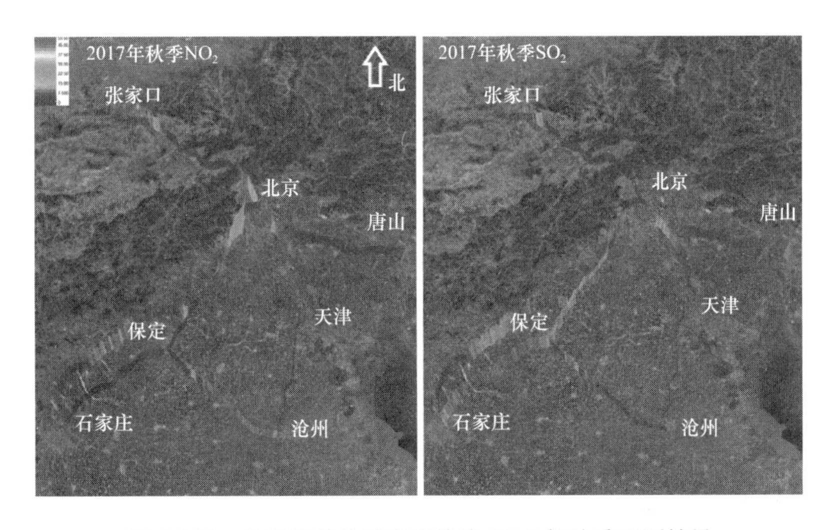

图 3-131　北京及其他城市连接线 2017 年秋季观测结果

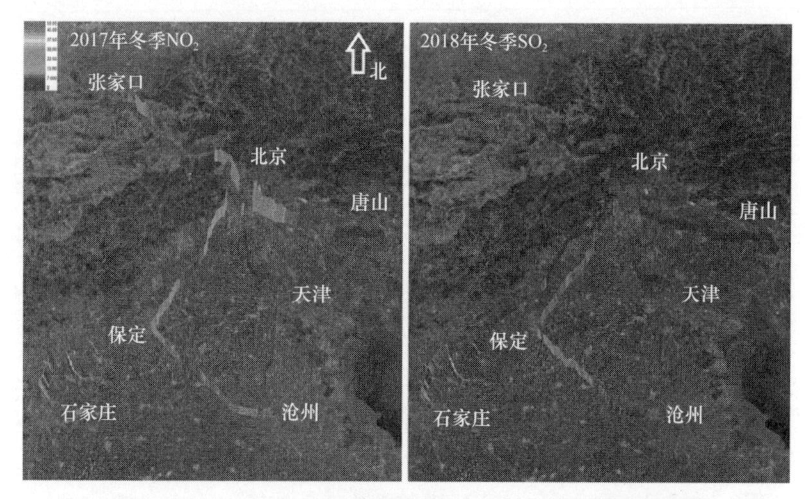

图 3-132　北京及其他城市连接线 2017 年冬季观测结果

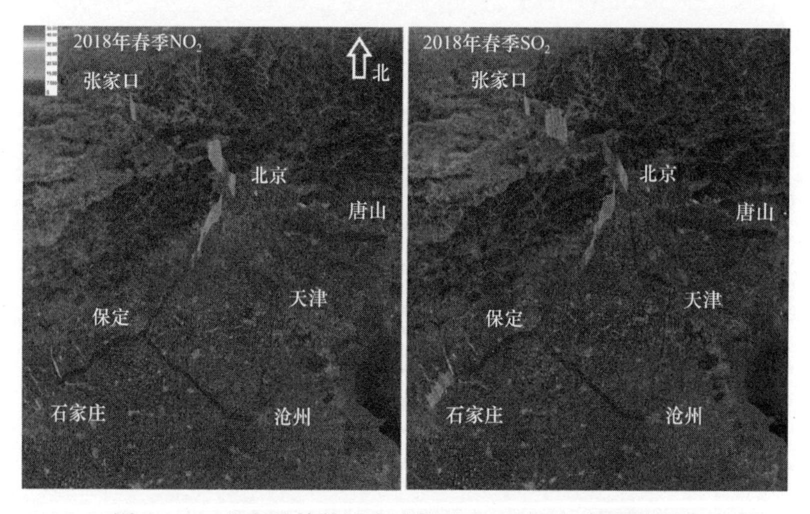

图 3-133　北京及其他城市连接线 2018 年春季观测结果

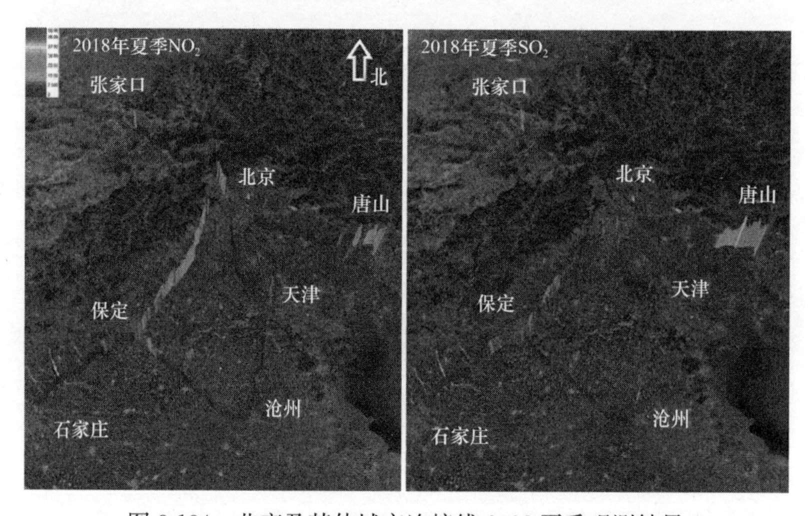

图 3-134　北京及其他城市连接线 2018 夏季观测结果

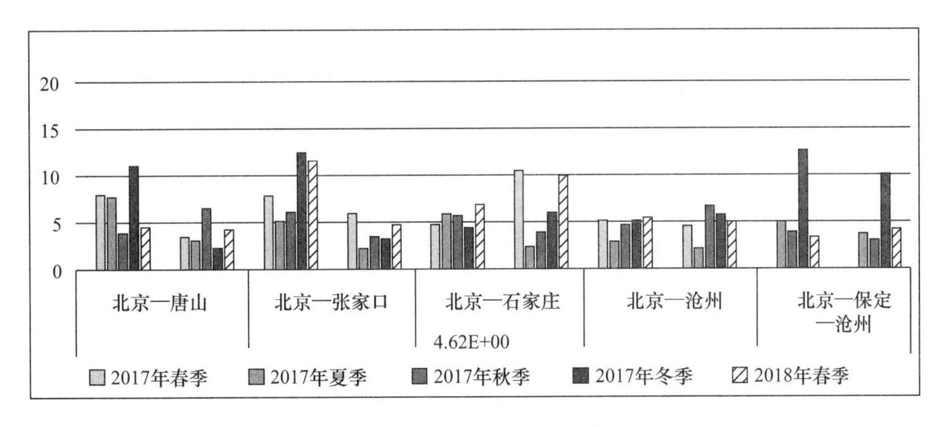

图 3-135　北京及其他城市连接线污染物柱浓度均值

3.2.2　北京区域污染分布及排放特征

1. 北京市区污染分布及排放特征

1）气象分析（表 3-8）

表 3-8

	季节	春	夏	秋	冬
北京主城区	气象条件	气候背景 • 气象要素：西南/西北风，平均风速 2.8m/s；平均气温 18.7℃；平均相对湿度 31%。 • 环流形势：偏西气流为主，冷空气活动减弱。 • 扩散条件：较秋冬季偏好 2017 年 1）内环、二环、五环（4 月 22 日） • 10m：西南风，风速持续增大 1～6m/s；平均气温 23℃；平均相对湿度 21%。 • 200m：西南风，风速持续增大（3～15m/s）。 • 环流：低压槽前西南气流控制。 • 探空：8 时 1km 以下有逆温层，无不稳定能量	气候背景 • 气象要素：东北/南风，平均风速 2.0m/s；平均气温 29℃；平均相对湿度 59%。 • 环流形势：偏南气流为主，暖湿气流活动频繁。 • 扩散条件：降水多、热力湍流活动强，利于扩散 2017 年 1）北京环路（8 月 4 日） • 10m：东北风，风速微弱下降，平均风速 1.8m/s；平均气温 34℃；平均相对湿度 46%。 • 200m：东北风，风速较低层略大。 • 环流：850hPa（受东北冷涡底后部的西北风影响）；地面（东北风渐转至西北风控制）；受暖气团控制	气候背景 • 气象要素：东北风，平均风速 2.3m/s；平均气温 7℃；平均相对湿度 43%。 • 环流形势：西北气流为主，冷空气活动增加。 • 扩散条件：易出现逆温、形成静稳天气，不利于扩散 2017 年 1）环路及连接线（11 月 11 日） • 10m：偏南风，风速微弱增大（2～5m/s）；平均气温 6.6℃；平均相对湿度 30%。 • 200m：西南风转偏南风风速持续增大（1～6m/s）。 • 环流：850hPa（高压脊位置西南风/北风影响）；地面（高压中心风场较乱西北风为主午后高压东移偏南风为主风速略加大）	气候背景 • 气象要素：东北风，平均风速 2.3m/s；平均气温 −0.4℃；平均相对湿度 35%。 • 环流形势：西北气流为主，冷空气活动频繁。 • 扩散条件：易出现逆温、形成静稳天气，不利于扩散 2018 年 1）环路及连接线（1 月 18 日） • 10m：东北风/西南风，平均风速 1.5m/s；平均气温 1.6℃，平均相对湿度 27.3%。 • 200m：西北风转北风转南风平均风速 2.5m/s。 • 环流：850hPa（西北气流控制）；地面（高压前部东北风为主）

续表

	季节	春	夏	秋	冬
北京主城区	气象条件	• 扩散条件：较利于污染物扩散。 2）三环、四环（4月23日） • 10m：东北风，平均风速3m/s；平均气温21℃；平均相对湿度16%。 • 200m：偏北风，平均风速5m/s。 • 环流：850hPa（低压底部西北气流控制）；地面（低压前部偏北风为主）。 • 探空：8时无逆温、湿度很小，无不稳定能量。 • 扩散条件：较有利于污染物扩散。 3）环路连接线（4月24日） • 10m：西北风、北风，风速逐渐增大2～5m/s；平均气温22℃；平均相对湿度9%。 • 200m：西北风，风速10m/s。 • 环流：850hPa（低压槽后西北气流控制）；地面（低压槽过境槽后偏北气流控制）。 • 探空：8时无逆温，湿度很小，无不稳定能量。 • 扩散条件：有利于污染物扩散。 • 2018年 1）环路及放射线（4月18日）： • 10m：偏南风，风速1～2m/s；午后风速略增大；平均气温22℃；平均相对湿度49%。 • 200m：偏南风，风速3～6m/s；风速逐渐增大	• 探空：8时1km以下有浅薄逆温层，低层湿度较大，不稳定能量较大。 • 扩散条件：不利于污染物扩散。 2）环路及连接线（8月6日） • 10m：西北风，午后风速明显增大，平均风速3.6m/s；平均气温33℃；平均相对湿度42%。 • 200m：西北风，平均风速5m/s。 • 环流：850hPa（低涡底部西北风控制）；地面（上午以西北为主，午后转受东南风影响）；受高空西北气流控制。 • 探空：8时无逆温、湿度较小，不稳定能量较弱。 • 扩散条件：利于污染物扩散。 • 2018年 1）环路及连接线（7月4日） • 10m：西南风/东南风，缓慢增大，平均风速2.1m/s；平均气温33℃；平均相对湿度53%。 • 200m：偏南风，风速2～4m/s。 • 环流：850hPa（低压底部西南气流控制）；地面（偏西气流控制）；受暖高压脊控制。 • 探空：无逆温层，低层湿度略大，无不稳定能量。 • 扩散条件：白天利于臭氧生成，夜间大气扩散条件转好	• 探空：8时近地面、1km和1.5km处各有一个较浅薄的逆温层，湿度很小，无不稳定能量。 • 扩散条件：有利于污染物扩散，夜晚扩散条件转差。 2）环路及连接线（11月12日） • 10m：西南风，平均风速1.6m/s；平均气温8.1℃，平均相对湿度36.2%。 • 200m：偏北风转东风转南风，风速持续增大（3.5～6m/s）。 • 环流：850hPa（低涡东移，有浅槽过境西北/西南气流控制）；地面（低压底部风场较乱偏东/偏北风为主）。 • 探空：8时近地面和1km处有两个浅逆温层，5.5km处略有湿度，无不稳定能量。 • 扩散条件：不利于污染物扩散	• 探空：8时近地面有浅逆温层，湿度很小，无不稳定能量。 • 扩散条件：扩散条件一般，夜间扩散条件转差。 2）环路及连接线（1月19日） • 10m：西南风/偏西风，平均风速1.7m/s；平均气温5.0℃，平均相对湿度25.5%。 • 200m：偏北风转南风，平均风速4.5m/s。 • 环流：850hPa（低压底部西北气流控制）；地面（东北低压底后部东北风为主）。 • 探空：8时近地面有一层浅薄但温度梯度较大的逆温，湿度很小，无不稳定能量。 • 扩散条件：有利于污染物扩散

续表

	季节	春	夏	秋	冬
北京主城区	气象条件	• 环流：850hPa（低压前部西南气流控制）；地面（弱低压前部偏南风为主）。 • 探空：8 时 1km 有逆温，湿度较大，无不稳定能量。 • 扩散条件：不有利于污染物扩散。 2）环路及放射线（4 月 20 日）： • 10m：偏南风，风速 2～4m/s；12 时后风速增大；平均气温 25℃；平均相对湿度 46%。 • 200m：偏南风，风速 4～9m/s；风速逐渐增大。 • 环流：850hPa（低压槽前偏南气流控制）；地面（低压前部偏南风，午后风力加大）。 • 探空：8 时 1km 下有浅薄逆温，湿度较小，无不稳定能量。 • 扩散条件：上午较差、午后开始略有好转	2）环路及连接线（7 月 6 日） • 10m：东南风，缓慢增大，平均风速 2.2m/s；平均气温 32℃；平均相对湿度 48%。 • 200m：东南风，风速 4m/s 左右。 • 环流：850hPa（东南气流）；地面（低压前部和高压底后部的梯度区，东北气流）；受高空脊控制。 • 探空：无逆温层，湿度较小，无不稳定能量。 • 扩散条件：白天利于臭氧生成，夜间大气扩散条件转好		

2）污染分布及排放特征

在北京环路的观测中，主要污染物为 NO_2，因此重点选取了北京环路沿线 NO_2 柱浓度分布进行分析。为研究北京污染物排放量情况，实验观测尽可能选取在风速较小的风场下进行走航，以更好地了解北京 NO_2 污染状况。

车载实验分别在春季的 4 月 22 日、夏季的 8 月 4 日和 8 月 6 日，秋季的 11 月 11 日和 11 月 12 日，2018 年的 1 月 18 日及 1 月 19 日、4 月 18 日、4 月 20 日、7 月 4 日走航观测了北京环路沿线，观测期间避开了大风雾霾等不利天气。

1）北京五环沿线污染物分布

图 3-136 为北京五环沿线 NO_2 柱浓度分布箱形图，为了方便分析，将五环按西五环、北五环、东五环和南五环顺序拆分后再分析。

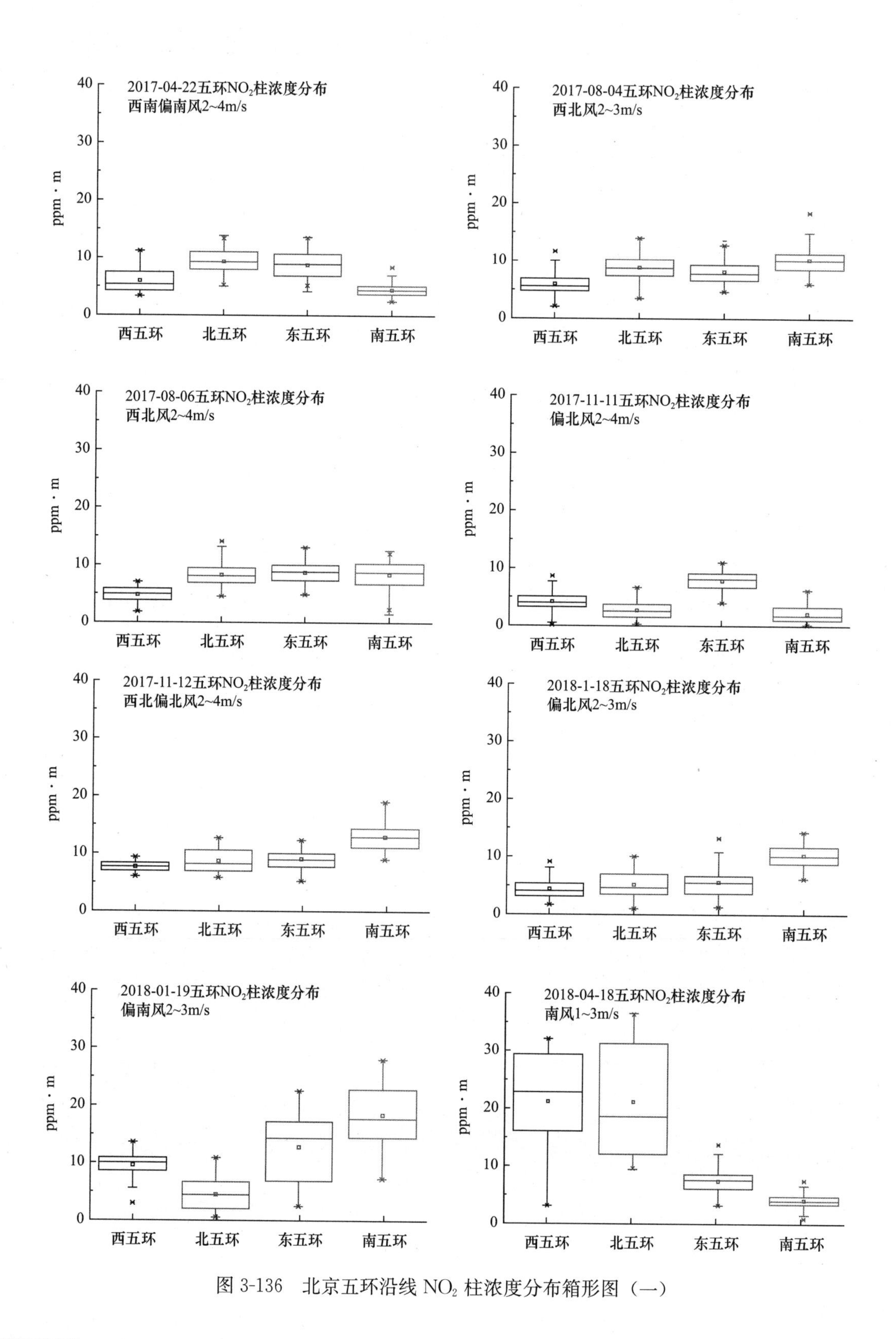

图 3-136　北京五环沿线 NO_2 柱浓度分布箱形图（一）

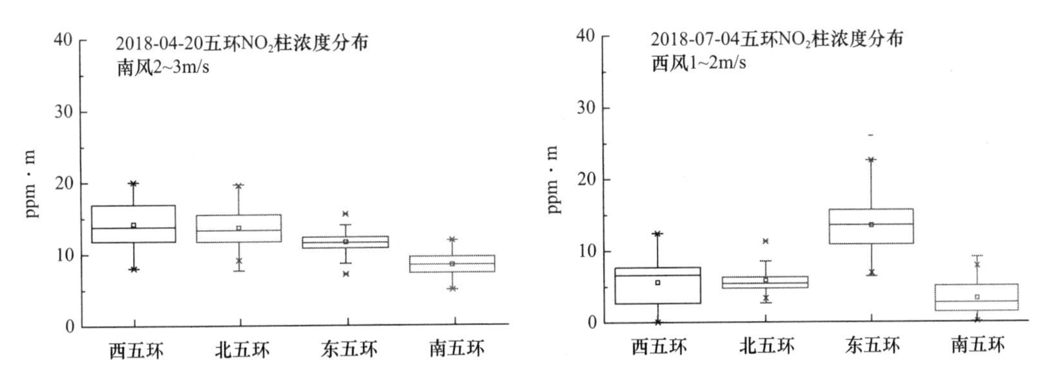

图 3-136　北京五环沿线 NO_2 柱浓度分布箱形图（二）

北京五环沿线 NO_2 柱浓度最大值分布见表 3-9。

北京五环沿线 NO_2 柱浓度最大值分布（ppm·m）　　表 3-9

日期 / 地点	2017-04-22	2017-08-04	2017-08-06	2017-11-11	2017-11-12	2018-01-18	2018-01-19	2018-04-18	2018-04-20	2018-07-04
西五环									20.20	
北五环	13.84		14.12					36.52	19.90	
东五环				11.12						26.24
南五环		18.32			19.04	14.08	28.04			

在观测结果中不难发现：在这四段环路上总是有高的 NO_2 柱浓度出现，说明五环存在 NO_2 的排放源。由于 NO_2 的主要来源为交通排放和工厂排放，北京市区已经没有污染严重的工业企业存在，因此北京环路的 NO_2 主要来源为交通排放。

从观测结果来看，北五环、南五环 NO_2 柱浓度最大值出现频次最高，为 4 次；北五环 NO_2 柱浓度最大值在春夏出现频次高，为 4 次；南五环 NO_2 柱浓度最大值在秋冬季出现频次高，为 3 次。六季观测到 NO_2 柱浓度最大值分别为 13.84ppm·m、18.32ppm·m、19.04ppm·m、28.04ppm·m、36.52ppm·m 和 26.24ppm·m，根据东西南北环路 NO_2 污染物箱形图分布结合 NO_2 柱浓度最大值来看，北京存在较高的 NO_2 排放。

图 3-137 为五环 NO_2 柱浓度与车速分布关系图。由于北京市区 NO_2 主要来自交通排放，尤其是在交通拥堵地区，在气象扩散条件一般时，大规模长时间交通拥堵会引起 NO_2 柱浓度升高。交通整体行驶畅通，扩散条件较好时，NO_2 柱浓度无明显升高；北五环、东五环路段拥堵期间，NO_2 柱浓度均有明显升高。在 2018 年 1 月 19 日和 4 月 18 日期间交通拥堵时，NO_2 柱浓度值分别达到 28.04ppm·m、36.52ppm·m，拥堵区域 NO_2 柱浓度值偏高。

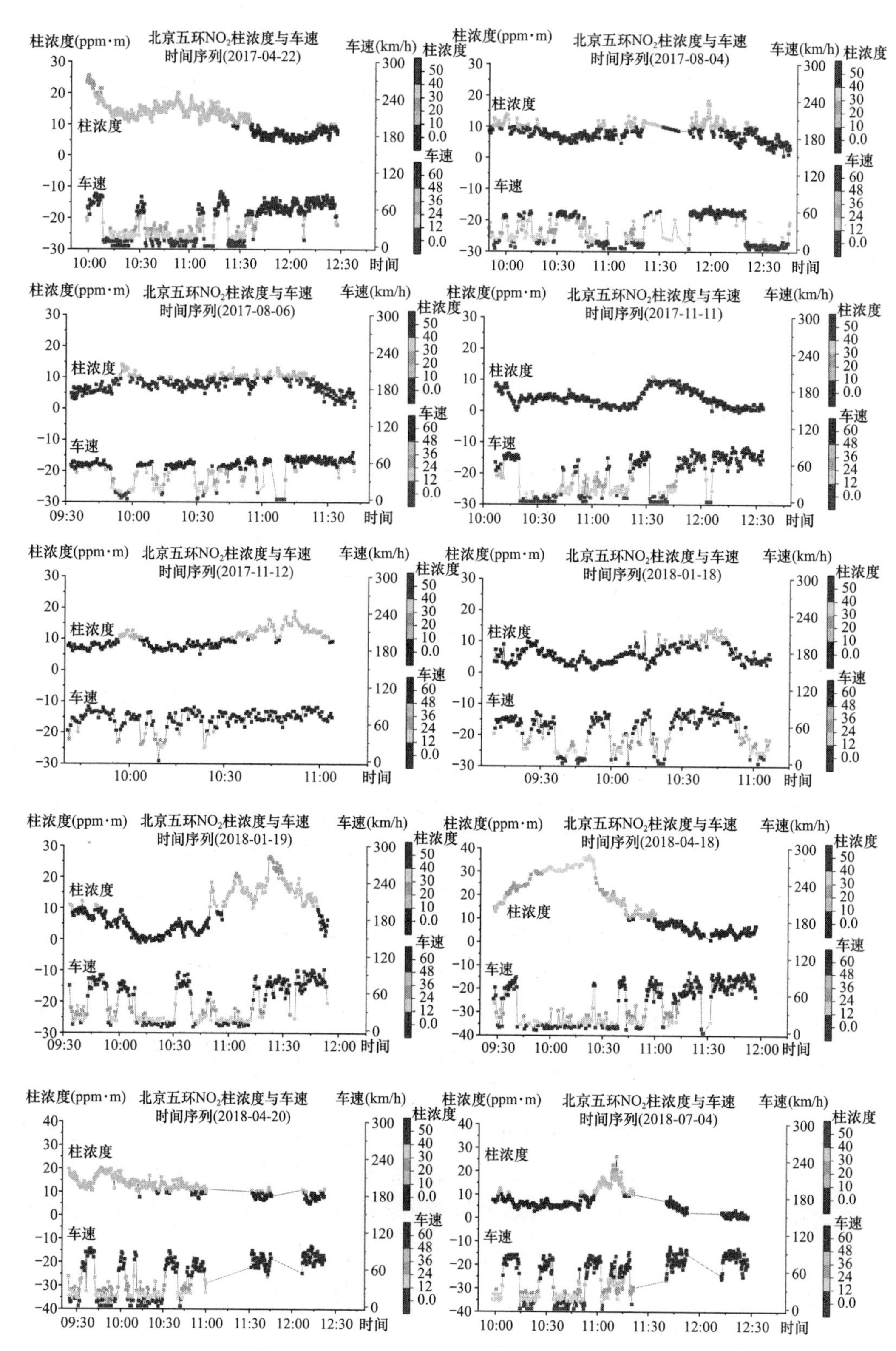

图 3-137　五环 NO_2 柱浓度与车速分布关系图

对比各路段的 NO_2 柱浓度平均值，可以发现，西五环 NO_2 柱浓度平均值总体较低，且变化较为平稳。由于北京 NO_2 来源主要受交通排放影响，因此，西五环发生交通拥堵的概率也小于其他路段，这也与车速分布有着较好的一致性。与西五环相对的是，东五环和北五环 NO_2 柱浓度平均值变化较大，但其 NO_2 柱浓度平均值总体较高，东五环 NO_2 柱浓度平均值为 10.1ppm·m，北五环 NO_2 柱浓度平均值为 9.62ppm·m，西五环 NO_2 柱浓度平均值为 7.31ppm·m。相较于西五环，东五环和北五环污染较为严重，该路段交通流量高于其他路段，且发生交通拥堵的概率也高于其他路段。南五环 NO_2 柱浓度值波动较大，其明显的特征是 NO_2 柱浓度平均值在秋冬季高于其他季节，存在污染输送的可能（图 3-138）。

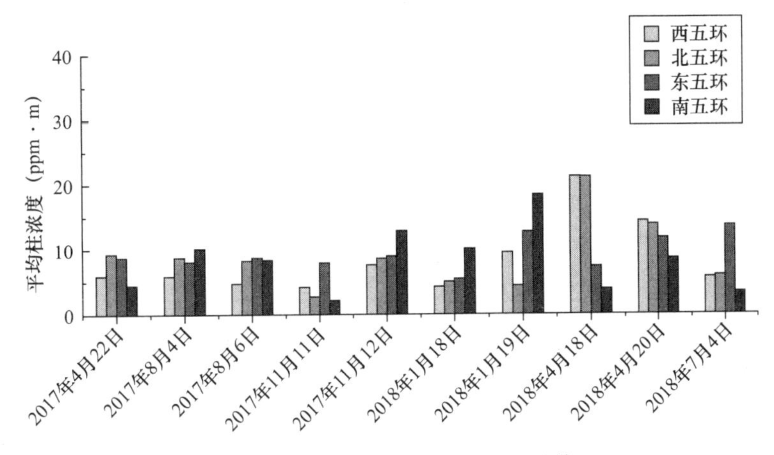

图 3-138 五环 NO_2 柱浓度平均值

2）北京四环沿线污染物分布

同北京五环类似，将北京四环按照西四环、北四环、东四环以及南四环进行拆分，并做了 NO_2 柱浓度分布箱形图进行辅助分析，如图 3-139 所示。

同北京五环类似，四环 NO_2 主要由交通排放引起，六季的最大柱浓度值分别为：10.04ppm·m、18.16ppm·m、23.4ppm·m、22.92ppm·m、37ppm·m 和 18ppm·m。

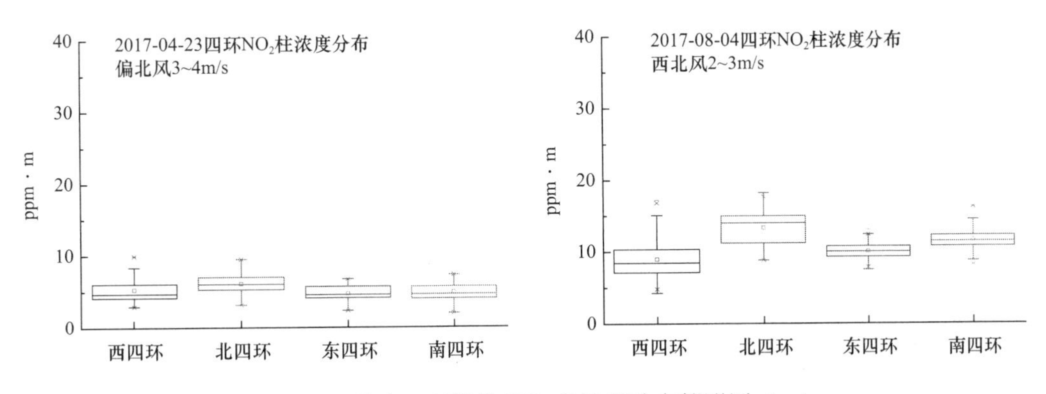

图 3-139 北京四环沿线 NO_2 柱浓度分布箱形图（一）

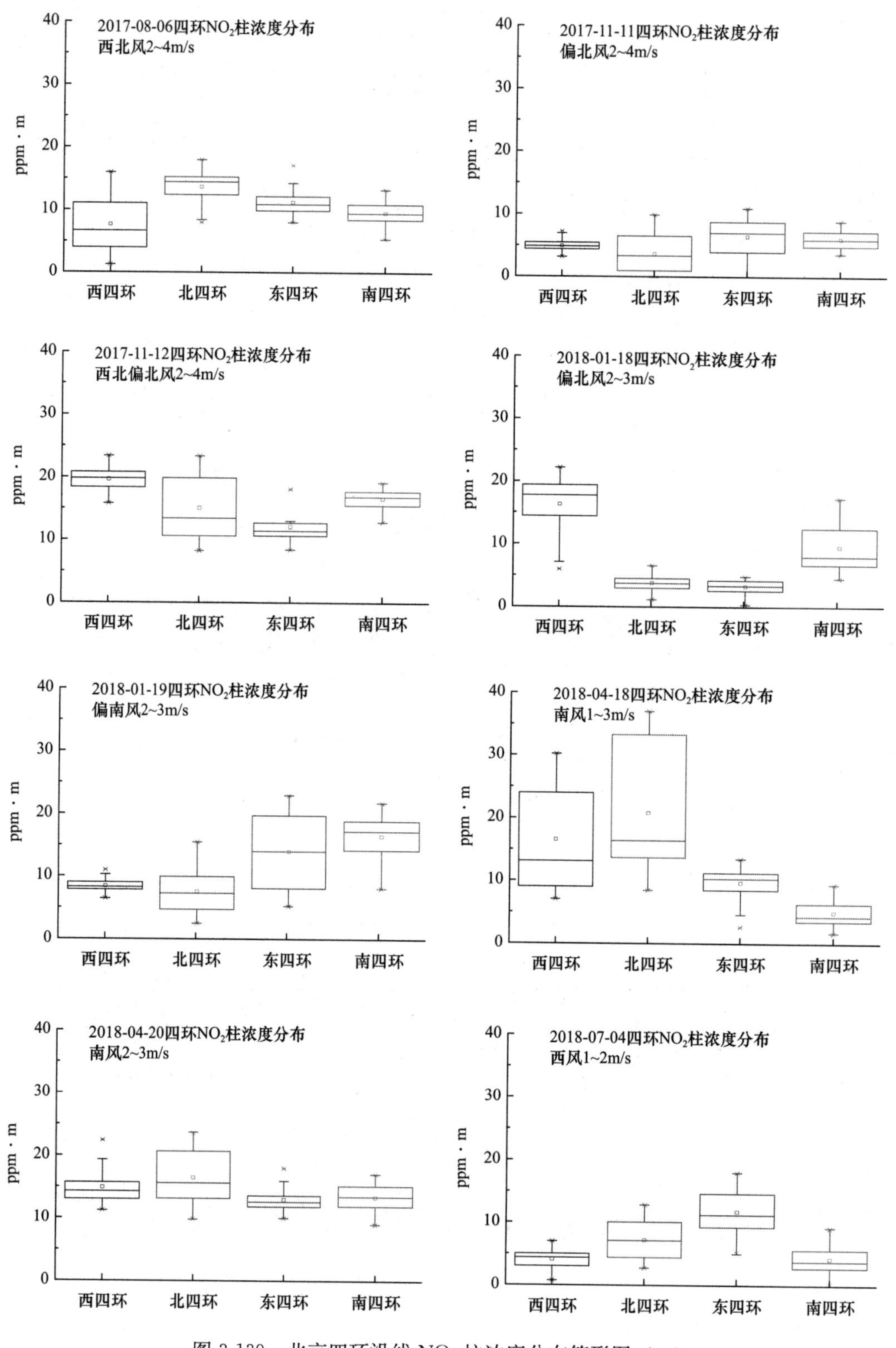

图 3-139 北京四环沿线 NO_2 柱浓度分布箱形图（二）

对比发现：北京四环 NO_2 柱浓度最高值与五环 NO_2 柱浓度最高值基本一致。由此可知，北京四环的 NO_2 污染程度与北京五环类似。根据北京 NO_2 柱浓度出现的最高值来看，与五环不同的是，北四环 NO_2 柱浓度最高值出现的频次最高，共计 6 次，这预示着北京四环的北四环交通最为拥堵。

北京四环沿线 NO_2 柱浓度最大值分布见表 3-10。

北京四环沿线 NO_2 柱浓度最大值分布（ppm · m）　　表 3-10

日期 / 地点	2017-04-23	2017-08-04	2017-08-06	2017-11-11	2017-11-12	2018-01-18	2018-01-19	2018-04-18	2018-04-20	2018-07-04
西四环					23.40	22.20				
北四环	10.04	18.16	17.92		23.36			37.00	23.76	
东四环				11.04			22.92			18.00
南四环										

四环 NO_2 柱浓度与车速分布关系图（图 3-140）表明：北京四环交通比较拥堵，在六季的 10 次观测中，汽车平均行驶速度高于 20km/h 仅有 4 次，行驶速度整体偏低，这与箱形图分布统计预示北京四环交通状况相一致。与北京五环不同的是，北京四环交通拥堵明显集中在北四环，考虑到北四环主要有京承高速和京藏高速，北京主要的办公区在四环内，且北京市区人口居住集中在北面，因此，这两个高速与北四环的交叉口存在着大量汽车进出北京市区可能。

从北京东、西、南、北四环的 NO_2 柱浓度平均值分布来看：北四环 NO_2 柱浓度平均值高值出现频次最高，为 5 次，占观测频次数量的一半，考虑到北京四环

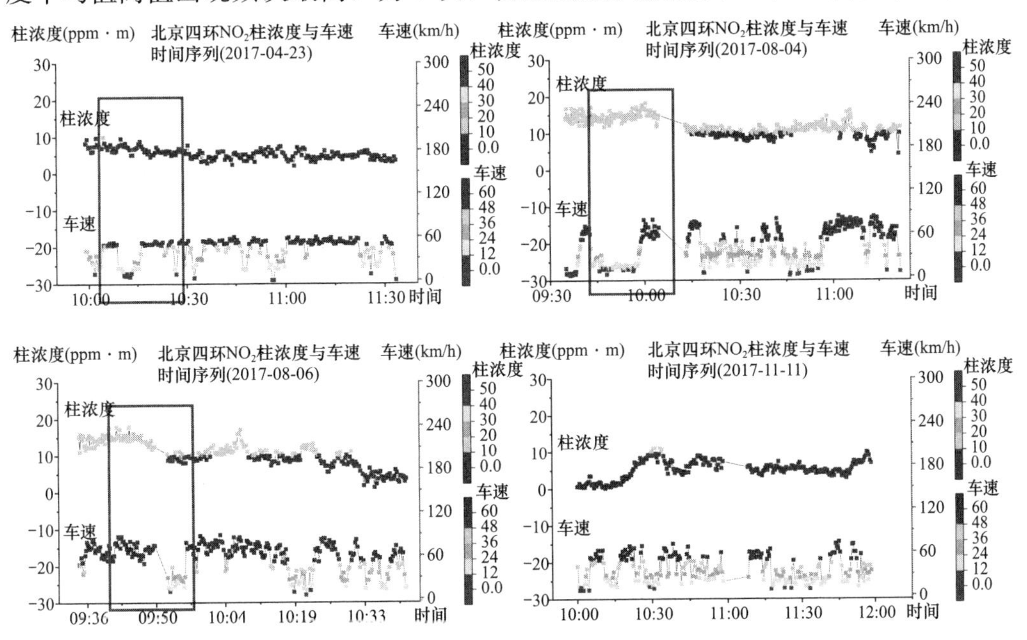

图 3-140　四环 NO_2 柱浓度与车速分布关系图（图中方框为北五环）（一）

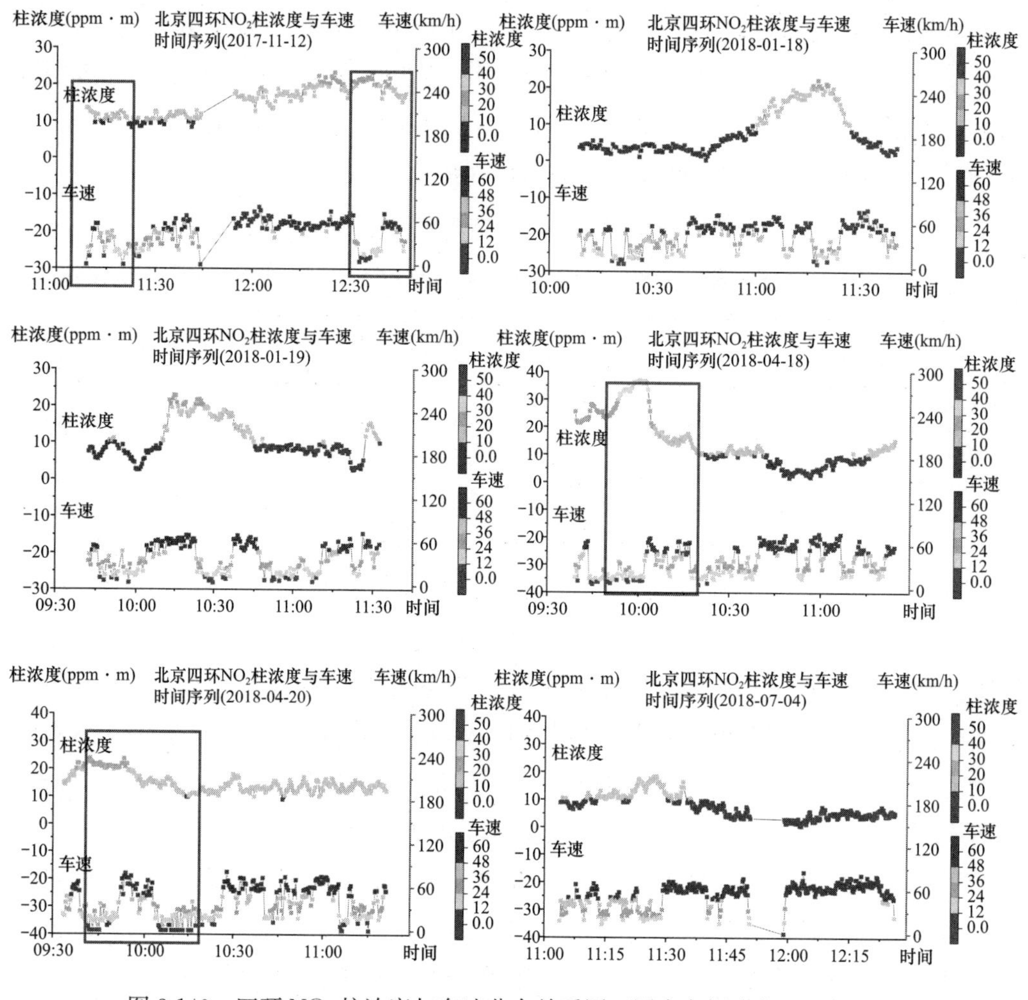

图 3-140　四环 NO_2 柱浓度与车速分布关系图（图中方框为北五环）（二）

NO_2 柱浓度最高值在北四环频次也是最高，因此相较于四环其他路段，北四环 NO_2 污染受到交通排放影响最为明显。在前面的论述中我们知道，交通拥堵时候易出现 NO_2 柱浓度的升高，因此可以推测北四环交通拥堵更为明显。北四环的平均柱浓度为 11.23ppm·m，高于西四环的 8.15ppm·m，东四环的 9.16ppm·m，以及南四环的 10.11ppm·m（图 3-141）。

3）北京三环沿线污染物分布

同北京五环类似，将北京三环按照西三环、北三环、东三环以及南三环进行拆分，并做了 NO_2 分布箱形图进行辅助分析（图 3-142）。

同北京五环、四环类似，三环 NO_2 主要由交通排放引起，六季监测结果表明：NO_2 最大柱浓度分别为：10.48ppm·m、13.76ppm·m、19.36ppm·m、25ppm·m、14.36ppm·m 和 11.88ppm·m。对比发现，北京三环 NO_2 柱浓度最高值相较于北京四环整体偏低。由此可知，北京三环 NO_2 排放虽然受到交通排放影响，其

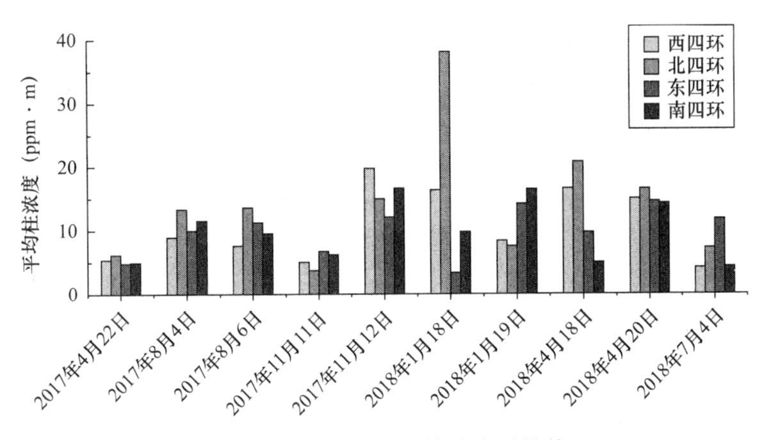

图 3-141　四环 NO_2 柱浓度平均值

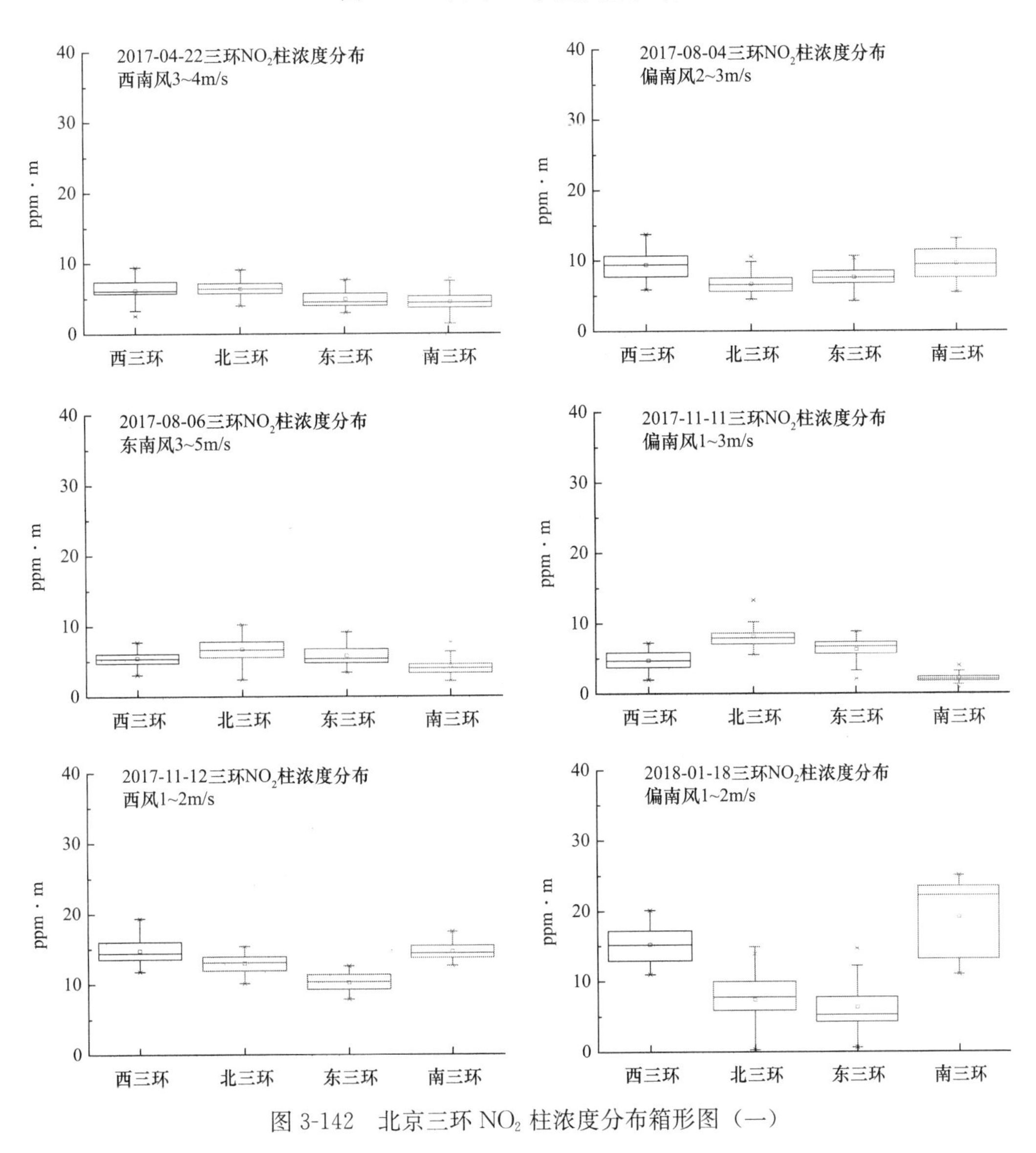

图 3-142　北京三环 NO_2 柱浓度分布箱形图（一）

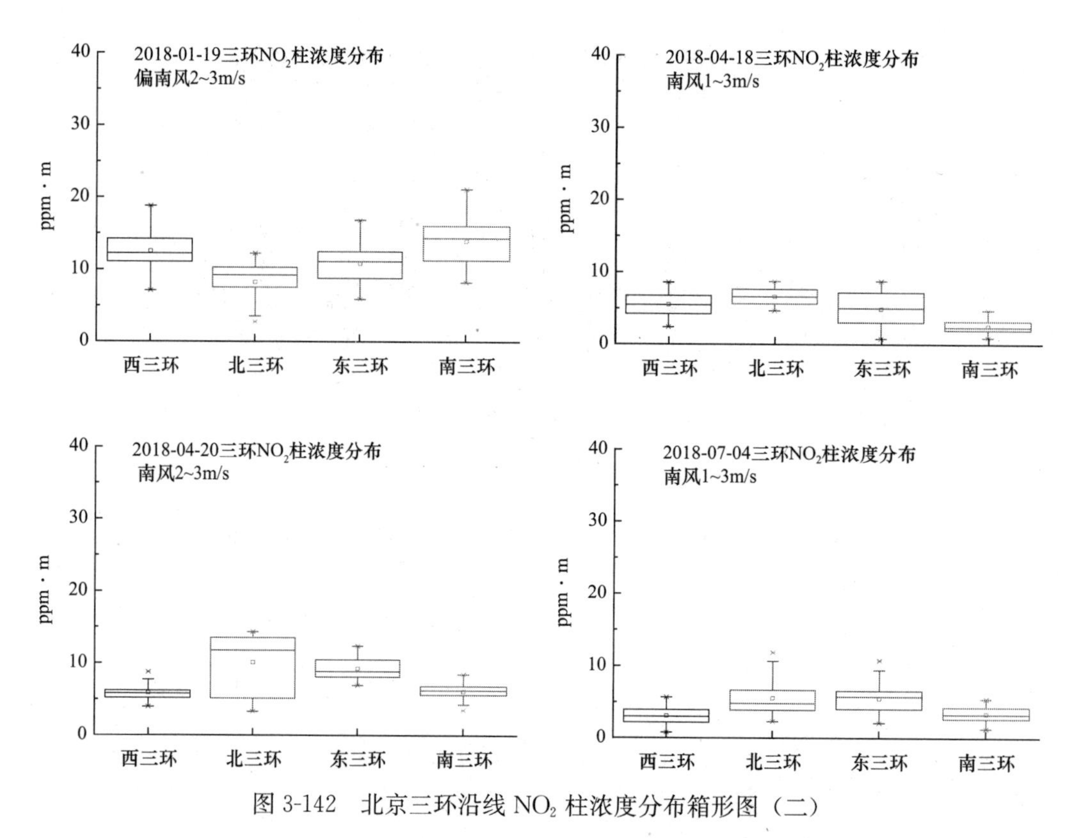

图 3-142　北京三环沿线 NO_2 柱浓度分布箱形图（二）

局部地区污染程度相较于北京四环较低，最低低出 22.57%。与北京四环类似的是，NO_2 柱浓度最高值在北三环出现频次最高，不同的是，西三环出现的频次也偏高，为 4 次。同期相比，东三环没有出现 NO_2 最高值（表 3-11）。

北京三环沿线 NO_2 柱浓度最大值分布见表 3-11。

北京三环沿线 NO_2 柱浓度最大值分布（ppm · m）　　**表 3-11**

日期 地点	2017-04-22	2017-08-04	2017-08-06	2017-11-11	2017-11-12	2018-01-18	2018-01-19	2018-04-18	2018-04-20	2018-07-04
西三环	10.48	13.76			19.36			8.6		
北三环			10.24	13.24				8.6	14.36	11.88
东三环										
南三环						25	20.24			

三环 NO_2 柱浓度与车速分布关系图（图 3-143）表明，北京三环交通也比较拥堵，但是相较于北京四环，北京三环整体稍好，平均行驶速度高于 20km/h 的次数为 6 次，这与箱形图分布统计预示北京三环交通状况相一致（图 3-143）。

三环 NO_2 柱浓度平均值如图 3-144 所示，NO_2 柱浓度平均值高值出现在南三环和北三环频次高，共计 8 次。这预示着北京南三环和北三环交通状况较其他三环路段恶劣。

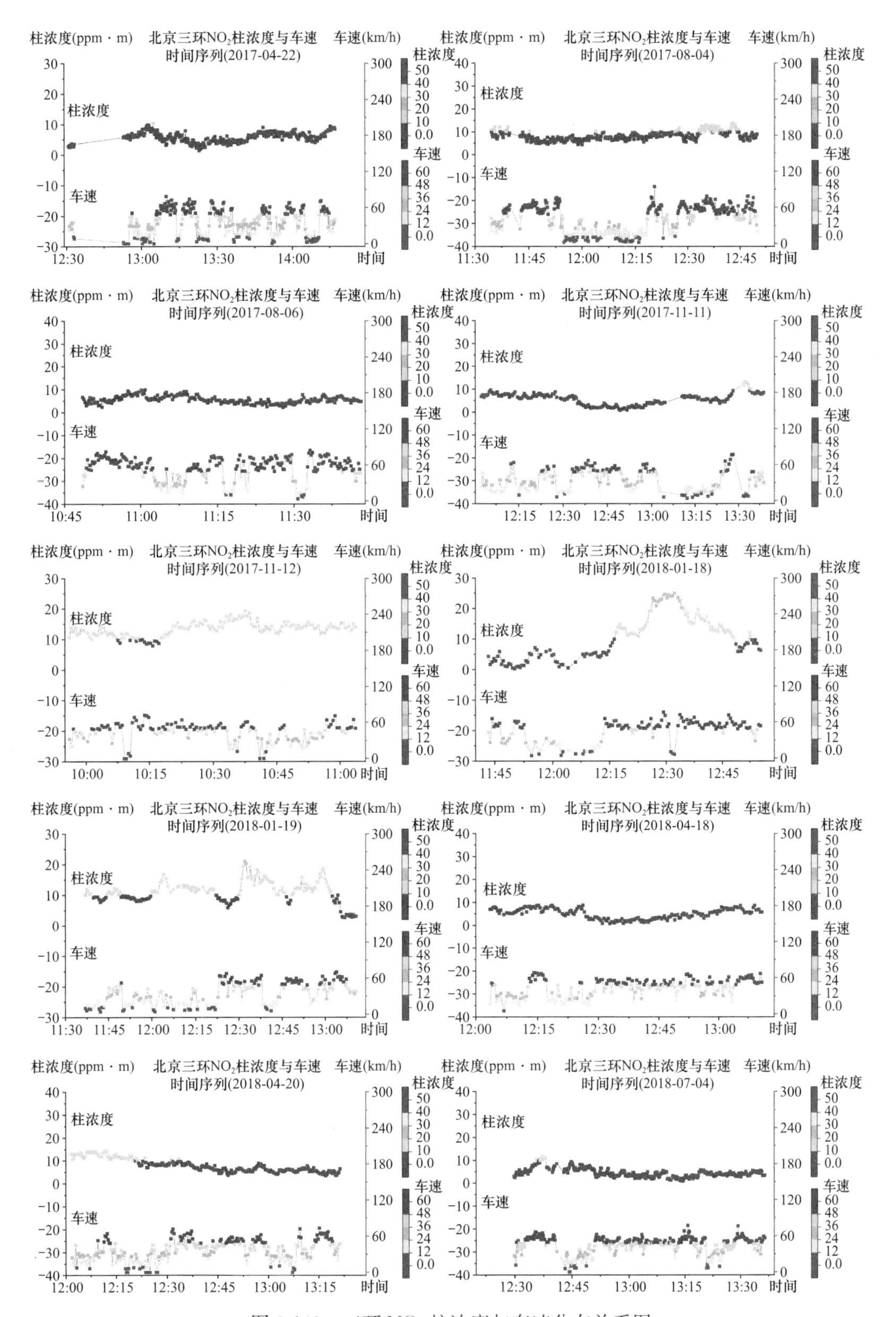

图 3-143　三环 NO_2 柱浓度与车速分布关系图

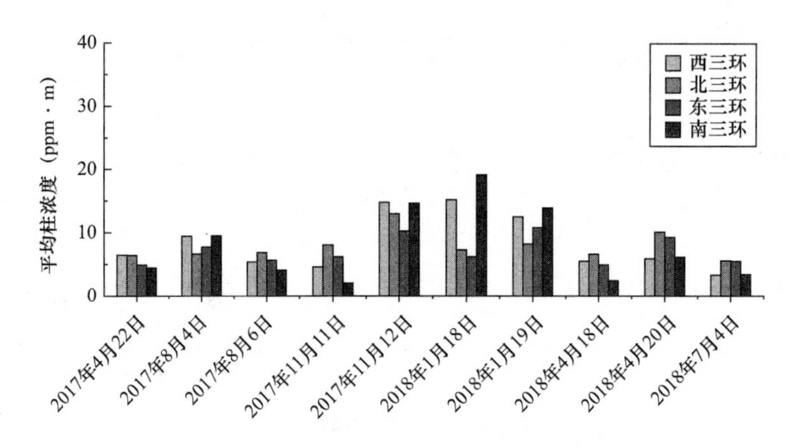

图 3-144　三环 NO_2 柱浓度平均值

同时，西三环、北三环、东三环和南三环 6 次观测 NO_2 平均柱浓度分别为 5.62ppm・m、6.95ppm・m、5.66ppm・m 和 7.13ppm・m，说明在六季观测中，北三环和南三环 NO_2 平均柱浓度整体高于其他三环的路段。

4）北京二环沿线污染物分布

北京二环 NO_2 柱浓度分布箱形图如图 3-145 所示。

同北京其他环路类似，二环 NO_2 主要由交通排放引起，六季的最大柱浓度分别为：13.24ppm・m、11.52ppm・m、8.40ppm・m、22.48ppm・m、10.32ppm・m 和

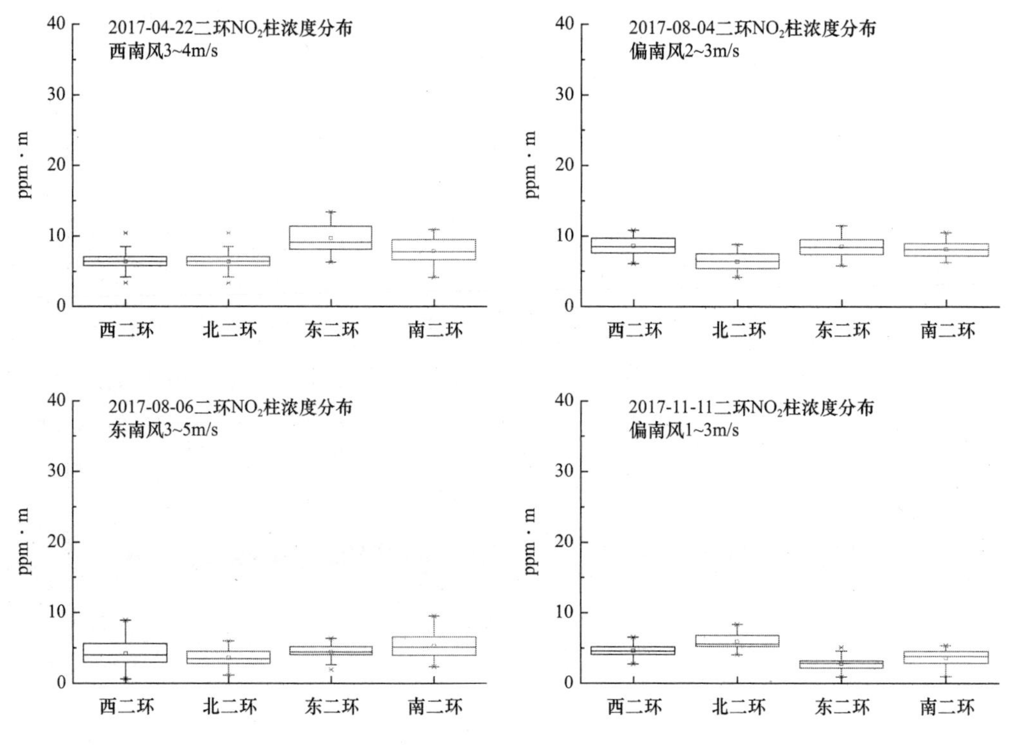

图 3-145　北京二环 NO_2 柱浓度分布箱形图（一）

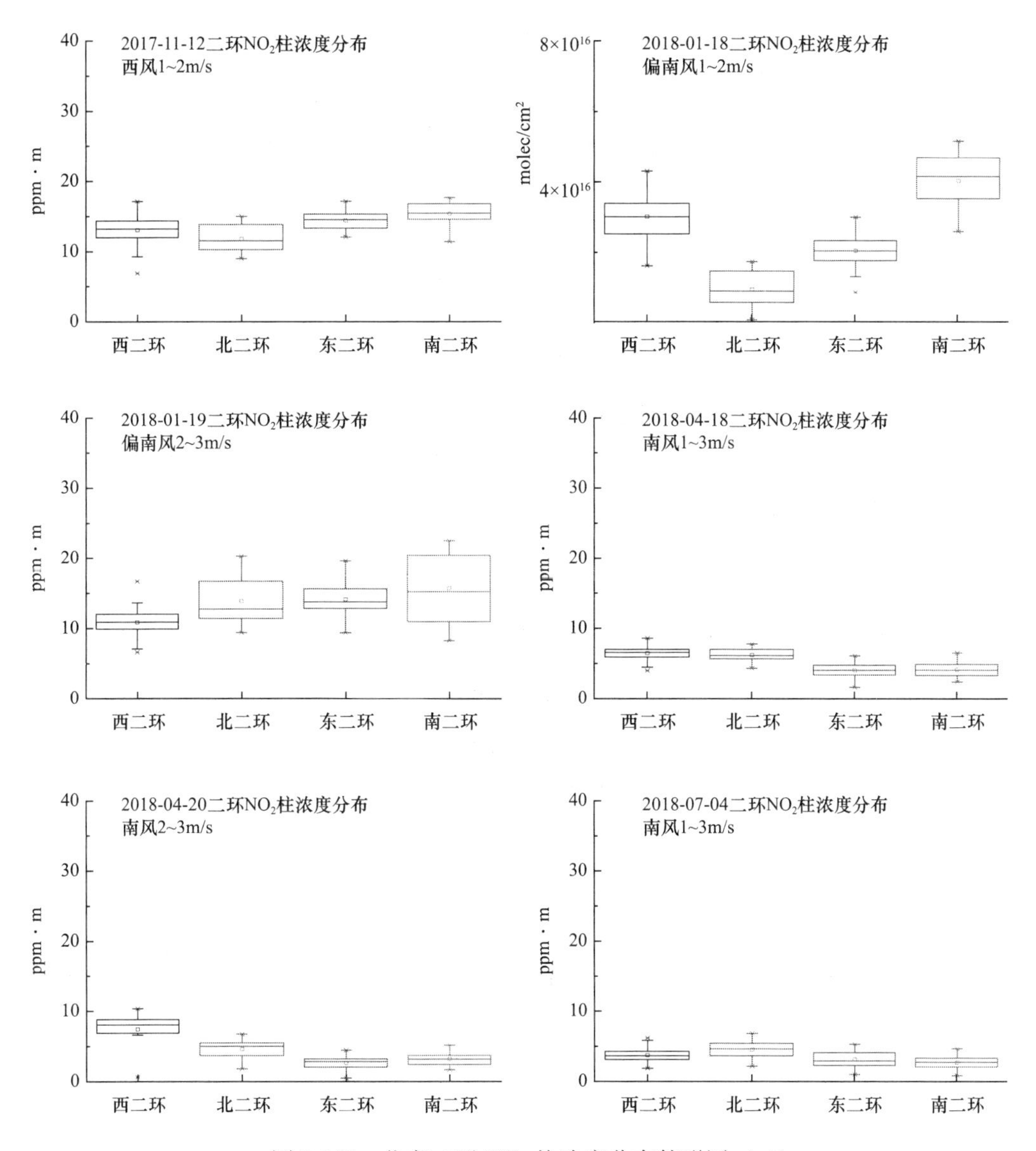

图 3-145　北京二环 NO_2 柱浓度分布箱形图（二）

6.8ppm · m。对比发现，北京二环 NO_2 柱浓度最高值相较于北京其他环路整体偏低，由此可知，北京二环 NO_2 排放虽然受到交通排放影响，其污染程度相较于北京其他环路偏低。南二环和西二环 NO_2 柱浓度出现的最高值频次最高，均为 3 次，共计 6 次。与三环类似的是，NO_2 柱浓度最高值在南二环频次最高；不同的是，西二环出现的频次也偏高，北二环不高。与同期相比，西二环、东二环和北二环出现的 NO_2 柱浓度最高值显著低于南二环路段，平均低出 94.2%，说明北京西二环、东二环和北二环虽然有 NO_2 柱浓度高值出现，相较于南二环并不显著(表 3-12)。

北京二环沿线 NO_2 柱浓度最大值分布（ppm·m） 表 3-12

日期 地点	2017-04-22	2017-08-04	2017-08-06	2017-11-11	2017-11-12	2018-11-18	2018-11-19	2018-04-18	2018-04-20	2018-07-04
西二环					7.12			8.56	10.32	
北二环	13.24			8.40						
东二环		11.52								6.80
南二环			10.5			20.64	22.48			

二环 NO_2 柱浓度与车速分布图（图 3-146）表明，北京二环交通整体行驶缓慢，平均行驶速度低于 20km/h 的次数达 7 次，说明北京二环交通拥堵状况严重，但由于北京二环车流量低于其他环路，因此在 NO_2 柱浓度分布上出现整体偏高的情况较少，仅出现 3 次。这表明北京二环 NO_2 污染也受到交通影响，但不如四环、五环显著（图 3-146）。

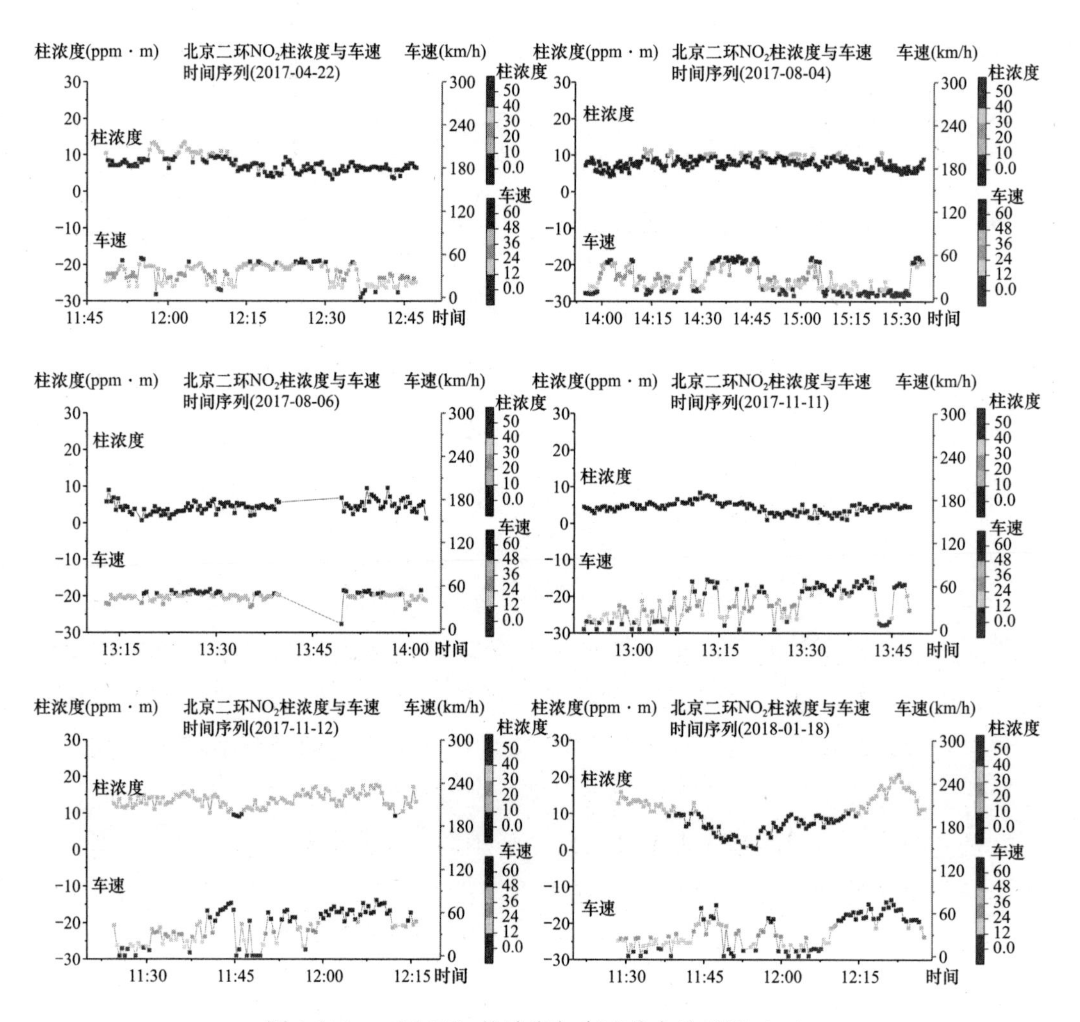

图 3-146 二环 NO_2 柱浓度与车速分布关系图（一）

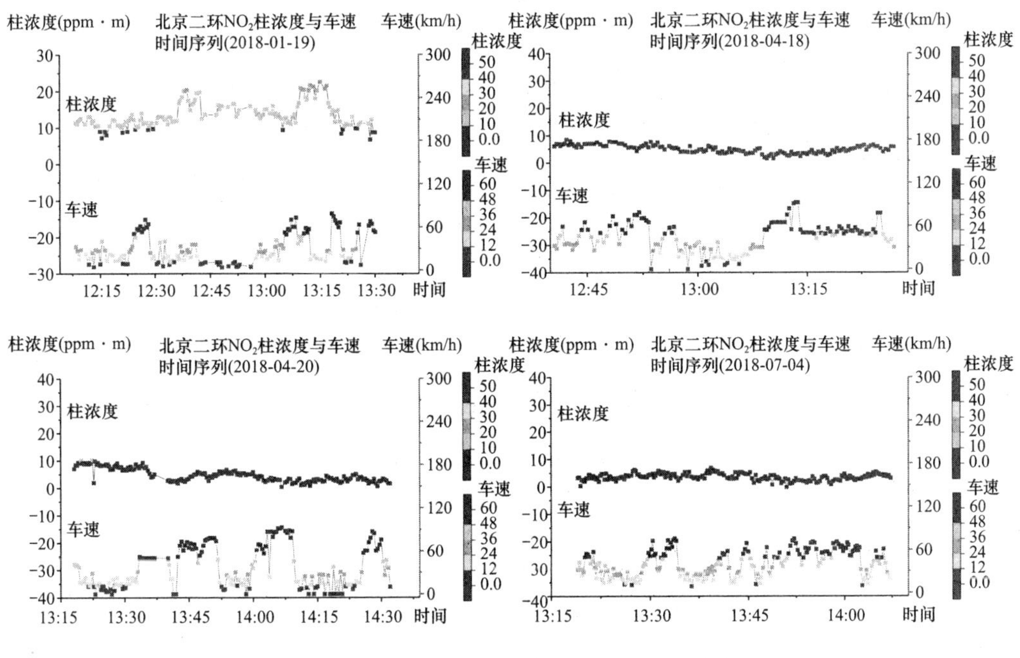

图 3-146　二环 NO_2 柱浓度与车速分布关系图（二）

二环 NO_2 柱浓度平均值如图 3-147 所示。NO_2 平均柱浓度高值出现在南二环频次高，共计 4 次。这预示着北京南二环 NO_2 污染受交通影响高于二环其他路段。

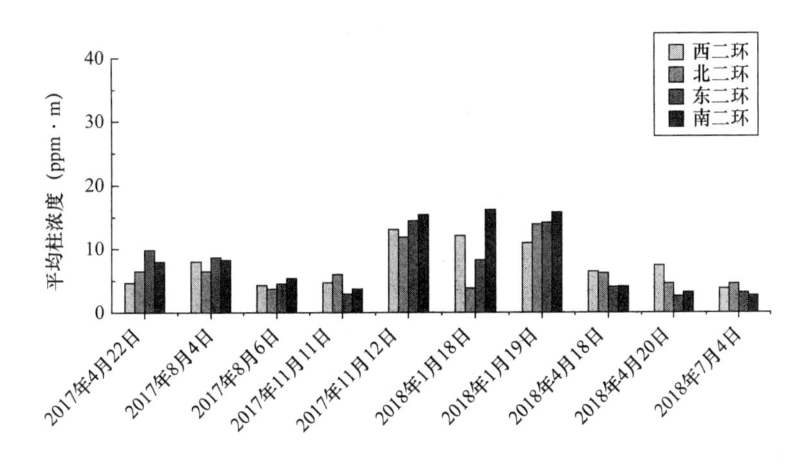

图 3-147　二环 NO_2 柱浓度平均值

同时，西二环、北二环、东二环和南二环 6 次观测 NO_2 平均柱浓度分别为 5.01ppm·m、5.45ppm·m、5.94ppm·m 和 6.43ppm·m，说明在六季观测中，南二环 NO_2 平均柱浓度整体高于其他二环的路段。进一步说明南二环 NO_2 污染受交通影响高于二环其他路段。

5）北京环路污染物排放特征

表 3-13 为北京环路的周长及面积，表 3-14 为北京市人口分布特点，图 3-148 为北京环路污染物排放通量，图 3-149 为北京环路间污染物排放通量。污染物排放通量表征了北京环路内的人为活动水平对污染的贡献速率，单位面积排放通量表征了北京环路内存在污染排放的人为活动，主要为交通活动，在单位面积上对北京市污染贡献的速率，同时也表征了存在污染的人为活动的密集程度。

北京环路周长及面积 **表 3-13**

环路	周长（km）	面积（km^2）
五环	98.43	667.26
四环	65.25	300.80
三环	48.22	158.30
二环	32.54	62.04

北京市人口分布特点（人口分布数据摘自网络） **表 3-14**

地点	面积（km^2）	人口（万人）	人口密度（万/km^2）
二环内	62.04	148.1	2.4
二环与三环之间	96.26	257	2.7
二环与四环之间	142.50	287	2.0

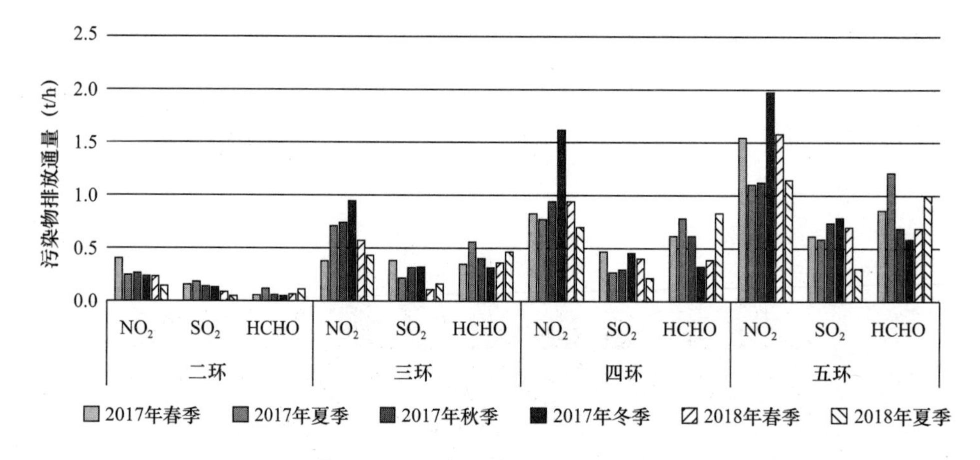

图 3-148 北京环路污染物排放通量

从排放通量来看，在六季观测中，受整个五环内污染排放影响，北京五环的污染物排放通量相较于其他环路整体偏高。由于北京的 NO_2 污染主要来自于交通，其中 NO_2 整体高于 1t/h，二环最低，平均低于 0.3t/h。四个环路在季节上对比可以发现，NO_2 污染排放通量呈现秋冬季节高于春夏季节的特点，而 HCHO 排放通量在夏季最高，这主要由光化学反应导致（图 3-150）。

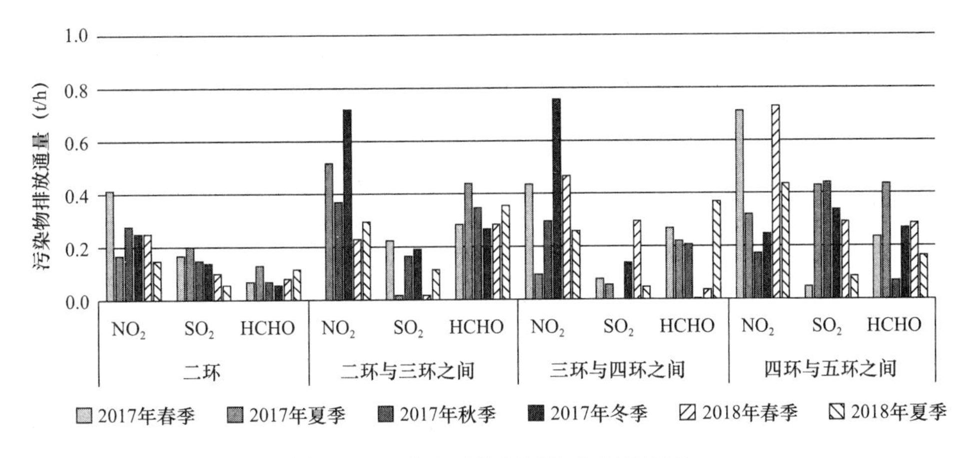

图 3-149　北京环路间污染物排放通量

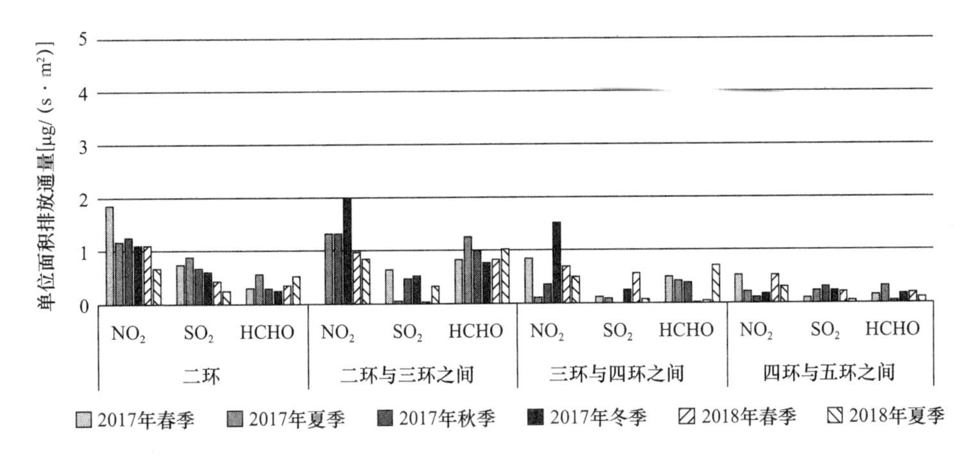

图 3-150　北京环路间污染物单位面积排放通量

由于北京办公区域及居民住宅多在北京四环及北京四环以内，且四环以内道路最为密集、交通流量最大，交通活动密集程度远高于四环以外，因此与同期相比，环路间 NO_2 单位面积排放通量呈现二环与三环之间区域［1.31μg/(s・m²)］>二环［1.20μg/(s・m²)］>三环与四环之间区域［0.68μg/(s・m²)］>四环与五环之间区域［0.33μg/(s・m²)］的特点。与其他环路间区域相比，二环与三环之间区域人类活动影响更为显著；其次为二环以内区域，与其他环路间区域相比，二环与三环之间区域人类活动影响更为显著，主要为交通活动；其次为二环以内区域，再次为三环与四环之间的区域，这与北京市人口密度分布一致，即二环与三环之间区域（2.7 万/km²）>二环（2.4 万/km²）>三环与四环之间区域（2.0 万/km²）。

由于北四环与五环之间主要为绿化带，且道路网稀疏，相较于四环以内车流量较少，因此四环与五环之间 NO_2 单位面积排放通量最低。

图 3-151 为车载 DOAS 观测北京五环历年 NO_2 和 SO_2 柱浓度分布，图 3-152 北京五环历年 NO_2 和 SO_2 排放通量。通过对比历年的数据可以发现：

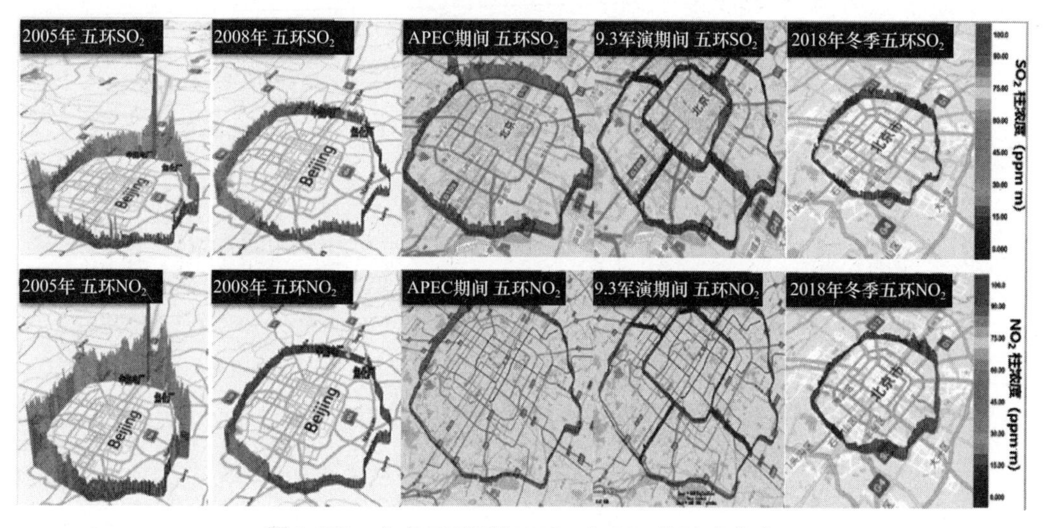

图 3-151　北京五环历年 NO_2 和 SO_2 柱浓度分布

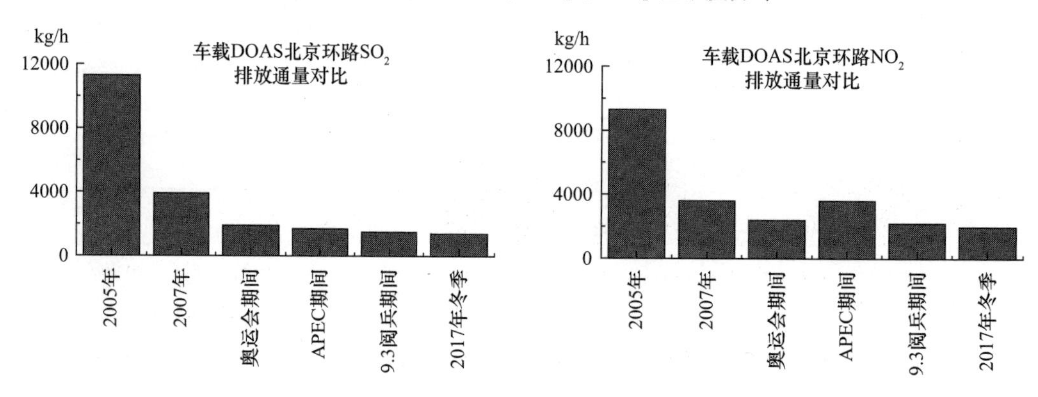

图 3-152　北京五环历年 NO_2 和 SO_2 排放通量

（1）NO_2 和 SO_2 柱浓度整体呈现下降趋势，SO_2 较 NO_2 柱浓度下降更为明显。

（2）NO_2 和 SO_2 排放通量呈逐年下降趋势。相较于 2005 年，NO_2 排放通量下降了 61.7%，SO_2 下降了 87.2%。

6）各区块污染分布特征

在 3.1 节中，已经从整体上对北京的污染特征进行了分析，分析了北京市区污染排放的历史情况及各环路间的污染特征。存在的问题是，环路间的污染分布差异并不清晰，因此本节针对环路间的污染分布差异进行分析，即分析各观测区块的污染排放情况。

由于各区块内部情况复杂，内部产生污染的人为活动强度不一，因此区块间排放通量对比不具备实际意义，如区块 3，观测面积偏大，导致排放通量整体偏高（图 3-153）。对于北京来说，单位面积污染物排放通量表征了产生污染排放的人为活动强度高低，因此分析区块的单位面积污染物排放通量更具有现实意义。分析结果如下（图 3-154）：

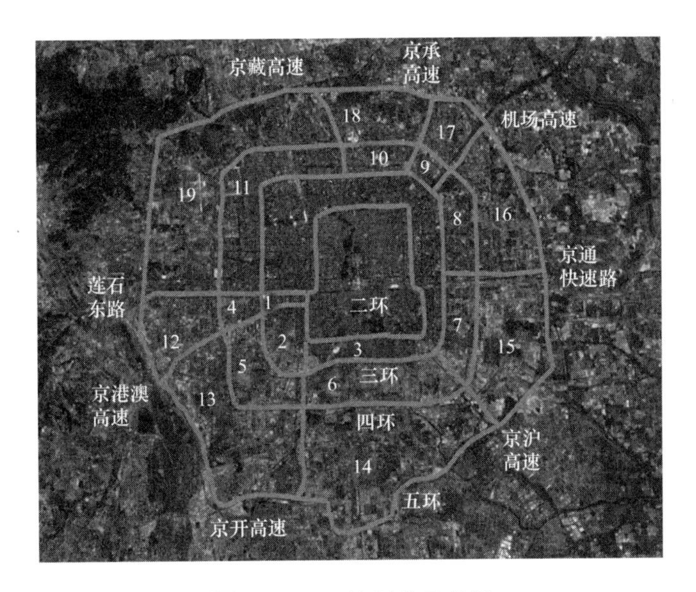

图 3-153　区块划分示意图

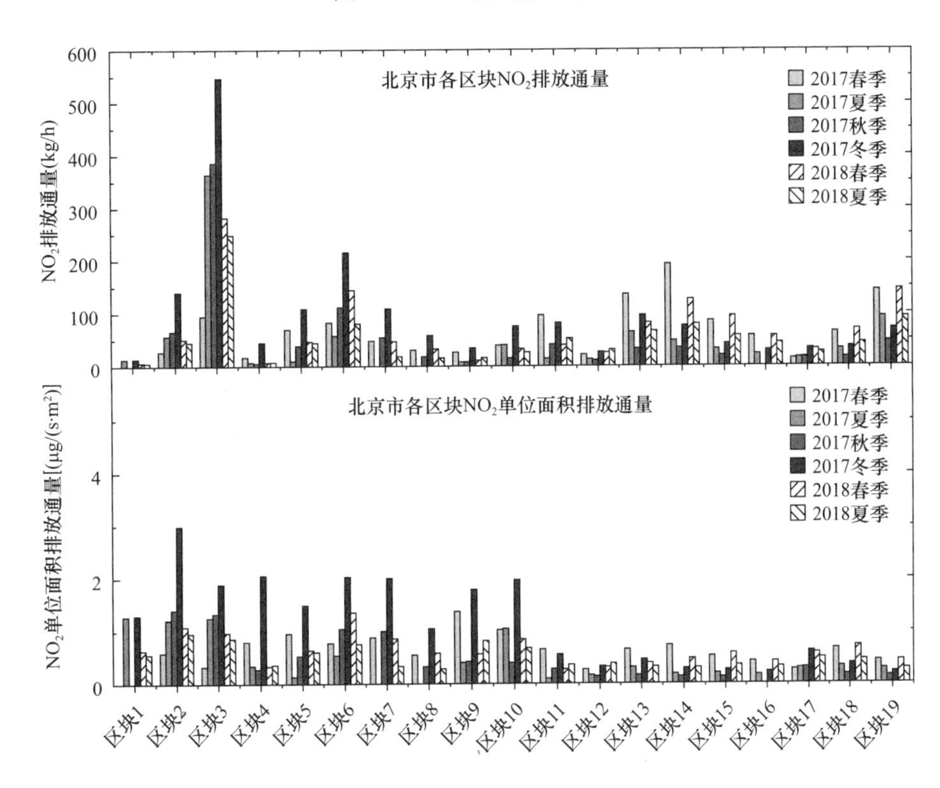

图 3-154　北京市各区块 NO_2 排放通量及单位面积排放通量

(1) 从时间上来看，区块的 NO_2 单位面积排放通量整体呈现出冬季排放最高的特点。

(2) 由于北京 NO_2 本地来源主要为机动车排放，来源较为单一，因此各区块 NO_2 单位面积排放通量可以进行对比。从各区块高值分布及区块间对比来看，

NO_2 单位面积排放通量呈现以下特点：

① 高值区块分布。根据表 3-15 知，高值分布区域主要分布在二环和三环之间的区块 2 和区块 3，三环和四环之间的区块 6、区块 9 和区块 10。三环和四环之间高值区块多分布在重要的交通要道附近，如区块 6、区块 10 和区块 9 的京开高速、京沪高速、京承高速、机场高速和京藏高速，高速出入口附近交通流量大，且易产生交通拥堵，引起 NO_2 排放通量的升高。区块 6 另一个特点是其内部分布着大量住宅区，有大量的车辆进出区块 6 或者在其内部行驶，进一步加剧污染。区块 9 周围也分布着交通要道，但其内部主要为公园、学校及部分小区，因此即使区块 9 周围分布着交通要道，其单位面积排放通量低于上述高值区块；区块 2 和区块 3 主要是因为二三环之间交通网密集，交通流量大，交通活动强度高导致，同时区块 2 和区块 3 内部易产生交通拥堵，进一步加剧污染。

区块 NO_2 单位面积排放通量分布特点（平均值比较，由高到低排序）　表 3-15

序号	区块	单位面积平均排放通量平均值 [$\mu g/(s \cdot m^2)$]
1	区块 2	1.38
2	区块 3	1.11
3	区块 6	1.09
4	区块 10	1.00
5	区块 9	0.90
6	区块 7	0.85
7	区块 5	0.73
8	区块 4	0.70
9	区块 1	0.63
10	区块 8	0.47
11	区块 18	0.46
12	区块 17	0.43
13	区块 13	0.38
14	区块 11	0.37
15	区块 14	0.35
16	区块 15	0.34
17	区块 19	0.30
18	区块 12	0.26
19	区块 16	0.26

② 区块对比。由于二环与三环之间道路网密集，交通流量大且易拥堵，而北京四环五环之间主要为绿化带和已拆除的城乡接合部区域，因此二环与三环之间的区块 NO_2 单位面积排放通量最高，四环与五环之间区块 NO_2 单位面积排放通量最低，平均值分别为 1.31$\mu g/(s \cdot m^2)$ 和 0.33$\mu g/(s \cdot m^2)$；三环与四环之间的区块 8 和区块 11 低于三环与四环之间的其他区块，从城市布局来看，区块 8 主要分

布着朝阳公园、全国农业展览馆等公共基础设施，以及部分政府、医疗机构，区块11分布着大量高等学府，交通活动强度低，因此区块8和区块11的NO_2单位面积排放通量低于三环与四环之间的其他区块。

2. 国贸CBD及十里河污染分布及排放特征

国贸CBD为北京商务中心区，集中了大量的商务办公机构；十里河地处北京东三环地段，主要以家居建材交易为主。作为北京典型的生活办公服务区，国贸CBD和十里污染主要由交通及散源排放引起。

1）气象分析（表3-16、表3-17）

气象分析（一）　　表3-16

	季节	春	夏	秋	冬
国贸CBD	气象条件	气候背景 • 气象要素：东北偏北风，平均风速2.2m/s；平均气温18.77℃；平均相对湿度27.92% 2017-04-24 • 地面：东北偏北风、平均气温21.6℃，平均相对湿度7%，平均风速4.1m/s，观测时段内的风速较大且呈上升趋势； • 高空：西北风，风速较大； • 探空：无逆温，整层湿度小； • 扩散条件：较利于污染物扩散。 2018-04-17 • 地面：主导风为西南偏南风，平均气温19.1℃，平均相对湿度40%，平均风速1.6m/s，观测时段内的风速呈现微上升趋势。 • 高空：西南风。 • 探空：1～1.5km有逆温。 • 扩散条件：较利于污染物扩散	气候背景 • 气象要素：西南偏南风，平均风速1.4m/s；平均气温30.01℃；平均相对湿度54.79% 2017-08-14 • 地面：东南偏南风为主，平均气温29.7℃，平均相对湿度53%，平均风速1.3m/s。 • 高空：上午8时以东北风为主，11时转为偏东风为主，下午风场风向较凌乱。 • 探空：8时850hPa以下较湿，但没有逆温层，有一定不稳定能量；14时无明显湿层和逆温层，不稳定能量减弱。 • 扩散条件：有利于污染物清除和扩散。 2018-07-08 • 地面：东北偏北风，平均气温27.3℃，平均相对湿度77%，平均风速0.6m/s。 • 高空：西北风为主。 • 探空：8时探空上，无逆温，有一定不稳定能量，850hPa以下湿度较大。 • 扩散条件：较利于污染物扩散	气候背景 • 气象要素：东北偏北风，平均风速1.8m/s；平均气温7.89℃；平均相对湿度39.22% 2017-11-08 • 地面：东南偏南风为主，平均气温13.1℃，平均相对湿度27%，平均风速1.5m/s，观测时段内风速较为稳定，基本保持在1.5m/s左右。 • 高空：西北风 • 探空：近地面层均有一浅层逆温（1000hPa以下），湿度均很小。 • 扩散条件：不利于污染物扩散	气候背景 • 气象要素：东北偏北风，平均风速1.95m/s；平均气温－0.16℃；平均相对湿度32.94% 2018-01-20 • 地面：主导风为东南风，平均气温1.7℃，平均相对湿度28%，平均风速1.5m/s，观测时段内的风速呈现上升变化趋势。 • 高空：受西北风控制。 • 探空：8时近地面有明显的逆温层。 • 扩散条件：受偏东风影响，近地层相对湿度增大，空气污染气象条件等级为2～3级，扩散条件一般

气象分析（二）　　表 3-17

	季节	春	夏	秋	冬
十里河	气象条件	气候背景 • 气象要素：西北风，平均风速 2.09m/s；平均气温 18.95℃；平均相对湿度 30.95% 2017-04-24 • 地面：主导风为偏北风，平均气温 24.2℃，平均相对湿度 20%，平均风速 2.4m/s，观测时段内的风速呈上升趋势。 • 高空：西北风，风速较大。 • 探空：无逆温，整层湿度小。 • 扩散条件：较利于污染物扩散。 2018-04-17 • 地面：主导风为东南偏南风，平均气温 19.4℃，平均相对湿度 44%，平均风速 1.8m/s，观测时段内的风速在 1.8m/s 上下波动。 • 高空：西南风。 • 探空：925～850hPa 有逆温。 • 扩散条件：不利于扩散	气候背景 • 气象要素：东南偏南风，平均风速 1.32m/s；平均气温 30.22℃；平均相对湿度 59.31% 2017-08-14 • 地面：以东南风为主，平均气温 30.2℃，平均相对湿度 59%，平均风速 1.2m/s，观测时段内的风速变化较为平稳，基本保持在 1.2m/s 左右。 • 高空：以东北风为主。 • 探空：8 时 850hPa 以下较湿，无逆温层，有少量不稳定能量；14 时无明显湿层和逆温层，不稳定能量减弱。 • 扩散条件：较有利于扩散。 2018-07-08 • 地面：主导风为西南偏西风，平均气温 26.8℃，平均相对湿度 85%，平均风速 0.9m/s，观测时段内的风速较小，基本在 0.9m/s 上下波动。 • 高空：西北风为主。 • 探空：8 时探空上，无逆温，有一定不稳定能量，850hPa 以下湿度较大。 • 扩散条件：较有利于污染物的扩散	气候背景 • 气象要素：西北风，平均风速 1.54m/s；平均气温 8.02℃；平均相对湿度 43.49% 2017-11-08 • 地面：东南为主，平均气温 13.2℃，平均相对湿度 31%，平均风速 2.0m/s，观测时段内 9：00～10：00 风速呈上升趋势，之后稳定在 2m/s 左右，14：00 之后呈下降趋势。 • 高空：西北风。 • 探空：近地面层均有一浅层逆温（1000hPa 以下），湿度均很小。 • 扩散条件：不利于污染物扩散	气候背景 • 气象要素：西北风，平均风速 1.48m/s；平均气温－0.34℃；平均相对湿度 36.82% 2018-01-20 • 地面：主导风为东南偏东风，平均气温 1.5℃，平均相对湿度 34%，平均风速 1.4m/s，观测时段内的风速呈现上升变化趋势。 • 高空：受西北风控制。 • 探空：8 时探空近地面有明显的逆温层。 • 扩散条件：受偏东风影响，近地层相对湿度增大，空气污染气象条件等级为 2～3 级扩散条件一般

2）污染分布及排放特征

北京国贸 CBD 及十里河 NO_2、SO_2、HCHO 柱浓度分布如图 3-155 和图 3-156 所示，分布箱形图如图 3-157 所示。

整体上来说国贸 CBD、十里河 SO_2 柱浓度平均值冬季＞秋季＞春季＞夏季，HCHO 呈现夏季＞春季＞秋季＞冬季的特点。

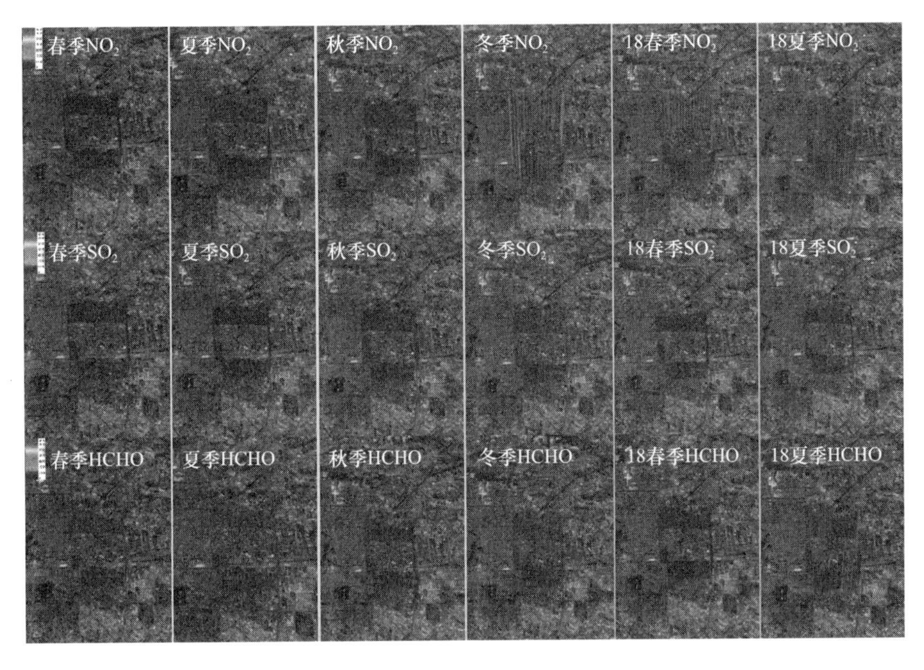

图 3-155　北京国贸 CBD NO_2、SO_2、HCHO 柱浓度分布

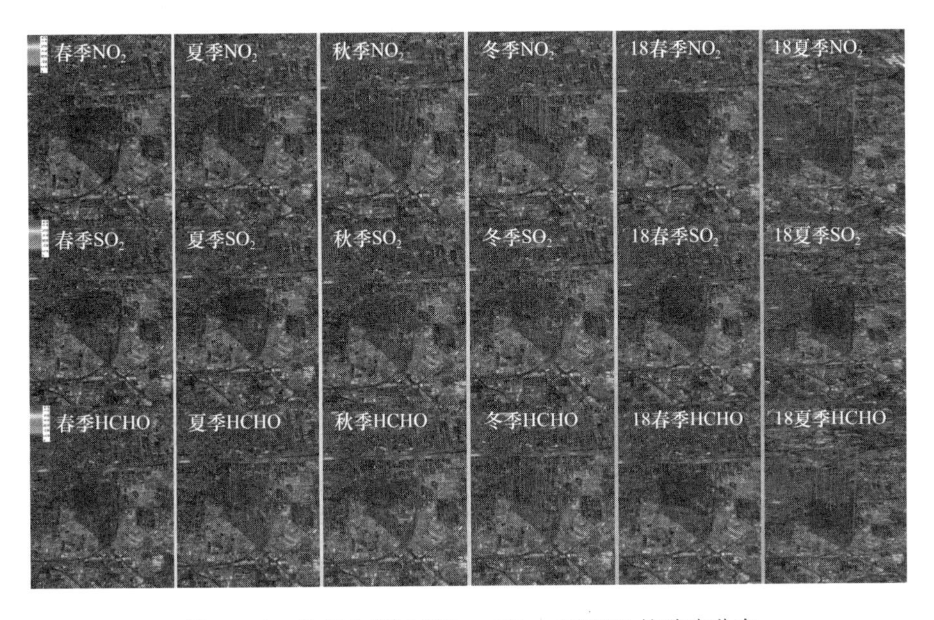

图 3-156　北京十里河 NO_2、SO_2、HCHO 柱浓度分布

国贸 CBD、十里河 NO_2、SO_2 和 HCHO 排放通量处于极低水平，NO_2 平均低于 0.1t/h，SO_2 平均低于 0.06t/h，HCHO 平均低于 0.03t/h。

观测期间，国贸 CBD、十里河 SO_2 平均柱浓度整体低于 10ppm·m，NO_2 整体低于 15ppm·m，与东四环同期相比，处于较低水平；受光化学反应影响，国贸 CBD、十里河冬季和夏季 HCHO 与 NO_2 柱浓度成反相关的特点。

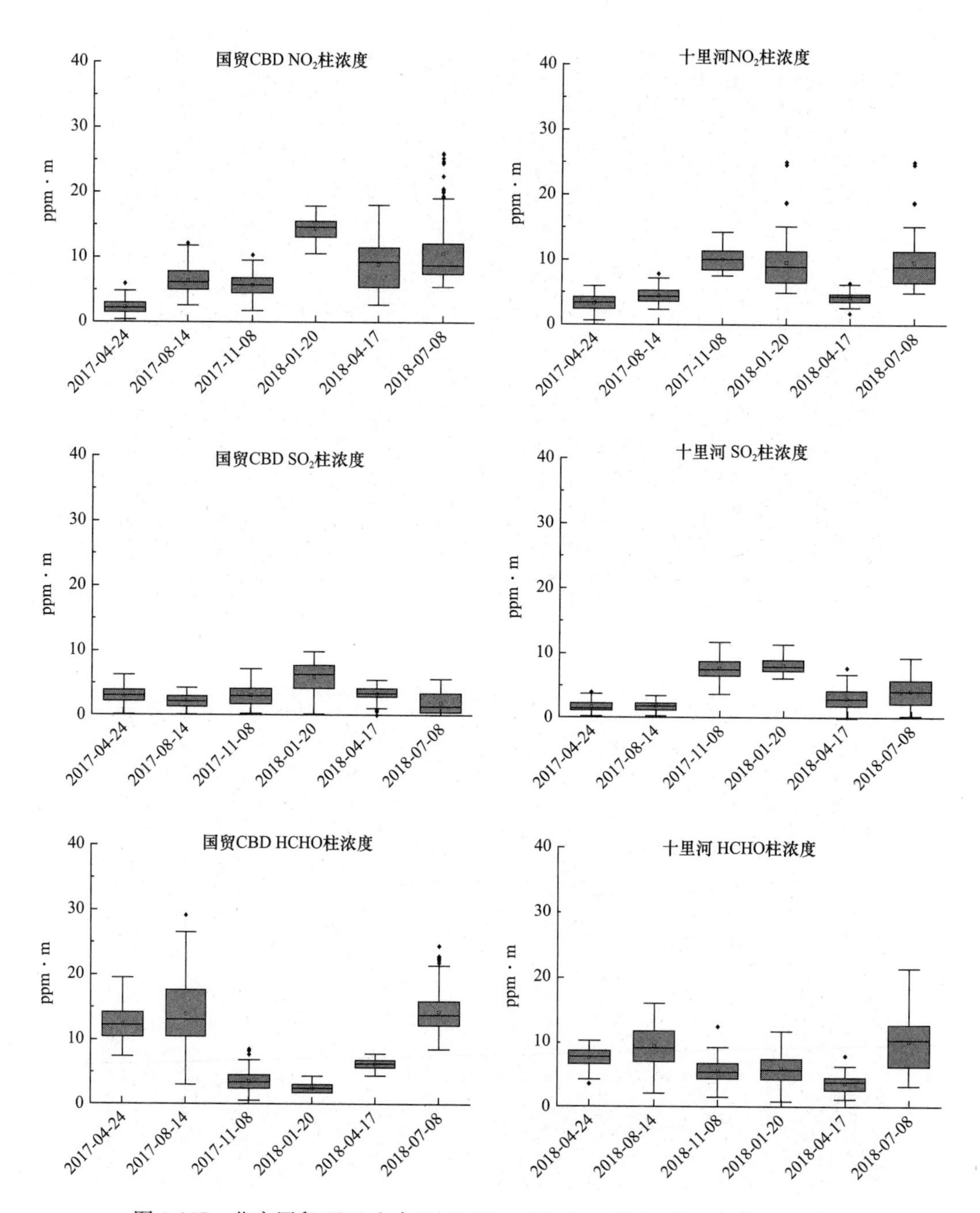

图 3-157　北京国贸 CBD 和十里河 NO_2、SO_2 和 HCHO 柱浓度分布箱形图

3）污染排放特征

国贸 CBD 是北京重要的办公区域，其周长为 14.24km，面积为 11.07km²，十里河是北京老建材交易市场其周长为 7.12km，面积为 5.83km²，这两个区域表征了北京不同的人类活动特征。

从排放通量来看，对比六季观测结果，国贸 CBD、十里河 NO_2 排放通量基本持平，平均排放通量为 0.82t/h；SO_2 排放通量整体不高，平均低于 0.04t/h。HCHO 排放整体不高，平均低于 0.03t/h（图 3-158）。

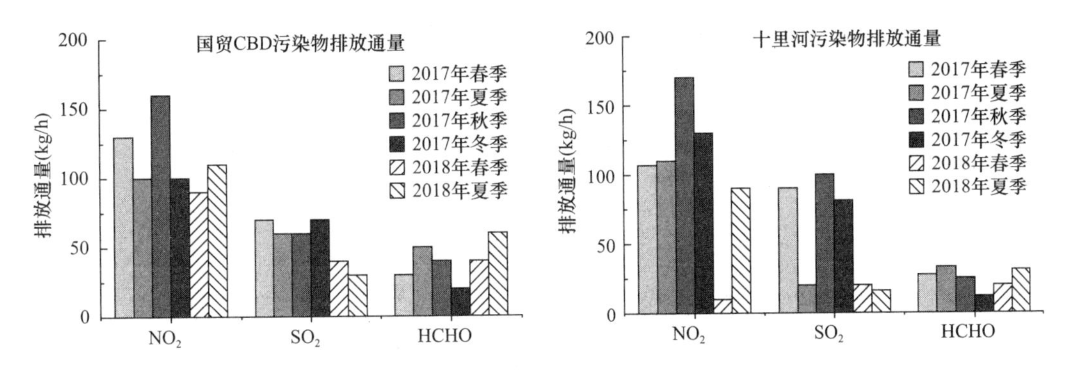

图 3-158　国贸 CBD、十里河污染物排放通量

从单位面积排放速率来看，十里河 NO_2 和 SO_2 单位面积排放速率高于国贸 CBD，NO_2 最高高出 1.47 倍，SO_2 最高高出 1.44 倍（图 3-159）。

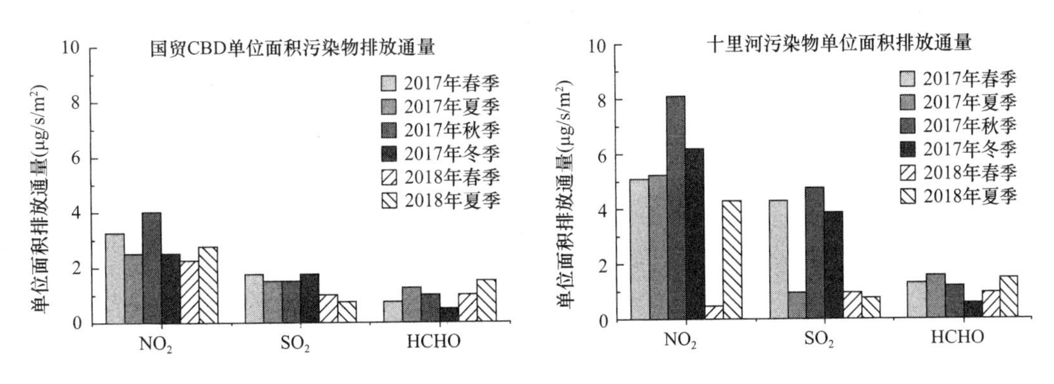

图 3-159　国贸 CBD、十里河单位面积污染物排放速率

这说明，国贸 CBD 虽然集中了大量办公人员，其整体交通及其他存在污染的人为活动强度低于十里河。

3. 北京行政副中心及北京大兴国际机场污染分布及排放特征

1）气象分析（表 3-18、表 3-19）

气象条件　　表 3-18

北京行政副中心	季节	春	夏	秋	冬
	气象条件	气候背景 • 气象要素：西北风，平均风速 3.53m/s；平均气温 18.07℃；平均相对湿度 31.32%	气候背景 • 气象要素：东风，平均风速 3.69m/s；平均气温 29.1℃；平均相对湿度 61.69%	气候背景 • 气象要素：西北风，平均风速 2.73m/s；平均气温 7.33℃；平均相对湿度 44.08%	气候背景 • 气象要素：西北风，平均风速 2.95m/s；平均气温－1.13℃；平均相对湿度 37.13%

续表

	季节	春	夏	秋	冬
北京行政副中心	气象条件	2017-04-25 • 地面：西北偏北风为主，平均气温16.4℃，平均相对湿度18%，平均风速3.0m/s，观测时段内的风速呈微弱的下降趋势。 • 高空：西北风。 • 探空：没有逆温，且湿度很小。 • 扩散条件：较利于扩散。 2018-04-17 • 地面：南风为主，平均气温22.2℃，平均相对湿度38.0%，平均风速3.0m/s，观测时段内的风速基本在3.0m/s上下波动。 • 高空：西南风。 • 探空：925～850hPa有逆温。 • 扩散条件：不利于污染物扩散	2017-08-07 • 地面：西北偏北风为主，平均气温32.2℃，平均相对湿度41.7%，平均风速2.9m/s。 • 高空：西北风为主。 • 探空：近地面没有湿层和逆温层，整层湿度亦很小，无不稳定能量。 • 扩散条件：较有利于污染物的扩散。 2018-07-08 • 地面：以南风为主，平均气温28.3℃，平均相对湿度75.0%，平均风速1.5m/s，观测时段内的风速基本在1.5m/s上下波动。 • 高空：西北风为主。 • 探空：8时探空上，无逆温，有一定不稳定能量，850hPa以下湿度较大。 • 扩散条件：较有利于污染物的扩散	2017-11-08 • 地面：东南偏东风和东南风为主，平均气温11.9℃，平均相对湿度33.7%，平均风速2.5m/s，观测时段内的风速变化较为平稳。 • 高空：西北风。 • 探空：近地面层均有一浅层逆温（1000hPa以下），湿度均很小。 • 扩散条件：不利于污染物扩散	2018-01-20 • 地面：东南偏东风为主，平均气温2.2℃，平均相对湿度48.0%，平均风速3.8m/s，观测时段内的风速呈微弱的下降趋势。 • 高空：受西北风控制。 • 探空：8时近地面有明显的逆温层。 • 扩散条件：受偏东风影响，近地层相对湿度增大，空气污染气象条件等级为2～3级扩散条件一般

气象条件（二） **表3-19**

	季节	春	夏	秋	冬
北京大兴国际机场	气象条件	气候背景 • 气象要素：西南偏西风、平均风速2.7m/s；平均气温18.52℃；相对湿度34.62% 2017-04-26 • 地面：主导风为北风和东北偏北风，平均气温20.8℃，平均相对湿度15%，平均风速3.4m/s，风速变化较为平稳。 • 高空：西北风	气候背景 • 气象要素：东北偏东风、平均风速1.6m/s；平均气温29.6℃；相对湿度61.84% 2017-08-15 • 地面：以西南偏南风为主，平均气温30.7℃，平均相对湿度63%，平均风速1.9m/s，风速变化较为平稳。 • 高空：西北风	气候背景 • 气象要素：东北偏东风、平均风速1.95m/s；平均气温7.02℃；相对湿度47.87% 2017-11-13 • 地面：北风和东北偏北风为主，平均气温12.0℃，平均相对湿度13.2%，平均风速3.4m/s，观测时段内的风速在14:30之后有所增大	气候背景 • 气象要素：东北偏东风、平均风速2.08m/s；平均气温－1.1℃；相对湿度42.35% 2018-01-23 • 地面：主导风为北风和东北风，平均气温－8.9℃，平均相对湿度14.0%，平均风速2.7m/s，观测时段内的风速呈现先上升后下降的变化趋势

续表

	季节	春	夏	秋	冬
北京大兴国际机场	气象条件	• 探空：整层湿度很小，无逆温。 • 扩散条件：非常有利于污染物扩散。 2018-04-19 • 地面：主导风为东南偏南风，平均气温 28.8℃，平均相对湿度 46%，平均风速 3.2m/s，观测时段内的风速呈下降趋势。 • 高空：东南风。 • 探空：8 时 1～1.5km 有一层逆温。 • 扩散条件：较利于扩散	• 探空：8 时 1.5km 以下湿度较大，有浅层逆温；14 时 1～1.5km 略湿，其他层均较干，无逆温。 • 扩散条件：较有利于污染物的扩散。 2018-07-05 • 地面：主导风为西北偏西风，平均气温 36.5℃，平均相对湿度 38%，平均风速 1.1m/s，风速呈下降趋势。 • 高空：以东北风和偏东风为主。 • 探空：8 时无逆温层，整层湿度较小，有一定不稳定能量，但低层的对流抑制也较大。 • 扩散条件：较有利于污染物的扩散	• 高空：西北风，且风速较大。 • 探空：近地面有一层浅薄的逆温，700hPa 略有湿度。 • 扩散条件：非常有利于污染物扩散	• 高空：以东北风为主。 • 探空：8 时探空近地面均没有明显的逆温层，但近地面湿度较大。 • 扩散条件：气象条件非常有利于空气污染物的扩散

2）污染分布及排放特征

北京行政副中心观测区域周长 34.45km，观测面积 47.7km^2；北京大兴国际机场为北京新建机场，观测周长 66.91km，观测面积 278.93km^2。二者共同点为施工建设区域，存在大量运行的非道路移动机械，对北京及周边地区的污染存在影响。

北京行政副中心及北京大兴国际机场 NO_2、SO_2、HCHO 柱浓度分布如图 3-160 和图 3-161 所示，箱形图分布如图 3-162 所示。

对比观测结果，整体来看：

（1）北京行政副中心 NO_2、SO_2 柱浓度均值呈现秋冬季＞春夏季，HCHO 呈现夏季＞春季＞秋季＞冬季特点。

（2）同北京行政副中心污染物柱浓度均值相比，北京大兴国际机场污染物柱浓度均值处于极低水平。

（3）北京行政副中心污染物排放通量整体大于北京大兴国际机场。

同期相比，北京行政副中心 NO_2 平柱均浓度高于北京大兴国际机场，最高高出 5.3 倍。由于北京行政副中心的施工强度显著高于北京大兴国际机场，且北京大兴国际机场围绕观测区域内人为活动较为单一，存在较大影响的仅为观测区域内的机场施工，且绕行区域距离施工源较远。在扩散作用下，污染物浓度整体偏低，北京行政副中心的观测区域内存在较强的交通活动，且施工强度也较大，因此北京大兴国际机场观测到的污染物浓度整体低于北京行政副中心。

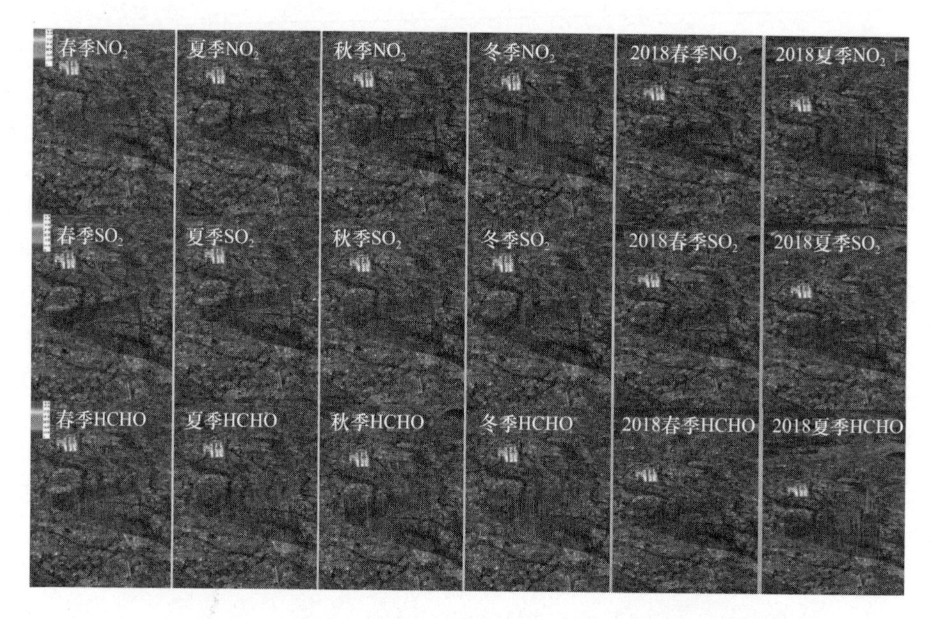

图 3-160　北京行政副中心 NO_2、SO_2、HCHO 柱浓度分布

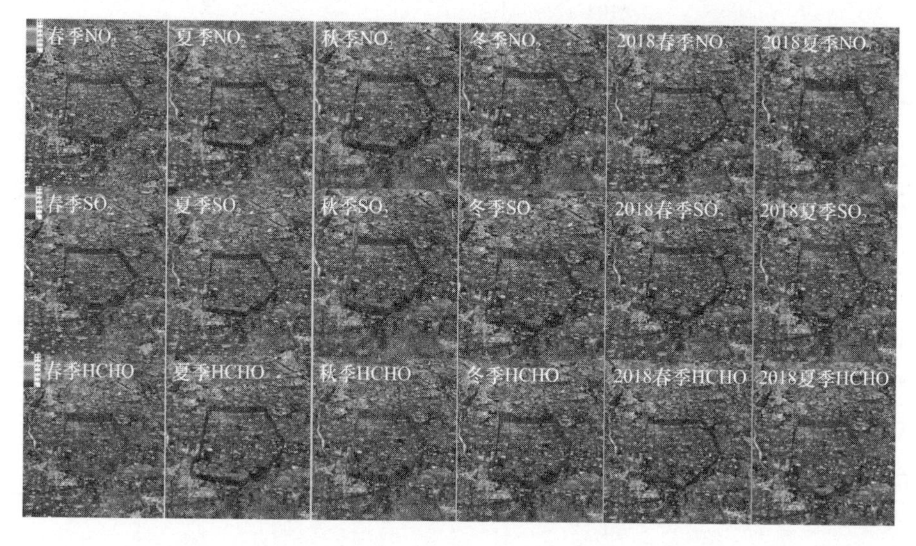

图 3-161　北京大兴国际机场 NO_2、SO_2、HCHO 柱浓度分布

受光化学反应影响，北京行政副中心夏季与冬季 HCHO、NO_2 柱浓度成反相关关系。

3）污染排放特征

由于北京大兴国际机场观测区域偏大，其污染物柱浓度整体偏低，不能表征人类污染排放水平，污染物排放通量则可以用来表征。对比六季观测结果来看，北京大兴国际机场污染物排放整体低于北京行政副中心，说明北京大兴国际机场内的人为活动对污染的影响要小于北京行政副中心的水平。两个区域 SO_2 排放整体偏低，低于 0.3t/h，HCHO 排放整体低，低于 0.09t/h（图 3-163）。

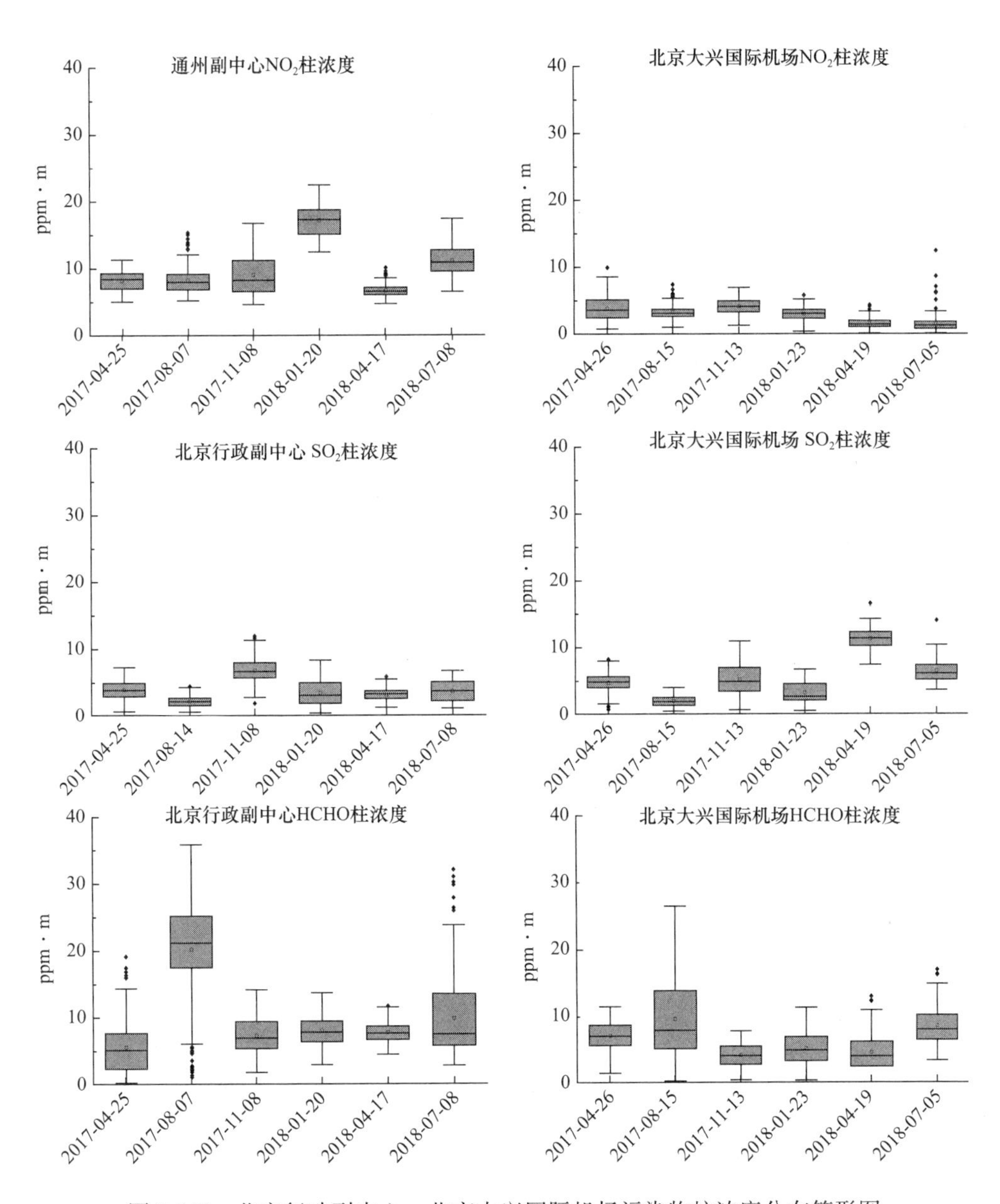

图 3-162　北京行政副中心、北京大兴国际机场污染物柱浓度分布箱形图

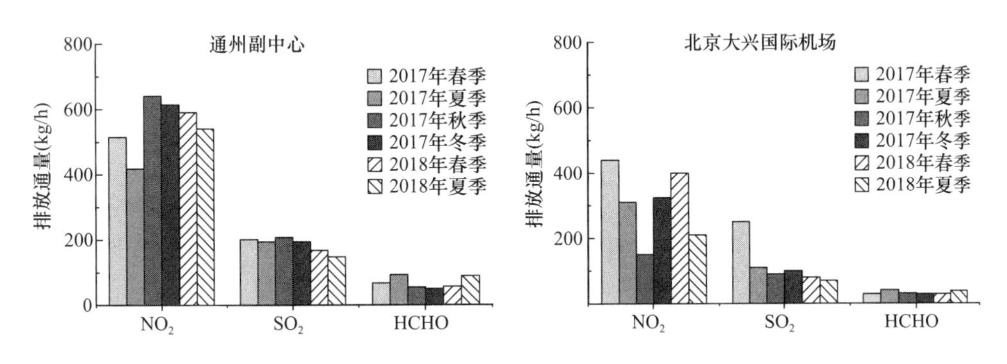

图 3-163　北京行政副中心、北京大兴国际机场污染物排放通量

对比六季，受周围道路影响，北京大兴国际机场观测面积偏低，且人类活动强度低于北京行政副中心的水平，因此北京行政副中心单位面积 NO_2 和 SO_2 排放速率高于北京大兴国际机场，平均高出 9.5 倍和 12.8 倍（图 3-164）。

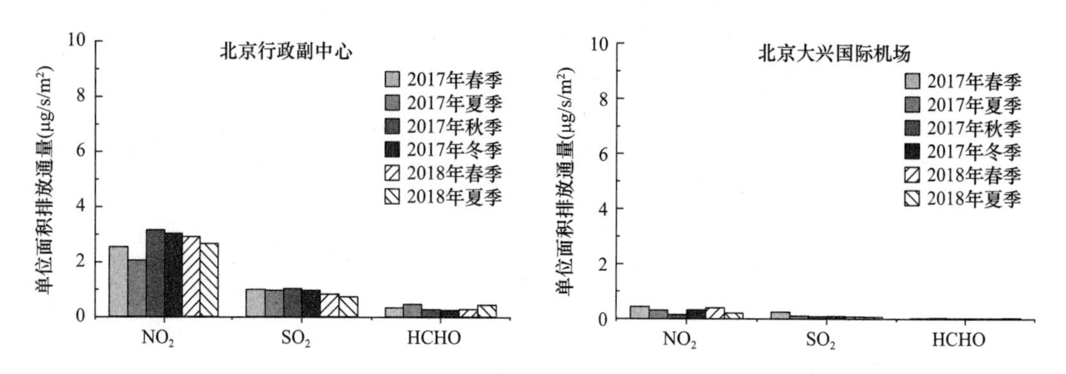

图 3-164　北京行政副中心、北京大兴国际机场单位面积污染物排放速率

3.2.3　北京及其他城市连接线污染分布特征

1. 北京—张家口污染分布特征

1）气象条件分析（表 3-20）

气象条件　　表 3-20

	季节	春	夏	秋	冬
北京—张家口	气象条件	气候背景 • 环流形势：偏西气流为主，冷空气活动减弱。 • 扩散条件：较秋冬季偏好。 1）2017-04-28 • 10m：宣化区以偏北风为主，风速持续增大（3～10m/s）；八达岭以偏北风为主，风速持续增大（2～7m/s）；北京风速低于张家口。 • 200m：宣化区以西北风为主，风速持续增大（6～12m/s）；八达岭以偏北风为主，风速持续增大（12～15m/s）	气候背景 • 环流形势：偏南气流为主，暖湿气流活动频繁。 • 扩散条件：降水多、热力湍流活动强，利于扩散。 1）2017-08-05 • 10m：宣化区以北风为主、风速较为稳定（1～2m/s）；八达岭以偏南风为主，风速持续增大（3～6m/s）。 • 200m：宣化区以偏北风为主、风速较为稳定（1.5～3m/s）；八达岭以偏南风为主，风速持续增大（3～7m/s）。 • 环流：高空槽东移，风场交汇（偏西—偏东、偏北—偏南）	气候背景 • 环流形势：西北气流为主，冷空气活动增加。 • 扩散条件：易出现逆温、形成静稳天气，不利于扩散。 2017-11-09 • 10m：宣化区以东南风为主、风速由3m/s减小到静风；八达岭以西南风为主、风速较稳定（6m/s）。 • 200m：宣化区以东南风为主、风速由4m/s减小到0m/s；八达岭以西南风为主，风速持续增大（5～9m/s）。 • 环流：高空槽过境，西南风转西北风	气候背景 • 环流形势：西北气流为主，冷空气活动频繁。 • 扩散条件：易出现逆温、形成静稳天气，不利于扩散。 2018-01-21 • 10m：宣化区东北风转为东南风、风速逐渐减小（0～2m/s）；八达岭以东北风为主，风速（2.5～4m/s）。 • 200m：宣化区以东南风为主、风速逐渐增大（1～3m/s）；八达岭以东北风为主，风速持续增大（2.5～6m/s）

续表

	季节	春	夏	秋	冬
北京—张家口	气象条件	• 环流：低压槽后偏北气流控制。 • 探空：8时北京近地面有浅薄逆温层，张家口2km处浅薄逆温；湿度均很小，无不稳定能量。 • 扩散条件：利于污染物扩散。 2）2018-05-10 • 10m：宣化区以西北风为主、风速稳定（1m/s）；八达岭以东南风为主，风速持续增大（3～6m/s）。 • 200m：宣化区由西北风变为东南风，风速持续增大（1～6m/s）。八达岭东南风为主，风速稳定（6m/s）。 • 环流：北京—张家口有切变线。 • 探空：8时均无逆温、湿度很小，无不稳定能量。 • 扩散条件：扩散条件良好，空气污染气象条件等级为2级左右	• 探空：8时54401（张家口）站的探空图上，无不稳定能量，整层较干，近地面层中850hPa附近有浅薄的逆温。 • 扩散条件：扩散条件一般，空气污染气象条件等级为2～3级。 2）2018-07-08 • 10m：宣化区以西北风为主，风速较小（1m/s）；八达岭以东南风为主，风速持续增大（1～6m/s）。 • 200m：宣化区以西北风为主，风速较小（1～2m/s）；八达岭以东南风为主，风速持续增大（1～7m/s）。 • 环流：北京市地面风向较乱，五环内以偏东风为主，通州地区以东南风为主，张家口市地面存在一辐合线，其北以西北风为主，其南以东南风为主。 • 探空：8时54401（张家口）站探空图上，近地面湿度略大，上层湿度较小，无逆温层，有一定不稳定能量。 • 扩散条件：较有利于污染物清除，空气污染气象条件等级为2级	• 探空：8时（张家口）站近地面有浅薄逆温层，850hPa附近还有一层略厚的逆温层，同样700hPa附近湿度略大。 • 扩散条件：扩散条件略有转差，空气污染气象条件等级为2～3级	• 环流：8时京津冀中部、东南部地区以东北风为主，南部地区以偏北风为主，京津冀西北部地区以西北风为主，张家口地区北部以偏西风为主，张家口南部地区以偏东风为主。 • 探空：8时探空54401（张家口）站近地面有浅层的逆温。 • 扩散条件：较有利于空气污染物的扩散，空气污染气象条件等级为2级

2）污染分布特征

北京—张家口为北京西北方向的重要风口，八达岭为重要的旅游景点，京藏高速八达岭路段易形成交通拥堵，产生污染。2017年初至2018年夏季对北京至张家口沿线进行了走航遥测。总体来说，北京—张家口NO_2分布呈现北京张家口地区高于走航沿线。同时2018年春季在八达岭附近交通拥堵引起NO_2的浓度升高。

结合北京—张家口NO_2和SO_2分布图以及箱形图可知，北京—张家口2012年冬季和2018年春季存在着明显高于季节。同时由箱形图可知，箱体1/4和3/4线在浓度上有着较大的跨度，说明这两个季节的观测存在着大面积的污染，与NO_2的地图分布相一致。同时SO_2的箱形图分布多次有奇异值出现，说明北京—张家口区域在某些路段上出现了 SO_2 的附近工业园区点源扩散污染，考虑走航沿线的下花园地区存在下洼区域，以及八达岭的狭隘山口，因此不排除污染物积聚的可能（图 3-165、图 3-166）。

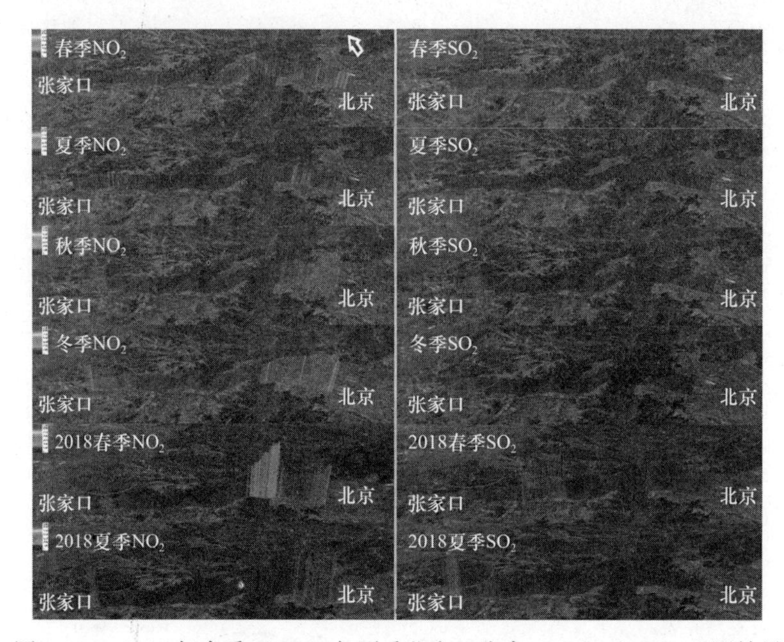

图 3-165　2017 年春季至 2018 年夏季北京—张家口 NO_2 和 SO_2 观测结果

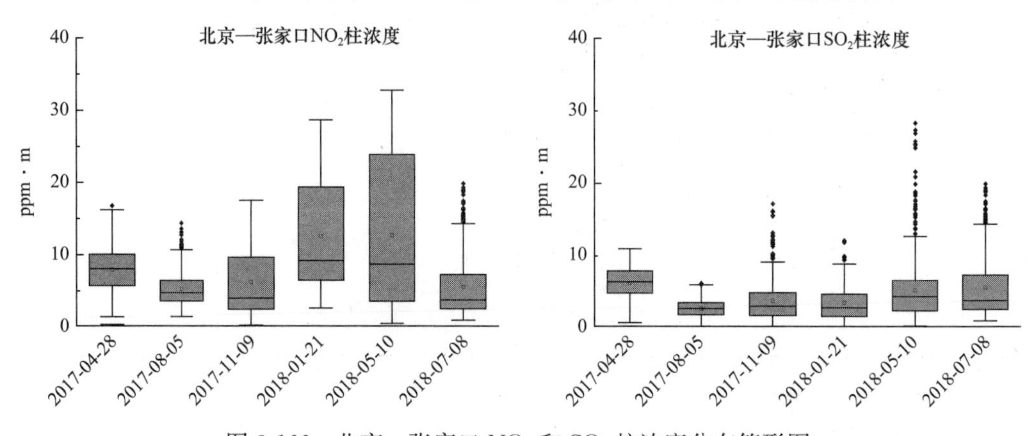

图 3-166　北京—张家口 NO_2 和 SO_2 柱浓度分布箱形图

自 2017 年秋季后，张家口宣化地区多次同步出现 NO_2 和 SO_2 柱浓度高值。图 3-167 为观测期间车载 DOAS NO_2 和 SO_2 柱浓度和 EWMFC NO_2 和 SO_2 柱浓度分布叠加图，对比发现张家口宣化地区存在 NO_2 和 SO_2 污染。

观测期间，京藏高速八达岭路段污染物整体不高，但在交通拥堵期间易产生 NO_2 污染。2018 年 5 月 10 日，气象扩散条件一般（图 3-168）。行驶至京藏高速八达岭路段时遇到拥堵，拥堵时间为 1h，长时间的交通拥堵引起 NO_2 柱浓度在局部地区的升高。

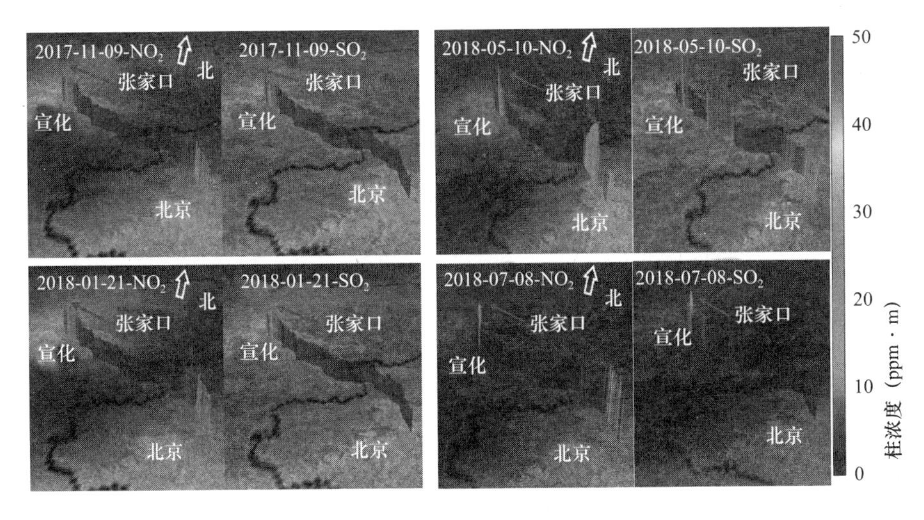

图 3-167　北京—张家口 NO_2 和 SO_2 分布图［背景为 EWMFC（卫星数据）NO_2 和 SO_2 柱浓度分布］

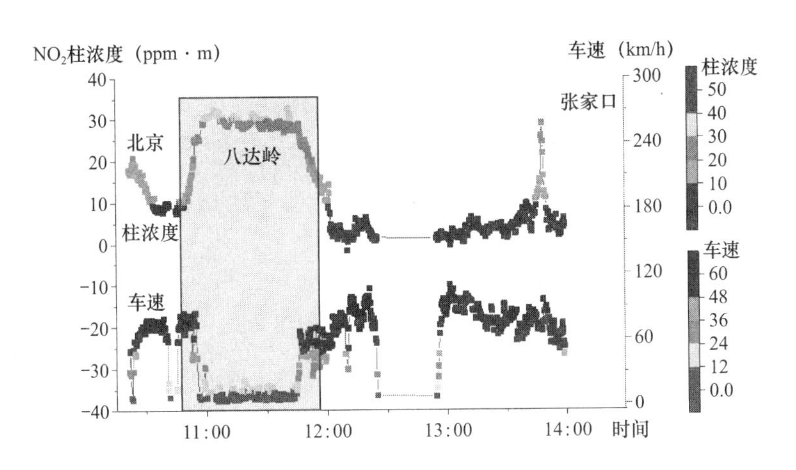

图 3-168　2018 年 5 月 10 日北京—张家口 NO_2 柱浓度与车速分布关系图

2. 北京—石家庄、北京—保定—沧州污染分布特征

1）气象条件分析（表 3-21、表 3-22）

气象条件（一）　　表 3-21

	季节	春	夏	秋	冬
北京—石家庄	气象条件	气候背景 • 环流形势：偏西气流为主，冷空气活动减弱。 • 扩散条件：较秋冬季偏好	气候背景 • 环流形势：偏南气流为主，暖湿气流活动频繁。 • 扩散条件：降水多、热力湍流活动强，利于扩散	气候背景 • 环流形势：西北气流为主，冷空气活动增加。 • 扩散条件：易出现逆温、形成静稳天气，不利于扩散	气候背景 • 环流形势：西北气流为主，冷空气活动频繁。 • 扩散条件：易出现逆温、形成静稳天气，不利于扩散

续表

	季节	春	夏	秋	冬
北京—石家庄	气象条件	1）2017-04-27 • 10m：北京以西北风为主，风速持续增加（4～6m/s）。 • 200m：北京以西北风为主，风速持续增加（6～12m/s）。 • 环流：受西北气流控制。 • 探空：8时近地面均有一逆温层，湿度很小。 • 扩散条件：利于污染物扩散的气象条件维持，空气污染气象条件等级为1级。 2）2018-04-19 • 10m：北京以东风为主，风速稳定（3～5m/s）；石家庄以东南风为主，风速稳定（4～5m/s）。 • 200m：北京以东风为主，风速6～9m/s；石家庄以东南风为主，风速逐渐增大（5～9m/s）。 • 环流：南部地区为偏南风控制，其余地区为偏东风。 • 探空：8时探空近地面均没有明显的逆温层，但近地面湿度较大。 • 扩散条件：受弱气压场控制，不利于污染物扩散，午后风力增大，部分地区扩散条件略好转，空气污染气象条件等级为3～4级	1）2017-08-07 • 10m：北京以北风为主，风速逐渐减弱（2～4m/s）。 • 200m：北京以北风为主，风速逐渐减弱（1～6m/s）。 • 环流：西北风控制。 • 探空：8时的探空上，近地面有一层浅薄的逆温层，但没有明显湿层。 • 扩散条件：非常有利于污染物扩散，空气污染气象条件等级为1级。 2）2018-07-07 • 10m：北京以东南风为主，风速逐渐增大（1～6m/s）；石家庄以东南风为主，风速逐渐增大（1～4m/s）；石家庄风速较弱，北京风速较大。 • 200m：北京以东南风为主，风速逐渐增大（5～9m/s）；石家庄以东南风为主，风速逐渐增大（1～6m/s）。 • 环流：以东北风为主。 • 探空：8时站探空图上，无逆温层，低层湿度略大。 • 扩散条件：较有利于污染物清除，空气污染气象条件等级为2级	2017-11-09 • 10m：北京由北风转为西南风，风速逐渐增大（1～4m/s）；保定以西南风为主，风速逐渐增大（4～5.5m/s）；石家庄以西南风为主，风速逐渐增大（1～5.5m/s）；风速由北至南依次增大。 • 200m：北京由北风转为西南风，风速逐渐减弱（4～6m/s）；保定以西南风为主，风速稳定（5.5m/s）；石家庄以西南风为主，风速稳定（6m/s）；风速由南至北依次增大。 • 环流：受西南风控制。 • 探空：8时近地面有浅薄逆温，而925～850hPa逆温层略厚，700hPa附近湿度略大。 • 扩散条件：扩散条件略有转差，空气污染气象条件等级为2～3级	2018-01-23 • 10m：北京以西北风为主，风速较为稳定（4～6m/s）；石家庄以偏东风为主，风速较小（0.5～2m/s）；北京风速较大，石家庄风速较小。 • 200m：北京以西北风为主，风速逐渐减弱（3.5～6m/s）；石家庄以偏东风为主，风速逐渐减弱（1～2.5m/s）；北京风速较大，石家庄风速较小。 • 环流：西北气流控制，风速较大。 • 探空：8时探空近地面均没有明显的逆温层，但近地面湿度较大。 • 扩散条件：气象条件非常有利于空气污染物的扩散，空气污染气象条件等级为1级

气象条件（二） **表3-22**

北京—保定—沧州	季节	春	夏	秋	冬
	气象条件	气候背景 • 环流形势：偏西气流为主，冷空气活动减弱	气候背景 • 环流形势：偏南气流为主，暖湿气流活动频繁	气候背景 • 环流形势：西北气流为主，冷空气活动增加	气候背景 • 环流形势：西北气流为主，冷空气活动频繁

续表

	季节	春	夏	秋	冬
北京—保定—沧州	气象条件	• 扩散条件：较秋、冬季偏好。 2018-04-24 • 10m：北京以北风为主，风速逐渐增大（4.5～6m/s）；保定以西北风为主，风速逐渐增大（3.5～4.5m/s）；沧州以西北风为主，风速逐渐增大（4～6m/s）；沧州风速最大，保定、北京次之。 • 200m：北京以西北风为主，风速逐渐减小（4～8m/s）；保定以西北风为主，风速逐渐减小（3～6m/s）；沧州以西北风为主，风速逐渐减小（3～8m/s）；沧州风速最大，北京、保定次之。 • 环流：以东北风控制为主。 • 探空：8时探空近地面有浅薄的逆温，整层湿度很差	• 扩散条件：降水多、热力湍流活动强，利于扩散。 1）2017-08-10 • 10m：北京以南风为主，风速逐渐增大（0.5～4m/s）；保定以南风为主，风速逐渐增大（1.5～3.5m/s）；沧州以南风为主，风速逐渐增大（1～4m/s）；沧州风速最大，北京、保定次之。 • 200m：北京以南风为主，风速逐渐增大（1～6m/s）；保定以南风为主，风速逐渐增大（2.5～3.5m/s）；沧州以南风为主，风速逐渐增大（3.5～4.5m/s）；北京风速最大，保定、沧州次之。 • 环流：偏西风控制、南部地区为西北风。 • 探空：8时的探空图上，不稳定能量较小，925hPa以下为一逆温层，较深厚。 • 扩散条件：较有利于污染物清除和扩散。 2）2018-07-09 • 10m：北京以东南风为主，风速逐渐增大（2～5.5m/s）；保定以东南风为主，风速较稳定（1～2.5m/s）；沧州以东南风为主，风速1～2m/s；北京风速最大，保定沧州次之。 • 200m：北京以东南风为主，风速逐渐增大（3.5～7.5m/s）；保定以东南风为主，风速逐渐增大（1～4.5m/s）；沧州以东风为主，风速逐渐增大（1～4.5m/s）；北京风速最大，保定、沧州次之	• 扩散条件：易出现逆温、形成静稳天气，不利于污染物扩散。 2017-11-13 • 10m：北京以西北风为主，风速稳定（7.5～8.5m/s）；保定以西北风为主，风速稳定（4.5～6m/s）；沧州以西北风为主，风速稳定（7.5～8.5m/s）；沧州和北京风速较大，保定次之。 • 200m：北京以西北风为主，风速较稳定（9.5～10m/s）；保定以西北风为主，风速逐渐减小（5.5～8m/s）；沧州以西北风为主，风速逐渐减小（4.5～8.5m/s）；北京风速最大，沧州、保定次之。 • 环流：西北风影响。 • 探空：8时探空近地面无逆温，500hPa略有湿度	• 扩散条件：易出现逆温、形成静稳天气，不利于污染物扩散。 2018-01-21 • 10m：北京由东北风转东风，风速逐渐增大（2.5～6m/s）；保定以东北风为主，风速稳定（4～4.5m/s）；沧州以东北风为主，风速稳定（4.5～6m/s）；北京、沧州风速较大，保定次之。 • 200m：北京以东风为主，风速逐渐增大（3～7m/s）；保定以东北风为主，风速稳定（2～4m/s）；沧州以东北风为主，风速逐渐减小（3～6m/s）；北京、沧州风速较大，保定次之。 • 环流：南部和东南部地区为西北偏西风控制，其余地区为西南风控制。 • 探空：8时探空近地面有浅层的逆温

续表

	季节	春	夏	秋	冬
北京—保定—沧州	气象条件	• 扩散条件：较有利于污染物扩散，空气污染气象条件等级为 2 级	• 环流：中部和东南部地区为东南风控制。 • 探空：近地面有浅层的逆温。 • 扩散条件：扩散条件一般，由于近地面湿度较大，能见度较低，空气污染气象条件为 3～4 级	• 扩散条件：非常有利于污染物扩散，空气污染气象条件等级为 1 级	• 扩散条件：较有利于空气污染物的扩散，空气污染气象条件等级为 2 级

2）污染分布特征

总体来看，北京—石家庄、北京—保定—沧州 NO_2 分布在城市周围偏高。观测期间，西南输送通道 SO_2 柱浓度在南风风场作用下升高。NO_2 柱浓度高值多在城市附近升高（图 3-169、图 3-170）。

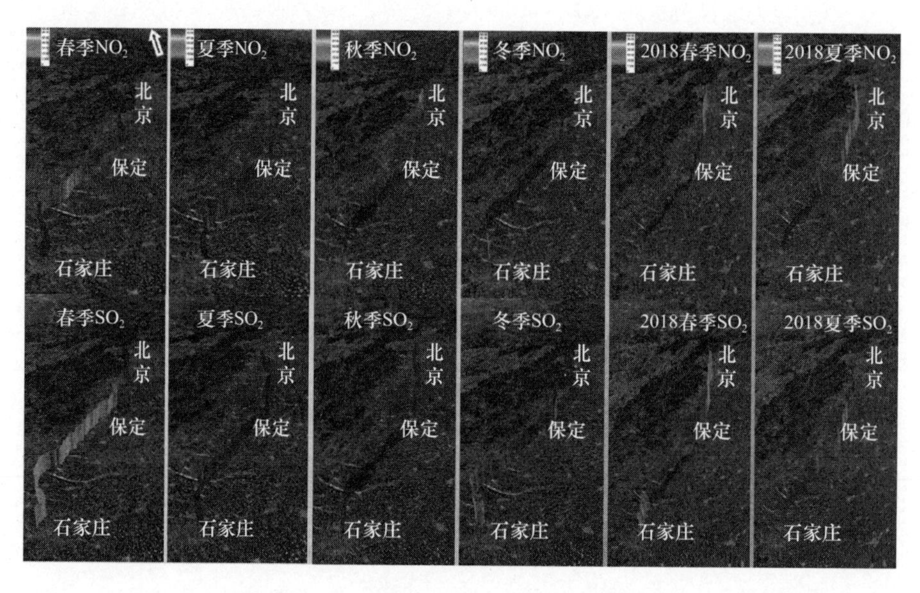

图 3-169　2017 年至 2018 年夏季北京—石家庄 NO_2 和 SO_2 柱浓度分布

图 3-171、图 3-172 为北京—石家庄、北京—保定—沧州 NO_2 和 SO_2 柱浓度分布箱形图。北京—石家庄 NO_2 分布箱形图的 1/4 和 3/4 分位线差距分别在 2017 年春、秋季，2018 年春、夏季出现较为明显的差距，最低高于 6ppm・m，说明在这 4 次观测中，存在较大面积污染；但 2017 年春秋季 NO_2 柱浓度平均值较低，因此污染影响有限。SO_2 在 2017 年春、冬季以及 2018 年春季亦出现类似情况，呈现较大面积污染。

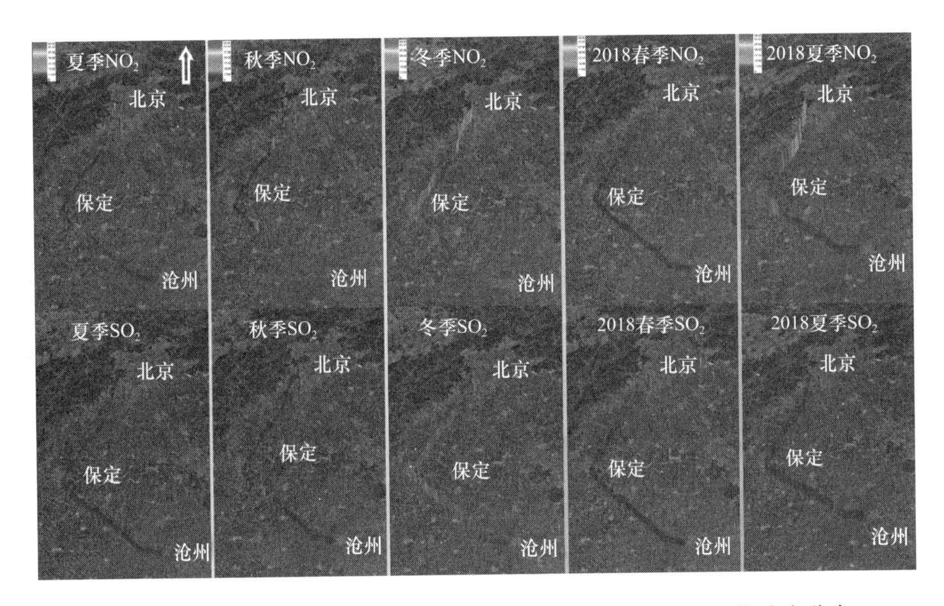

图 3-170　2017 年至 2018 年北京—保定—沧州 NO_2 和 SO_2 柱浓度分布

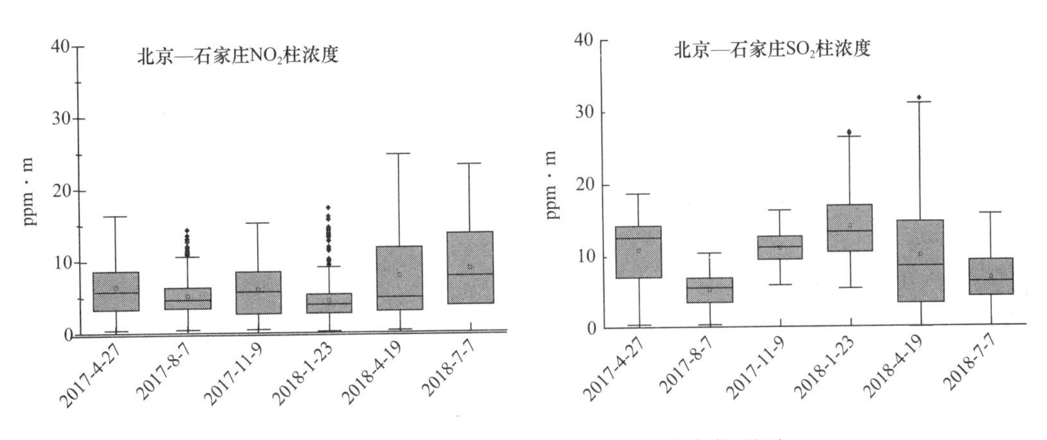

图 3-171　北京—石家庄 NO_2 和 SO_2 分布箱形图

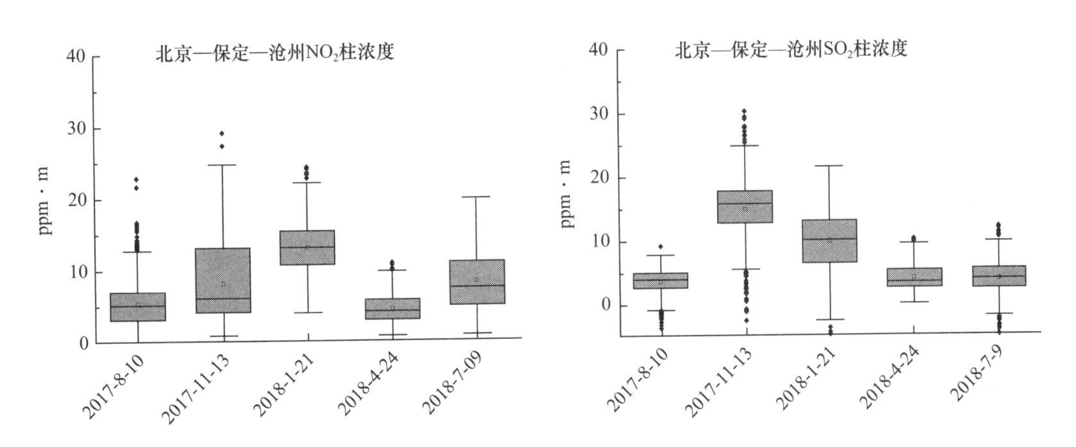

图 3-172　北京—保定—沧州 NO_2 和 SO_2 分布箱形图

图 3-173 为不同风场下，北京—石家庄 NO_2 和 SO_2 分布图［背景 EWMFC（卫星数据）NO_2 和 SO_2 柱浓度分布］。总体来说，南、北风场下，西南输送通道 NO_2 和 SO_2 柱浓度分布特征有显著的区别。偏北风场下，扩散条件良好，污染物浓度低；偏南风场下，污染气体沿西南通道持续偏高。

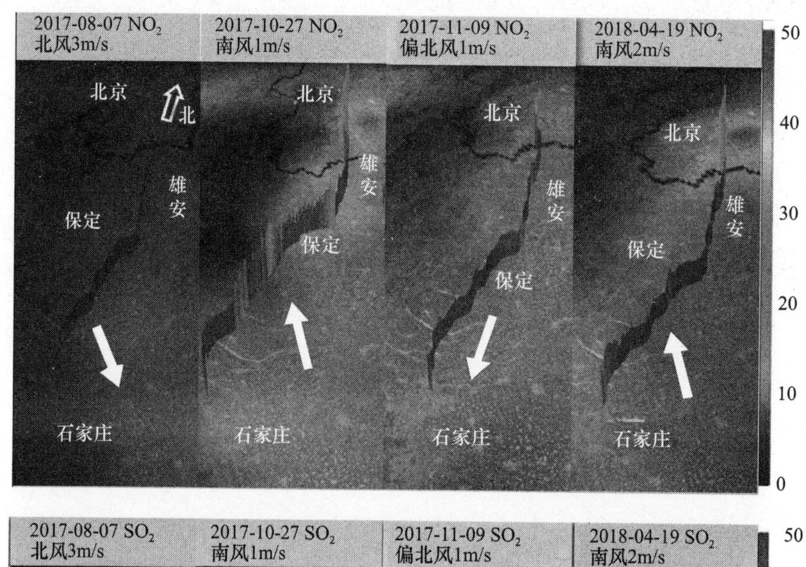

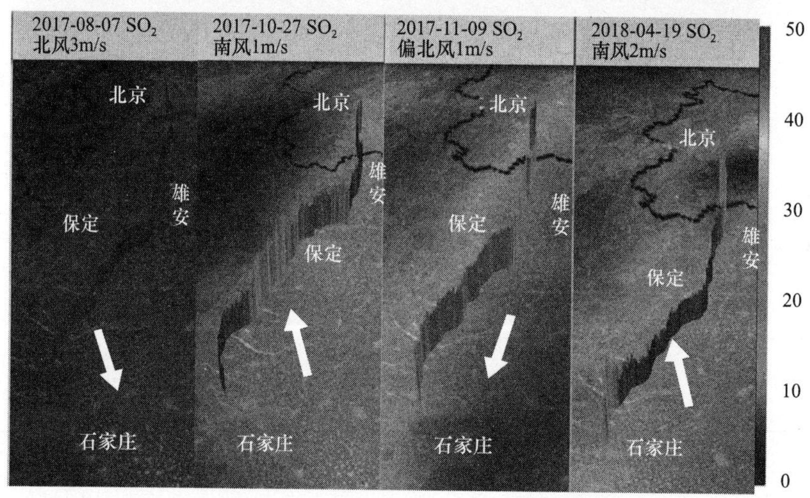

图 3-173 北京—石家庄 NO_2 和 SO_2 分布图〔背景为 EWMFC（卫星数据）NO_2 和 SO_2 柱浓度分布〕

2017 年 11 月 9 日，在清洁风场作用下，污染由西北向东南扩散，扩散至太行山山脉时被车载 DOAS 捕获。

与北京—石家庄污染物分布类似，南、北风场下，北京—保定—沧州沿线 NO_2 和 SO_2 柱浓度分布特征有显著的区别（图 3-174）。偏北风场下，污染物浓度低；偏南风场下，污染物浓度偏高。

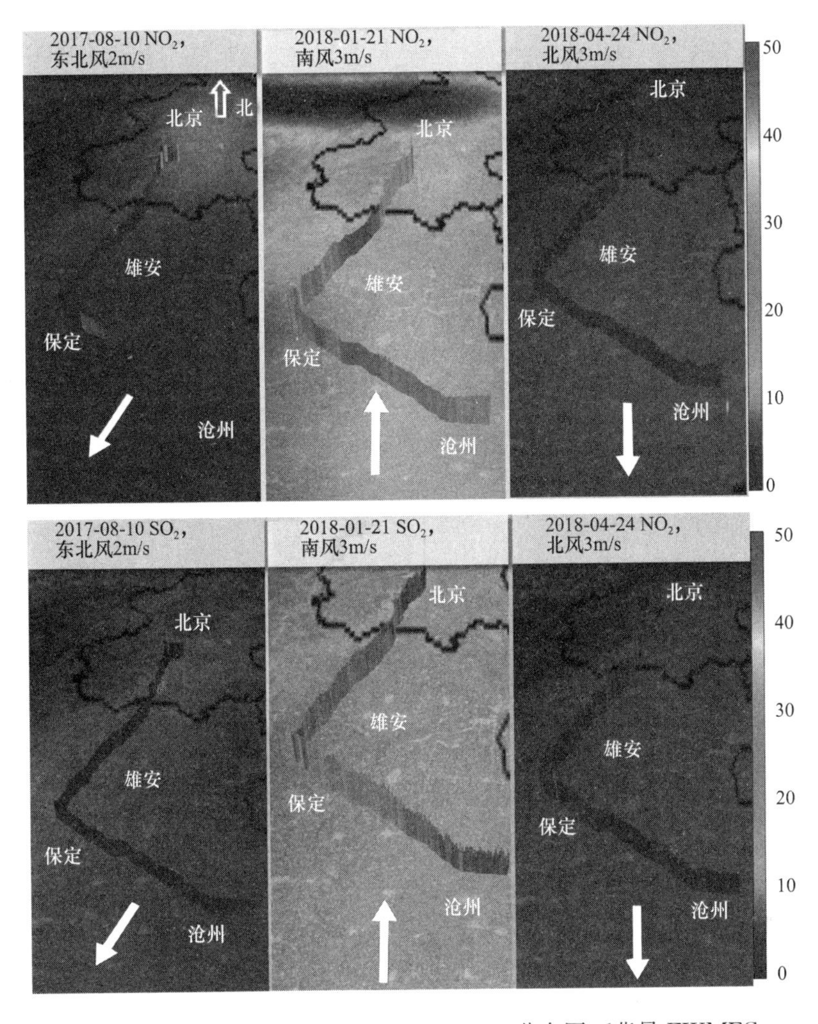

图 3-174　北京—保定—沧州 NO_2 和 SO_2 分布图〔背景 EWMFC（卫星数据）NO_2 和 SO_2 柱浓度分布〕

3. 北京—沧州污染分布特征

1）气象条件分析（表 3-23）

气象条件　　表 3-23

	季节	春	夏	秋	冬
北京—沧州	气象条件	气候背景 • 环流形势：偏西气流为主，冷空气活动减弱。 • 扩散条件：较秋冬季好	气候背景 • 环流形势：偏南气流为主，暖湿气流活动频繁。 • 扩散条件：降水多、热力湍流活动强，利于扩散	气候背景 • 环流形势：西北气流为主，冷空气活动增加。 • 扩散条件：易出现逆温、形成静稳天气，不利于扩散	气候背景 • 环流形势：西北气流为主，冷空气活动频繁。 • 扩散条件：易出现逆温、形成静稳天气，不利于扩散

续表

	季节	春	夏	秋	冬
北京—沧州	气象条件	1）2017-05-01 • 环流：受偏南风控制。 • 探空：8时探空无逆温层，湿度小。 • 扩散条件：扩散条件有所转差，空气污染气象条件等级为2～3级。 2）2018-04-23 • 10m：北京由北风转为东北风，风速较为稳定（4～4.5m/s）；沧州以东北风为主，风速较为稳定（4～4.5m/s）；北京和沧州风速相当。 • 200m：北京以东北风为主，风速4.5～5m/s；沧州由东北风转为东风，风速较为稳定（5～6m/s）；沧州风速较大，北京风速较小。 • 环流：以偏北风为主。 • 探空：8时探空近地面有较薄逆温层。 • 扩散条件：总体有利于大气污染物的扩散	1）2017-08-08 • 10m：北京由南风转为东北风，风速逐渐增大（1～6m/s）；污染浓度物高值区（天津）由南风转为东北风，风速逐渐增大（1.5～5.5m/s）；沧州西南风为主，风速逐渐增大（2.5～4m/s）；天津风速较大，北京次之，沧州最小。 • 200m：北京由南风转为东北风，风速逐渐增大（1～6m/s）；污染物浓度高值区（天津）以南风为主，风速逐渐增大（3～4.5m/s）；沧州以西南风为主，风速逐渐增大（4～6m/s）；天津风速较大，北京次之，沧州最小。 • 环流：受西北风控制。 • 探空：8时近地面没有逆温层，不稳定能量较大，500hPa湿度略大。 • 扩散条件：扩散条件一般，同时气温较高，日照较强，利于光化学反应进行，空气污染气象条件等级为3级左右。 2）2018-07-07 • 10m：北京以东风为主，风速较为稳定（1～2m/s）；沧州以南风为主，风速逐渐增大（1～4m/s）；沧州风速较大，北京风速较小。 • 200m：北京以南风为主，风速逐渐增大（2～4.5m/s）；沧州以西南风为主，风速逐渐增大（6.5～8m/s）；沧州风速较大，北京风速较小。 • 环流：中部地区为西南风控制，南部和东南部地区为东北风影响	2017-11-05 • 10m：北京以南风和西南风为主，风速逐渐增大（0.5～4m/s）；沧州以西南风为主，风速逐渐增大（3～5.5m/s）；沧州风速较大，北京风速较小。 • 200m：北京西南风为主，风速逐渐增大（4～6m/s）；沧州以西南风为主，风速逐渐增大（4～8.5m/s）；沧州风速较大，北京风速较小。 • 环流：以西南风为主。 • 探空：8时探空近地面仅有浅薄的逆温，且湿度很小。 • 扩散条件：受偏南风影响，扩散条件逐渐转差，空气污染气象条件等级为3～4级	2018-01-23 • 10m：北京由北风转为东南风，风速较为稳定（0.5～2m/s）；沧州以东北风为主，风速较为稳定（3～4.5m/s）；沧州风速较大，北京风速较小。 • 200m：北京以东北风为主，风速逐渐减小（4～4.5m/s）；沧州以东北风为主，风速逐渐减小（1.5～3.5m/s）；北京风速较大，沧州风速较小。 • 环流：西北气流控制，风速较大。 • 探空：8时探空近地面均没有明显的逆温层，但近地面湿度较大。 • 扩散条件：气象条件非常有利于空气污染物的扩散，空气污染气象条件等级为1级

续表

	季节	春	夏	秋	冬
北京—沧州	气象条件		• 探空：8时探空无逆温层，低层湿度略大。 • 扩散条件：较有利于污染物清除，空气污染气象条件等级为2级		

2）污染分布特征

北京—沧州为污染物的东南输送通道，其污染物输送来源主要为天津、河北以及山东等沿线省市。图3-175为2017年至2018年夏季北京—沧州 NO_2 和 SO_2 柱浓度分布图。整体来看，NO_2 浓度高值多在北京区域以及天津的下风向区域出现，SO_2 浓度高值多出现在沧州方向，北京无明显 SO_2 高值出现。

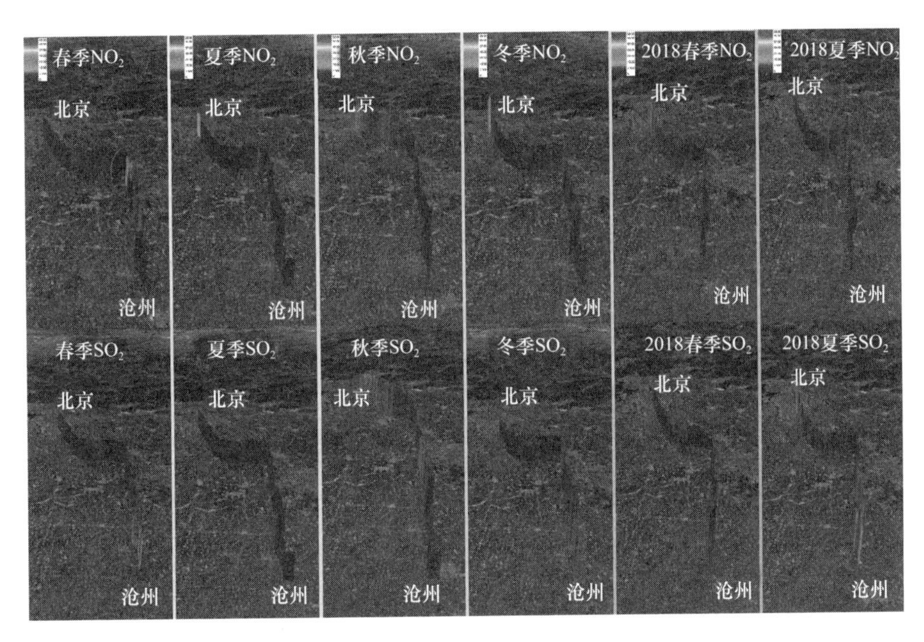

图3-175　2017年至2018年夏季北京—沧州 NO_2 和 SO_2 柱浓度分布

图3-176为2017年至2018年夏季北京—沧州 NO_2 和 SO_2 污染物柱浓度箱形图，从 NO_2 六次的观测数据来看，NO_2 平均柱浓度在冬、春季最高，夏季最低，且 NO_2 箱形图分布表明，NO_2 多次出现奇异值，说明在观测期间多次有 NO_2 小规模面或者点源扩散影响，对比 NO_2 柱浓度地球影像图分布知，NO_2 小规模面或者点源为北京或者天津下风向。SO_2 柱浓度均值无明显波动。但在2017年秋冬季及2018年春季出现奇异值，说明存在 SO_2 面或者点源。2017年秋季的 SO_2 高值主要

出现在北京，而北京无明显的 SO_2 排放源，因此北京地区的 SO_2 主要是之前的污染输送而未及时扩散导致。

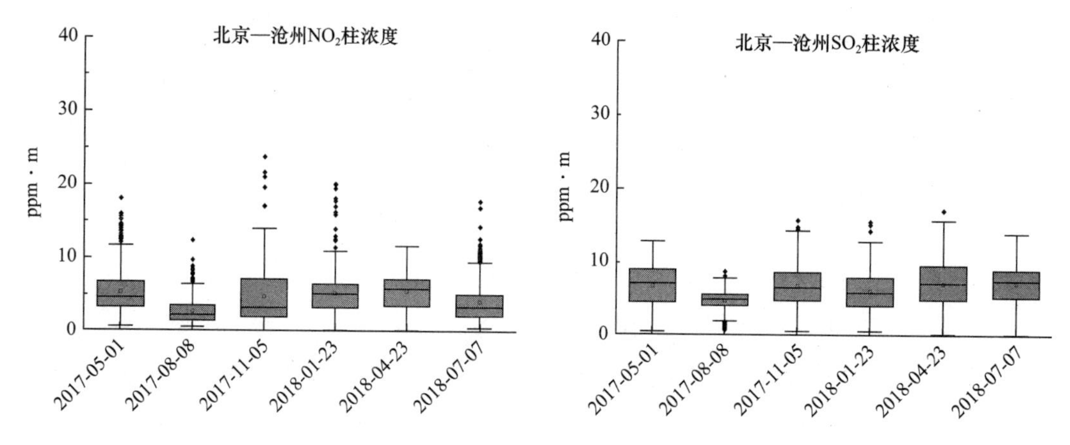

图 3-176　2017 年至 2018 年夏季北京—沧州 NO_2 和 SO_2 柱浓度箱形图

4. 北京—唐山污染分布特征

1）气象条件分析

表 3-24

	季节	春	夏	秋	冬
		气候背景 • 环流形势：偏西气流为主，冷空气活动减弱。 • 扩散条件：较秋冬季偏好	气候背景 • 环流形势：偏南气流为主，暖湿气流活动频繁。 • 扩散条件：降水多、热力湍流活动强，利于扩散	气候背景 • 环流形势：西北气流为主，冷空气活动增加。 • 扩散条件：易出现逆温、形成静稳天气，不利于扩散	气候背景 • 环流形势：西北气流为主，冷空气活动频繁。 • 扩散条件：易出现逆温、形成静稳天气，不利于扩散
北京—唐山	气象条件	1）2017-04-27 • 10m：北京以北风为主，风速较为稳定（6～9m/s）；唐山以东北风为主，风速逐渐增大（6～7m/s）；北京风速较大，唐山风速较小。 • 200m：北京以偏北风为主，风速逐渐减小（10～12m/s）；唐山东北风为主，风速较为稳定（8～10m/s）；北京风速较大，唐山风速较小。	1）2017-08-08 • 10m：北京以南风为主，风速逐渐增大（1～3m/s）；浓度高值区以西北风为主，风速逐渐增大（4～6m/s）；唐山以南风为主，风速逐渐增大（1～3m/s）；浓度高值区风速最大、北京和唐山次之。	2017-11-08 • 10m：北京以西南风为主，风速逐渐增大（0.5～4m/s）；唐山以北风为主，风速较为稳定（0.5～1.5m/s）；北京风速较大，唐山风速较小。 • 200m：北京以南风为主，风速逐渐增大（1.5～6m/s）；唐山以南风为主，风速逐渐增大（3～4.5m/s）；北京风速较大，唐山风速较小。	2018-01-20 • 10m：北京和污染浓度高值区以东风为主，风速较为稳定（4.5～5.5m/s）；唐山以东风为主，风速逐渐减小（6.5～8.5m/s）；唐山风速较大，北京和污染浓度高值区风速较小。

续表

	季节	春	夏	秋	冬
北京—唐山	气象条件	• 环流：由脊前西北风控制。 • 探空：8时近地面均有一逆温层，湿度均很小。 • 扩散条件：有利于污染物扩散，空气污染气象条件等级为1级。 2）2018-04-17 • 10m：北京以偏南风为主，风速较为稳定（5～6m/s）；唐山由南风转为东风，风速较为稳定（5～6m/s）；北京和唐山风速相当。 • 200m：北京由南风转为东南风，风速较为稳定（7～8m/s）；唐山以南风为主，风速逐渐增大（8～10m/s）；唐山风速较大（8～10m/s）；唐山风速较大，北京风速较小。 • 环流：受西南风控制。 • 探空：从8时探空上看，925～850hPa之间有逆温。	• 200m：北京以南风为主，风速逐渐增大（1.5～2m/s）；浓度高值区以西北风为主，风速逐渐增大（3～4m/s）；唐山以南风为主，风速逐渐增大（1.5～4m/s）；浓度高值区风速最大，唐山次之，北京风速最小。 • 环流：受西北风控制。 • 探空：8时近地面层同样没有逆温层，不稳定能量加到，700～600hPa，湿度略大。 • 扩散条件：扩散条件一般，同时气温较高，日照较强，利于光化学反应进行，空气污染气象条件等级为3级左右。 2）2018-07-05 • 10m：北京以东风为主，风速逐渐增大（1～6m/s）；唐山与唐山附近污染浓度高值区以东风为主，风速逐渐增大（2～8m/s）；唐山与唐山附近污染浓度高值区风速较大，北京风速相对较小。 • 200m：北京由南风转为东风，风速逐渐增大（1～7m/s）；唐山与唐山附近污染浓度高值区以西南风为主，风速逐渐增大（3～10m/s）；唐山与唐山附近污染浓度高值区风速较大，北京风速较小。 • 环流：北京市和唐山市地面同样以偏东风为主。 • 探空：从8时探空上看，1000～925hPa间有一较厚的逆温层，850hPa附近湿度较大，有一定的不稳定能量，主要集中在700hPa以上。	• 环流：东北部、东部、东南部受槽后脊前西北风影响，其余为脊后西南风影响。 • 探空：近地面层均有一浅层逆温（1000hPa以下），湿度均很小。	• 200m：北京和污染浓度高值区以东风和西南风为主，风速逐渐增大（4.5～6.5m/s）；唐山以东风和西南风为主，风速逐渐增大（7～9.5m/s）；唐山风速较大，北京和污染浓度高值区风速较小。 • 环流：东部地区仍受低涡底后部西北风影响，其他地区转为短波槽前西南风。 • 探空：8时探空上近地面没有明显的逆温，但在1000～925hPa间有一层逆温。

续表

	季节	春	夏	秋	冬
北京—唐山	气象条件	• 扩散条件：受污染区域传输的影响，空气污染气象条件等级为4级左右	• 扩散条件：气温较高，有一定光照条件，有利于臭氧生成，大部分地区空气污染气象条件为4级	• 扩散条件：较有利于污染物扩散，空气污染气象条件等级为2级	• 扩散条件：扩散条件一般，空气污染气象条件等级为3级

2）污染分布特征

唐山是重要的钢铁城市，位于北京东部，为国家经济发展做出了重要贡献，但在钢铁生产过程中难免会产生大量 NO_X 和 SO_2 排放，在东风影响下，污染会输送至北京，污染北京大气，因此北京—唐山的监测重点应关注唐山污染物分布。总体来看，NO_2 浓度高值区多出现在北京区域，这与其他观测路线规律基本一致。SO_2 在六个季节观测中，北京地区 SO_2 浓度均无明显高值，唐山地区在前五个季节观测中也无明显高值，秋季出现略微升高。在2018年夏季观测时，唐山地区的 NO_2 和 SO_2 浓度同步出现升高，且显著高于其他地区。在前五个季节由于国家大气管控政策的严格实施，唐山钢铁企业大部分处于停产状态，因此前五个季节 SO_2 浓度并无明显升高，而在2018年夏季管控政策放开后，唐山地区钢铁企业开始生产，产生大量的污染气体排放，钢铁企业污染排放影响由此可见一斑（图3-177）。

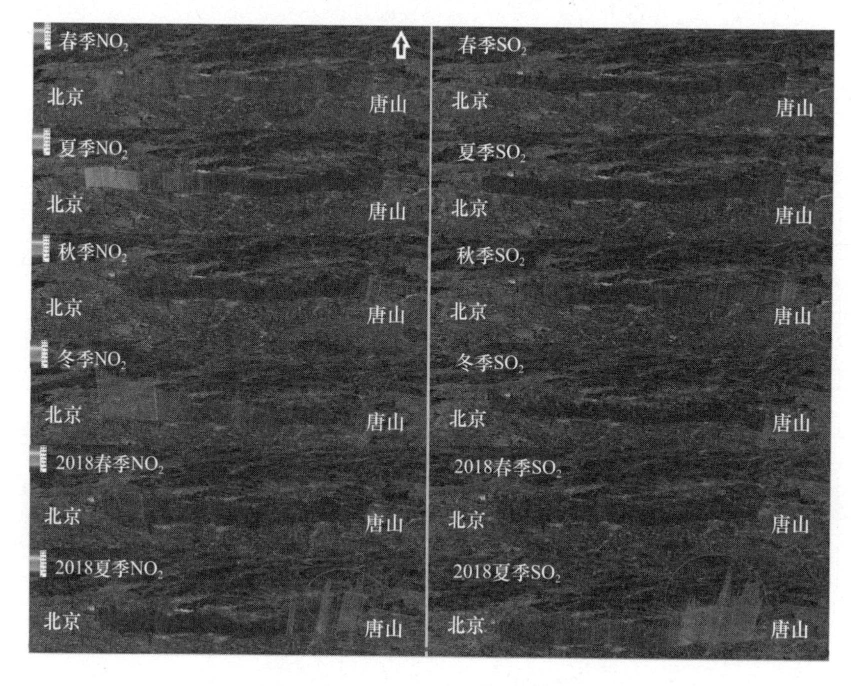

图3-177　2017年至2018年夏季北京—唐山 NO_2 和 SO_2 柱浓度分布

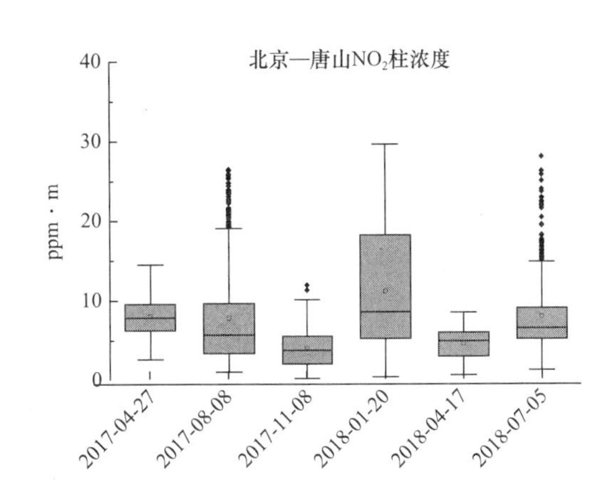

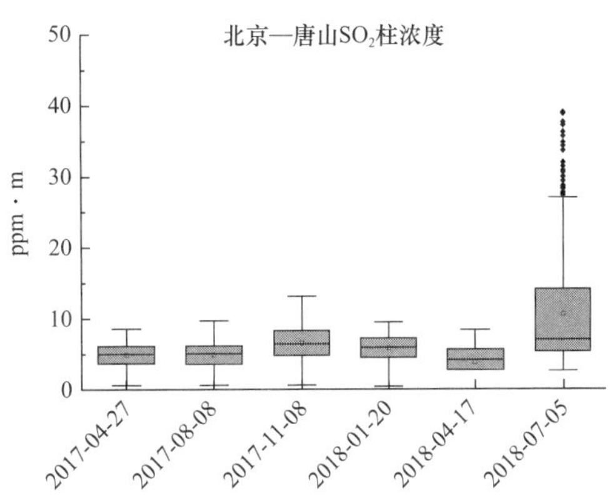

图 3-178　2017 年至 2018 年夏季北京—唐山 NO_2 和 SO_2 柱浓度箱形图

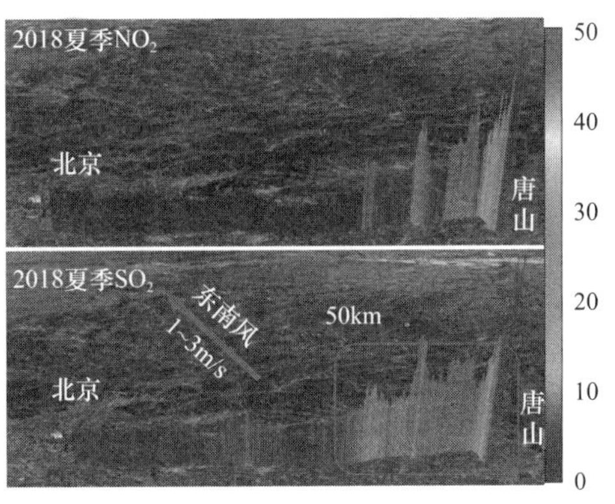

图 3-179　2018 年夏季北京—唐山 NO_2 和 SO_2 扩散距离

图 3-178 为 2017～2018 年北京—唐山 NO_2 和 SO_2 污染物柱浓度箱形图，从箱形图分布来看，北京—唐山 NO_2 在两个夏季观测中出现奇异值，但 1/4 和 3/4 分位线较为接近，说明这两次观测中存在小规模面或者点源排放影响。在 2018 年 1 月 20 日观测中，NO_2 虽然没有奇异值出现，但是其 1/4 和 3/4 分位线差值较大，说明 1 月 20 日观测存在大面积的污染出现，这也与 NO_2 柱浓度分布图一致，在北京和北京—唐山之间的区域出现多次升高。SO_2 箱形图分布表明，在前五个季节观测中，SO_2 浓度均处于较低，无明显波动，在 2018 年夏季观测中（图 3-179），SO_2 出现了多个奇异值，说明在夏季观测中 SO_2 存在源排放，且其 1/4 和 3/4 分位线存在较为明显的差距，且此次的 SO_2 柱浓度均值未有明显的升高，说明此次 SO_2 污染规模有限，约由唐山—北京方向扩散约为 50km。相对应 NO_2 的 1/4 和 3/4 分位线差距，SO_2 更为明显，因此可以推测，SO_2 污染规模要高于 NO_2，从 NO_2 和 SO_2 柱浓度分布图可以得到印证。

3.2.4　北京及其他城市连接线污染分布特征小结

1. 北京市区污染小结

（1）自 2005 年以来，北京 NO_2 和 SO_2 逐年下降趋势，相较于 2005 年，2017 年冬季 NO_2 排放通量下降了 61.7%，SO_2 下降了 87.2%。

（2）观测期内，NO_2 和 SO_2 柱浓度均值整体呈现冬季＞秋季＞春季＞夏季特点。

（3）煤改气政策实施后，SO_2 浓度在进入 2017 年秋季后保持较低水平，秋冬季浓度水平基本一致。

（4）西南五环排放通量监测显示，局地 NO_2 浓度较大。

（5）观测期间，北京市区交通拥堵路段易引起 NO_2 柱浓度升高。

（6）同期相比，二环与三环之间区域［1.31μg/(s·m²)］＞二环［1.20μg/(s·m²)］＞三环与四环之间区域［0.68μg/(s·m²)］＞四环与五环之间区域［0.33μg/(s·m²)］。二环与三环之间人类活动影响更为显著，主要为交通影响。

2. 国贸 CBD、十里河污染特征小结

（1）国贸 CBD、十里河 NO_2 平均柱浓度整体不高，整体低于 15ppm·m，与拥堵路段相比，处于较低水平。

（2）十里河 NO_2 和 SO_2 单位面积排放通量高于国贸 CBD，十里河区域受人为活动影响更为显著。

3. 北京行政副中心、北京大兴国际机场污染特征小结

（1）观测其间，北京行政副中心 NO_2、SO_2 柱浓度均值呈现秋冬季＞春夏季，HCHO 呈现夏季＞春季＞秋季＞冬季特点。

（2）观测期间，北京大兴国际机场污染排放通量整体低于北京行政副中心，HCHO 排放极低，表明北京行政副中心受非道路移动机械影响和道路交通影响更为显著。

4. 北京及其他城市连接线污染小结

（1）南、北风场下，西南输送通道 NO_2 和 SO_2 柱浓度分布特征有显著的区别。偏北风场下，扩散条件良好，污染物浓度低；偏南风场下，污染物气体浓度沿西南通道由南向北持续偏高。

（2）扩散条件一般时，京藏高速八达岭路段交通拥堵易引起 NO_2 污染，张家口存在 NO_2 和 SO_2 污染。

（3）“2＋26”管控政策放宽后，在东南风影响下，唐山地区 SO_2 污染沿唐山—北京方向扩散约为 50km，影响范围显著。

附录1 车载光学遥测系统监测技术导则车载光学遥测系统（DOAS）监测区域污染面源技术导则

前言

本导则主要用于指导北京市科技计划课题“基于车载光学遥测技术的北京及京津冀大气面污染源排放特征研究”的光学立体监测，并可推广至环境监测部门。

本导则制定了利用光学立体监测数据耦合风场获取区域大气面污染源排放的技术方法。对大气面污染源排放监测的一般要求、大气面污染源监测仪器及监测方式、监测数据及风场数据的处理方法、监测的质量保证与控制做了相应的规定。

1 适用范围

排放通量监测。

2 规范性引用条件

下列文件中的条款通过本标准的引用而成为本标准的条款。凡是注日期的引用文件，其随后所有的修改单（不包括勘误的内容）或修订版均不适用于本标准，然而，鼓励根据本标准达成协议的各方研究是否可使用这些文件的最新版本。凡是不注日期的引用文件，其最新版本适用于本标准。

HJ 492　　空气质量词汇

GB/T 8170　　数值修约规则与极限数值的表示和判定

3 术语和定义

3.1 排放通量

本导则中指利用车载光学遥测系统（DOAS）获取的污染气体垂直于监测截面的单位时间单位面积上通过的积分质量。

3.2 大气污染源

造成大气污染的污染物发生源。

[空气质量词汇]

3.3 点污染源

点污染源是指可获取固定排放位置及活动水平的排放源。

[生物质燃烧源大气污染物排放清单编制技术指南（试行）]

3.4 面污染源

面污染源以往定义较多，详见附录A。本导则中面污染源指关注区域范围内，对外存在污染气体排放的单位区块，在基于车载污染气体光学遥测中，面源一般体现为由道路围成的如厂区、工业区、城区等。

3.5 车载光学遥测系统

本导则中指以自然光（如太阳光）为光源，在移动平台上利用车载光学遥测系统（DOAS）对污染源排放气体进行扫描测量，得到污染气体空间分布及排放的一种光学遥测技术。

3.6 气体柱浓度

本导则中指气态污染物浓度和大气中光的有效传输路径长度的乘积。

3.7 监测截面

本导则中指监测车垂直污染气团移动观测形成的切面。

3.8 测风雷达

用于测量高空风向、风速的雷达。

[大气科学辞典]

3.9 探空气球

把无线电探空仪带到高空进行温、压、湿、风观测的气球。

[大气科学辞典]

3.10 气象数值模拟

数值求解所研究的大气现象的物理—数值模式；在某种近似下由该现象应遵循的物理规律得出的数学方程，连同相应的边界条件及数值解法构成该现象的数值模式。

[大气科学辞典]

3.11 中/小尺度气象数值模式

模拟城市/小区尺度区域的气象数值模式。

城市尺度：数十公里至百公里水平范围。

小区尺度：数公里水平范围。

[学术文库]

3.12 数值模式水平分辨率

气象数值模式水平网格点的网格间距。

数值模式精确程度的重要标志，网格距越小，模式分辨率越高，模拟结果更为细致；但同时运算量会大幅增加，限制可模拟的范围大小。

[大气科学辞典]

3.13 三维网格化风场

数值模拟时将关注区域划分成立体的三维网格点阵，各网格点均有风向、风速数据。

[大气科学辞典、学术文库]

4　一般性要求

4.1　适宜监测的气象条件

天气条件是影响大气环境监测的重要因素。在监测开展前，应结合观测区域的天气预报信息，按照附表 1-1 选取适宜监测日期，保障污染监测有效开展。

适宜观测的气象条件　　附表 1-1

气象要素	适宜范围
风速	1～4m/s
风向	观测时段内，观测区域的风向稳定； （需考虑上下午风向的转变）
天气现象	晴；多云；阴 （能见度＞5km；避免雨雪、大风、重霾天气）

4.2　监测条件

监测区域具有可供车辆行驶的道路。

车载光学遥测系统在符合本导则 4.1 条件下采集时间小于 20s 时，可认定当日适宜车载光学遥测系统测量。

5　监测方法

5.1　监测路线选择原则

5.1.1　点源监测路线

对于点源排放监测，当所监测的点源上风向没有监测项目以外的污染源，并且下风向观测时能够完整包含污染气团时，则车载光学遥测系统原则上只需在点源的下风向扫描测量即可。如果在点源上风向存在其他的污染源，则必须进行围绕测量。这些根据监测期间的风场情况、周边污染源和道路情况而定。此外，尽量保证在测量路线的上空无遮挡物，例如树枝、隧道、高架桥等。

5.1.2　区域面源监测路线

对于区域面源排放监测，车载光学遥测系统依据待测区域内实际路网分布，在保证监测时间最短、路线覆盖最完整的前提下，尽可能密集测量路线（包括围绕、穿插待测区域）。针对区域内已知或疑似存在的污染源周边，建议加密观测路线。此外尽量保证在观测路径上空无遮挡物，例如树枝、高架桥等。

5.2　监测车行驶速度选择

5.2.1　点源排放监测

车载光学遥测系统对点源污染物排放通量进行监测时，车辆在道路上的行驶速度，应控制在 30～40km/h 以内。

5.2.2　区域面源排放监测

对于区域面源排放监测，根据道路状况、天气以及待测区域大小情况，采用车载光学遥测系统进行封闭测量时，以 1h 内完成区域单次测量为佳，若单次测量时间过长，为了减小由于风场变化及污染气体转化带来的误差影响，推荐采用多台车载设备组网观测，区域面积对应的推荐车辆台数见附表 1-2。

区域面积对应的推荐车辆台数 附表 1-2

监测区域面积（km^2）	推荐监测车数（辆）
30	1～2
60	2～3
90	3～4
……	……

5.3 监测过程中风场数据获取

风场数据是计算污染物排放通量的关键信息，其数据质量直接影响排放通量计算结果的可信度。

数据要求：三维网格化风场数据；水平分辨率 200～1000m，垂直高度覆盖 3000m。

获取方法：气象数值模拟结合气象观测。

气象数值模式选择：中/小尺度气象数值模式。

气象观测数据来源：地面气象站、探空观测、测风雷达等。

数据结果：监测区内优化的三维网格化风场数据。

5.4 监测过程中其他参数获取

车载光学遥测系统对污染源排放通量进行监测时，可以获取每个采样间隔上的经纬度、车速以及每个测量点上的污染气体柱浓度。

6 数据处理

6.1 监测数据处理

车载光学遥测系统对污染源排放通量进行测量时，系统采集监测路径上经纬度、车速、航向信息，并通过多次国际对比验证的差分吸收光谱算法计算各采样点上的污染气体柱浓度，耦合由气象模型输出的测量时间内监测区域各网格点的风向和风速，由车载光学遥测系统软件计算每个网格对外的排放通量 $Q_{(i,j)}$，区域总排放量 $Q_{总}$ 由式（6-1）给出，监测通量误差见附录 b。

$$Q_{总} = \sum_{j} Q_{(i,j)} \tag{6-1}$$

6.2 监测记录及要求

监测人员应及时准确记录各项监测条件及参数，监测记录内容应完整，字迹清晰，书写工整、数据更正规范。常用监测记录的内容及格式见附表 1-3。

排放通量监测记录表　　附表 1-3

_____市（县）_____区域　　污染物_____天气_____单位：g/s

监测次数＼监测区域	子区域 1	子区域 2	……	子区域 m
第 1 次				
第 2 次				
……				
第 n 次				
平均排放通量				

7　质量保证与控制

7.1　车载光学遥测系统

车载光学遥测系统（DOAS）对车辆无特殊要求，车辆具有水平车顶便于仪器安装且能够提供 220V 供电即可。

采用车载光学遥测系统对污染物排放通量进行监测前，在实验室采用装有已知浓度气体的石英样品池对系统进行标定，以达到测量需要。

对污染物排放通量进行监测时，按照本导则 4.1、4.2 合理安排测量，并依据本导则 5.1 监测路线选择原则选择好测量路线，由本导则 5.2 指导选择合理车速开展观测。

数据处理人员利用监测数据，包括污染气体垂直柱浓度、车速、车辆行驶方向，代入气象模型获取合适风向、风速信息，计算区域污染物排放通量。

监测结束后，对监测仪器做好日常检查和维护，保证仪器处于良好的状态。

7.2　质量保证管理

从事区域空气质量监测的机构应设置相应的质量保证管理部门，如质保室（组），配备专职（或兼职）质控人员，负责组织协调、贯彻落实和检查有关质量保证措施，使监测全过程处于受控状态。

8　监测安全

监测过程中，遵守道路交通法规，如若车辆出入危险区域，须做好人员防护。路况不佳路段须尽量保证车辆行驶平稳。车载光学遥测系统安装在车辆顶部，须确保系统安装稳定，同时监测设备要定期检查，保证监测工作的顺利进行。

附录 A

污染源定义说明

A.1　大气污染源

大气污染源，是指向大气排放足以对环境产生有害影响物质的生产过程、设备、物体或场所。它具有两层含义，一方面是指“污染物的发生源”另一方面是指“污染物来源”。

A.2 大气污染源分类

A.2.1 大气污染源按预测模式的模拟形式分为点源、面源、线源、体源四种类别[1]。

点污染源：通过某种装置集中排放的固定点状源，如烟囱、集气筒等[2]。

面污染源：在一定区域范围内，以低矮密集的方式自地面或近地面的高度排放污染物的源，如工艺过程中的无组织排放、储存堆、渣场等排放源[2]如附表 A-1 所示。

面源的定义及来源　　附表 A-1

	来源	作者/发布单位	定义
面源	《环境影响评价技术导则 大气环境》HJ/T 2.2—2008	国家环境保护总局	在一定区域范围内，以低矮密集的方式自地面或近地面的高度排放污染物的源，如工艺过程中的无组织排放、储存堆、渣场等排放源
	《生物质燃烧源大气污染物排放清单编制技术指南》	环境保护部科技标准司组织，清华大学起草编制	面源是指难以获取固定排放位置和活动水平的排放源的集合，在清单中一般体现为省、地级市或区县的排放总量
	《上海大气面源 VOCs 排放特征及其对 O_3 的影响》[3]	李锦菊、伏晴艳、吴迓名、陆涛、杨冬青	大气面源通常指污染物以广域、分散或微量形式进入大气环境中的废气污染源
	《珠江三角洲大气面源排放清单及空间分布特征》[4]	郑君瑜、张礼俊、钟流举、王兆礼	大气面源主要包括工业面源、居民生活面源、含可挥发性有机污染物（VOC）产品源、垃圾焚烧源和生物质燃烧源。其中工业面源指烟囱几何高度低于 30m 的工业大气污染物排放源和工业无组织排放源；居民生活面源是指居民家用燃烧产生的污染物排放源

线污染源：污染物呈线状排放或者由移动源构成线状排放的源，如城市道路的机动车排放源等[2]。

体污染源：由源本身或附近建筑物的空气动力学作用使污染物呈一定体积向大气排放的源，如焦炉炉体、屋顶天窗等[2]。

A.2.2 按污染源存在的形式划分为固定污染源和移动污染源[1]。

固定污染源：

通常是指向环境排放或释放有害物质或对环境产生有害影响的场所、设备和装置。空气污染源包括固定污染源和流动污染源。固定污染源又分为有组织排放源和无组织排放源。有组织排放源指烟道、烟囱及排气筒等。无组织排放源指设在露天环境中的无组织排放设施或无组织排放的车间、工棚等。它们排放的废气中既含有固态的烟尘和粉尘，也含有气态和气熔胶态的多种有害物质[5]。

移动污染源：

通常是指位置随时间变化的空气污染源。主要是指空气排放污染物的交通工具，如排放碳氧化物、氮氧化物、硫氧化物、碳氢化合物、铅化物及黑烟的汽车、飞机、船舶、机车等。

A. 2. 3　大气污染源按污染物排放时间划分为连续源、间断源、瞬间源[1]

连续源：

是指昼夜内每时每刻不间断地向环境排放污染物的污染源。工业企业生产过程的连续性造成了不间断地向大气环境排放有害气体即属于这类污染源。一般情况下，这类污染源排出的污染物排出负荷（污染物总量）随时间呈周期性变化，具有一定的随时间变化的规律。

间断源：

是指昼夜间时断时续或呈季节性断续地向环境排放污染物的污染源。如昼夜间不连续生产的工业企业（特别是小型工厂）向环境中排放废气的排污口。地区或楼房建筑物取暖锅炉的烟囱等即为间断源。

瞬间源：

是指向环境中排放污染的时间短暂的排污源，如工厂的事故排放或定期排污。一般情况下，这种污染源的污染具有突发性和污染浓度高的特点，极易造成环境危害，应采取相应措施减少其危害性。

A. 2. 4　大气污染源按污染物产生的类型划分为工业污染源、生活污染源、交通污染源[1]。

工业污染源：

工业污染源是指工业生产过程中向环境排放有害物质或对环境产生有害影响的生产场所、设备和装置。它主要是由于事前没有考虑环境保护的要求，或者虽然考虑但在技术上或经济上存在一时难以解决的困难，因而没有采取相关措施或设立必要装置而形成的。工业生产中的各个环节，如原料生产、加工过程、燃烧过程、加热和冷却过程、成品整理过程等使用的生产设备或生产场所都可能成为工业污染源[6]。

生活污染源：

生活污染源指人类由于消费活动产生废水、废气和废渣造成环境污染。城市和人口密集的居住区是人类消费活动的集中地，是主要的生活污染源[7]。

交通污染源：

交通污染源一般都是移动污染源，主要是各种机动车辆、飞机、轮船等排放有毒有害物质进入大气。由于交通工具以燃油为主，主要污染物为碳氢化合物、一氧化碳、氮氧化物和含铅污染物，尤其是汽车尾气中的一氧化碳和铅污染，据统计，汽车排放的铅占大气中铅含量的97%。

其他污染源：

燃料燃烧、工矿企业生产过程产生的尘、烟、废气、交通运输废气等。

参考文献：

[1] 蒋展鹏. 环境工程学第三版 [M]. 北京：高等教育出版社，2005.

[2] 中华人民共和国环境保护部. 环境影响评价技术导则 大气环境：HJ 2.2—2008 [S]. 北京：中国环境科学出版社，2008.

[3] 李锦菊，伏晴艳，吴迓名，等. 上海大气面源 VOCs 排放特征及其对 O_3 的影响 [J]. 环境监测管理与技术，2009，21（5）：54-57.

[4] 郑君瑜，张礼俊，钟流举，等. 珠江三角洲大气面源排放清单及空间分布特征 [J]. 中国环境科学，2009，29（5）：455-460.

[5] 程胜高. 固定污染源排气实用监测方法与技术 [M]. 北京：中国环境科学出版社，1997.

[6] 何盛明. 财经大辞典 [M]. 北京：中国财政经济出版社，1990.

[7] 黄安永，叶天泉主编. 物业管理词典 [M]. 南京：东南大学出版社，2004：307.

导则附录

附录B

误 差 来 源

车载光学遥测系统对污染源排放通量进行监测的通量误差可由下式决定：

$$\Delta_{\text{total}} = \sqrt{\Delta_{\text{wind}}^2 + \Delta_{\text{DOAS}}^2 + \Delta_{\text{Vcar}}^2}$$

误差主要来源于采用 DOAS 方法的柱浓度反演误差（Δ_{DOAS}），车速误差（Δ_{Vcar}）以及风场误差（Δ_{wind}），其中风场的不确定性是最大的误差来源。

B.1 柱浓度反演及误差

根据被动 DOAS 的柱浓度反演原理，对采集的光谱进行处理，得到污染气体 SO_2、NO_2 的垂直柱浓度。对于 SO_2 拟合，拟合波段选择为 310～324nm，在这个波段内 SO_2 有三个强吸收峰。为了去除干扰，拟合过程中包含的截面有温度在 293K 时的 SO_2、NO_2、HCHO、O_3 截面以及 Ring 截面。Ring 截面是采用 DOASIS 软件，通过 Frauenhofer 参考谱计算得到。同理，对于 NO_2 拟合，拟合波段选择为 345～365nm，除了 SO_2 反演过程中包含的截面外，NO_2 还包括在温度 298K 时的 O_4 吸收截面（附表 B-1）。

测量光谱反演所需的吸收截面　　附表 B-1

气体截面	来源
O_4	Greenblatt et al.，1990@298K
SO_2	Bogumil et al.，(2003)@293K

续表

气体截面	来源
NO_2	Bogumil et al.，(2003)@293K
O_3	Bogumil et al.，(2003)@293K
HCHO	Bogumil et al.，(2003)@293K
Ring	Calculation from Frauenhofer

利用高分辨太阳光谱进行光谱波长定标后进行 SO_2、NO_2 柱浓度反演。附图 B-1 为 2011 年 10 月 16 日 12：35：02 SO_2、NO_2 拟合过程。

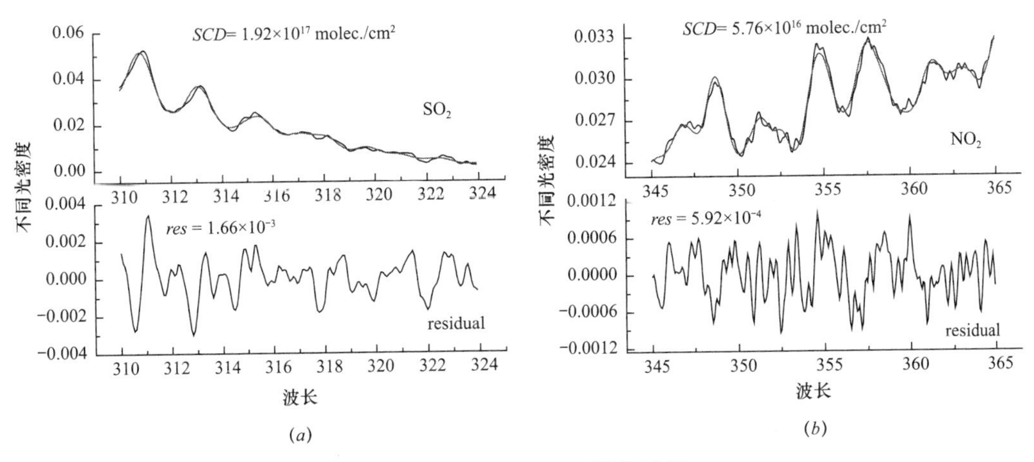

附图 B-1　SO_2、NO_2 拟合过程

由附图 B-1 光谱的拟合结果显示，SO_2 的 SCD 为 $1.92\times10^{17}\pm6.56\times10^{15}$ molec./cm^2，NO_2 的 SCD 为 $5.76\times10^{16}\pm1.53\times10^{15}$ molec./cm^2。针对此条光谱 DOAS 的拟合误差约为：SO_2 3.41%，NO_2 2.66%。而针对测量路径上的所有光谱，SO_2 拟合误差小于 20%，NO_2 拟合误差小于 15%。

车载 DOAS 测量的 VCD 一般通过 AMF 几何近似得到。由几何近似可知，对流层 AMF 约为 $AMF_{trop}\approx\frac{1}{\sin\alpha}$（$\alpha$ 为望远镜的观测仰角），由于车载 DOAS 的观测时间接近于中午时分（太阳天顶角最小），观测仰角为 90°，所以 $AMF_{trop}\approx1$，则得 $VCD\approx SCD$。通过大气辐射传输模型计算可知在测量时间段内测量点的 $AMF_{NO_2}>1$，$AMF_{SO_2}\approx1$（附图 B-2）。因此，为了研究误差，以某次实验为例，通过大气辐射传输模型计算 AMF 来获取 NO_2、SO_2 的 VCD。

采用辐射传输模型计算 AMF 时，AMF 值依赖于 NO_2 和气溶胶廓线。为了估算 AMF 计算时带来的不确定性，通过设置不同气溶胶、NO_2 浓度来估算 NO_2、SO_2 的 AMF 不确定性（附图 B-2）。在测量过程中，测量点的平均边界层高约为 1km，气溶胶光学厚度范围为 0.2～1.2（分别设置 0.2、0.5、0.8 和 1.2 四种气溶胶状况），气溶胶廓线设置 1km 以下为“盒子”型，1km 以上随指数衰减。由电厂附近的点式监测仪器可知，测量过程中 NO_2 的混合比例最大、最小和中间值约为 64ppb、25ppb 和 46ppb；SO_2 的混合比例约为 25ppb、45ppb、110ppb 和 140ppb 四种情形。因为针对电厂排放烟羽的测量，假设 NO_2、SO_2 输入廓线为“盒子”型，在整个烟羽层高度内，NO_2、SO_2 浓度为由点式仪器获得的常数值。

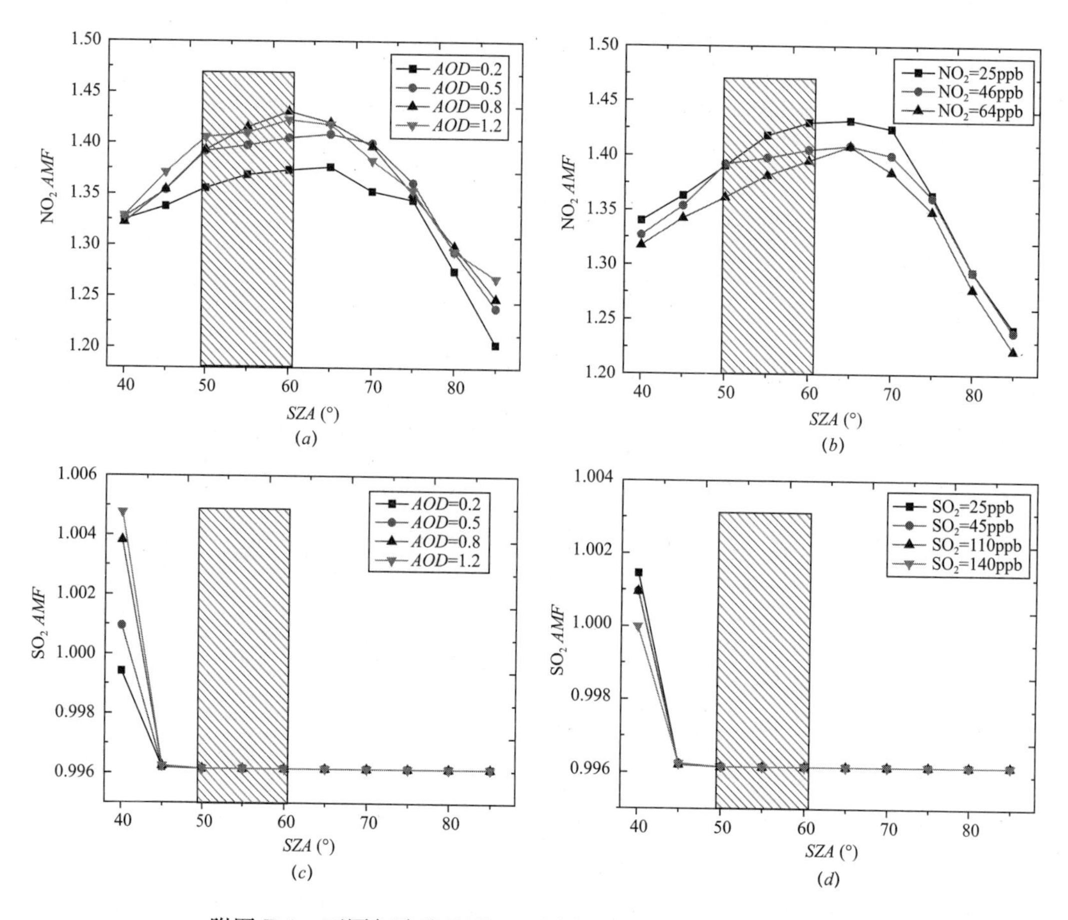

附图 B-2　不同气溶胶状况，不同痕量气体廓线下的 *AMF* 值

（方框阴影区域为测量车载 DOAS 测量时间段）

由附图 B-2 知，在测量时间段内（太阳天顶角 50°～60°之间）由于气溶胶和 NO_2 廓线造成的 NO_2 AMF 不确定性约为 6％。而对于 SO_2 来说，SO_2 AMF 在测量时间段内随太阳天顶角变化、气溶胶及 SO_2 的浓度变化较小，由此引起的 SO_2 AMF 不确定性相比于其他误差来说可以忽略。

B.2　车速的选择

在车载 DOAS 测量中，如果车速太快，采样频率较低，极易丢失烟羽排放中的浓度峰值点；如果车速过慢，排放出的污染气体会产生化学转换，烟囱口排放出的烟羽与实际测量不一致，同时排放的烟羽会有累积。因此合适的车速选择对准确估算排放通量具有重要影响，而车速在烟羽测量中的体现是在一定烟羽宽度下的采样点个数。估算不同采样点下电厂 SO_2 排放量，并与电厂在线监测数据（CEMS）对比，找出最佳采样点，结合测量时的烟羽宽度和积分时间，得出测量最佳车速。

在测量时间段内采用不同采样点对烟羽进行多次扫描测量，并且按照下式计算烟羽平均宽度。

$$w=\frac{\sum_{i=1}^{n} v_i \cdot s_i \cdot \Delta t_i}{n}$$

式中　$i=1\cdots\cdots n$——扫描测量烟羽的次数；

v_i——车速；

s_i——每次测量的采样点个数；

Δt_i——采样时间间隔。

由上式计算的烟羽宽度以及最佳采样点、最佳车速如附图 B-3 所示，由图可知测量时间段内最大烟羽宽度约为 1.28km±0.07km，最小烟羽宽度约为 0.53km±0.11km。将不同测量次数下（具有不同的采样点）得到的电厂 SO_2 排放量与 CEMS 在线监测数据对比（详见附图 B-3），两者结果相差最小的为最佳采样点，由图中发现最佳采样点的个数随着测量烟羽宽度的变化而变化。结合每个测量日的烟羽平均宽度、最佳采样点及在最佳采样下的采样时间间隔，计算得到最佳车速平均值为 36.21km/h±5.44km/h。

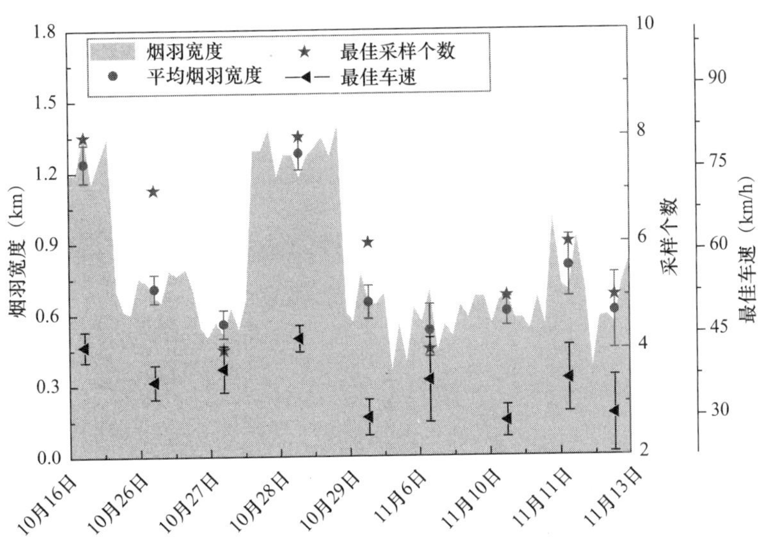

附图 B-3　烟羽宽度、平均烟羽宽度、最佳采样个数及最佳车速

B.3　通量计算误差来源

通量计算误差的主要可控来源为：风场、斜柱浓度、*AMF* 和距离差（车速）。

结合具体的测量数据来分析计算车载DOAS系统的通量误差。距离差主要是通过高精度的GPS获取，这种误差较小，为1%左右。再由上述分析得到在通量计算中最佳车速为30～40km/h，所以由此得出车速的变化约为0.3～0.4km/h。而车速变化1km/h，通量变化约为2%～3%，因此0.3～0.4km/h变化的车速带来的通量计算误差约为1%，即车载DOAS测量中车速带来的误差约为1%。SO_2的斜柱浓度带来的误差小于20%，NO_2的斜柱浓度误差小于15%；SO_2的*AMF*误差几乎忽略，NO_2的AMF误差约为6%。风场的误差包括了风速、风向带来的误差，附表B-2给出了风速、风向以及总风场带来的通量计算误差。

通量计算过程中风场变化带来的误差 附表B-2

日期	时间	风向（°）	风速（m/s）	风向误差	风速误差	风场误差
10月16日	10：00～12：00	274.13±2.15	1.81±0.4	1%	22%	22%
10月26日	12：30～14：00	135.25±9.51	2.17±0.2	14%	10%	17%
10月27日	12：00～13：00	123±6	1.9±0.3	19%	14%	24%
10月28日	11：40～13：00	183.02±10.10	2.74±0.42	2%	15%	16%
10月29日	13：30～14：10	112.21±1.81	2.92±0.36	10%	12%	16%
11月6日	11：00～13：00	230.8±12	2.03±0.64	24%	33%	41%
11月10日	13：00～14：30	167.67±9.46	2.33±0.54	3%	24%	25%
11月11日	11：30～12：10	211.17±28.06	1.05±0.29	33%	29%	44%
11月13日	11：40～12：10	192.58±7.29	2.66±0.61	3%	23%	24%

由附表B-2可知，在测量时间内风场不稳定带来的平均风场误差约为25%。则对SO_2，车载DOAS测量通量的可控误差大约为32%，NO_2大约为29%，再结合其他误差来源（如化学转化等），总误差SO_2约35%～40%，NO_2约30%～35%。

导则附录

附录C
监测区域风场数据获取

C.1 气象数值模拟

C.1.1 城市尺度模拟

数值模式：中尺度气象数值模式（WRF）

（1）气象初始场：NCEP FNL数据（美国国家环境预报中心提供的1°×1°全球再分析数据）。

（2）模拟过程：调试适用监测区域的参数化方案，滚动同化地面气象观测和探空数据，可进行多重嵌套。

（3）模拟结果：监测区内水平分辨率为1km的三维网格化风场数据。

C.1.2　小区尺度模拟

数值模式：小尺度气象数值模式（CALMET）

（1）气象初始场：WRF 风场模拟结果。

（2）模拟过程：输入监测区域地形和下垫面资料，再利用计算流体力学模型和地面气象站点逐时观测数据对 WRF 风场结果进行精细化调整。

（3）模拟结果：监测区内水平分辨率为 200m 的三维网格化风场数据。

C.2　模拟结果订正

订正目的：进一步提高风场模拟结果的准确性。

订正方式：条件允许时，可采用测风雷达或探空气球等手段，在污染监测同时对区域内风场进行实时观测，获取监测区内不同高度风场的逐时定点观测数据；利用风场实测数据对模拟结果进行订正，获取更准确的风场数据。

订正方法：采用反距离权重法，对订正点周围网格的风场模拟数据进行插值订正。

加权函数：
$$W_i=\frac{h_i^{-p}}{\sum_{j=1}^{n}h_j^{-p}}$$

式中　p——幂参数，通常 $p=2$（0.5～3 均为合理数值）；

h_i——订正点到插值点的距离，$h_i=\sqrt{(x-x_i)^2+(y-y_i)^2}$，$(x,y)$ 插值点坐标，(x_i,y_i) 为订正点坐标。

精度要求：风场模拟结果中 U、V 分量的均方根误差小于 2.5m/s。

注意事项：监测区内至少布置 2 个以上风场观测点，作为数值模式订正点；观测点越多，风场订正结果越趋于实测风场。

附录2 《车载双光路差分吸收光谱污染气体排放及分布遥测系统》检测大纲

1 概述

本检测细则依据“基于车载光学遥测技术的北京及京津冀大气面源污染源排放特征研究”课题任务合同书的研究开发内容，规定了任务书中各项技术指标的测试原理与方法、测试设备、测试步骤和数据处理。具有高精度、高稳定性的车载双光路差分吸收光谱污染气体排放及分布遥测系统，其性能指标参数是能够实现大气痕量气体探测功能与达到探测精度的保证。系统测试项目包括检出限和示值误差。

本大纲主要规定了车载双光路差分吸收光谱污染气体排放及分布遥测系统的检测项目、要求和检测方法。

2 编制依据和引用文件

《环境监测　分析方法标准制修订技术导则》HJ 168—2010

《污染源排放遥测技术系统》Q/HY 22—2018

3 试验条件

3.1 被试品

车载双光路差分吸收光谱污染气体排放及分布遥测系统主要由光谱采集系统、计算机自动处理软件和GPS系统三个部分组成，见附表2-1。

车载双光路差分吸收光谱污染气体排放及分布遥测系统组成　　附表2-1

序号	名称	数量
1	光谱采集系统	1
2	计算机自动处理软件	1
3	GPS系统	1

3.2 环境条件

（1）环境温度：15～35℃。

（2）相对湿度：30%～80%。

（3）大气压力：86.0～106.0kPa。

（4）电源：220V±5V，50Hz±1Hz。

3.3 试验装置

车载双光路差分吸收光谱污染气体排放及分布遥测系统所需设备和试剂见附表2-2。

试验用主要设备和试剂　　附表 2-2

序号	设备（试剂）名称	技术参数
1	高纯氮气	纯度：≥99.999%
2	NO_2	400ppm、500ppm、800ppm
3	SO_2	400ppm、500ppm、800ppm
4	样品池	50cm

4 检测项目、要求以及检测方法

车载双光路差分吸收光谱污染气体排放及分布遥测系统具体检测项目见附表 2-3。

车载双光路差分吸收光谱污染气体排放及分布遥测系统检测项目　　附表 2-3

序号	检测项目
1	检出限
2	示值误差

4.1 检出限

4.1.1 要求

10ppm · m。

4.1.2 检测方法

将高纯氮气通入样品池中，采用车载双光路差分吸收光谱污染气体排放及分布遥测系统默认的参数设置，进行连续测量，共计 11 次，读取各组分的示值，计算各组分连续测量结果的标准偏差，标准偏差的 3 倍即为仪器对于各气体成分的检出限（*MDL*），按下式计算，其结果应符合要求。

$$MDL=3s=3\sqrt{\frac{1}{n-1}\sum_{k=1}^{n}(T_k-\bar{T})^2}$$

式中 s——标准偏差；

n——测量次数；

T_k——第 k 次测量值；

$\bar{T}$——浓度平均值。

4.2 示值误差

4.2.1 要求

NO_2 示值误差不超过±20%，SO_2 示值误差不超过±25%。

4.2.2 检测方法

车载双光路差分吸收光谱污染气体排放及分布遥测系统开启后，选取浓度分别约为 400ppm、500ppm 和 800ppm 的标准气体，通入样品池，每个浓度测量 6

次，记录连续 6 次的测量结果，求其算术平均值，按下式计算示值误差，NO_2 示值误差不超过±20%，SO_2 示值误差不超过±25%。

$$A=\frac{\bar{C}-C_S}{C_S}\times 100\%$$

式中 A——示值误差；

$\bar{C}$——测量平均值；

C_S——标准气体浓度值。